北京市高等教育精品教材重点立项项目

计算机系列教材

白中英 杨春武 著
杨士强 审

计算机硬件基础实验教程
（第2版）

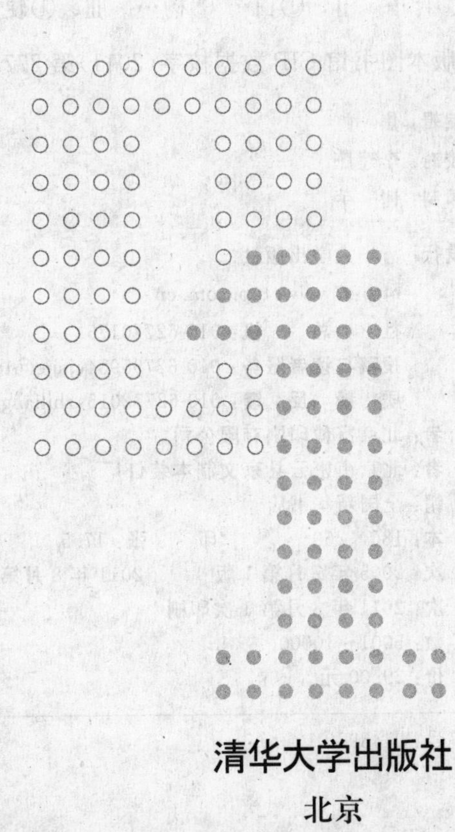

清华大学出版社
北京

内容简介

本书第2版是在《国家中长期教育改革和发展规划纲要(2010—2020)》精神鼓舞下诞生的。两位作者积40余年从事计算机硬件科研与教学的亲身体验，并总结多年实验设备研制和实践教学的经验，完成了本书第2版的写作。全书共15章，内容是：(1)实践教学理念的再认识；(2)教学实验设备与测量仪器；(3)大容量可编程逻辑器件；(4)硬件描述语言 VHDL；(5)EDA工具软件；(6)TEC-5/8数字逻辑基本实验设计；(7)TEC-5数字逻辑综合实验设计；(8)TEC-8数字逻辑综合实验设计；(9)TEC-5计算机组成原理基本实验设计；(10)TEC-5计算机组成原理综合实验设计；(11)TEC-8计算机组成原理基本实验设计；(12)TEC-8计算机组成原理综合实验设计；(13)TEC-8计算机系统结构综合实验设计；(14)TEC-6计算机硬件基础基本实验设计；(15)TEC-SOC片上系统单片机基本实验设计。

本书教学理念阐述透彻，引人入胜；基础性与时代性结合，应对五门课程；实验设备均为国家专利产品；多种教学方案切实可行，可供不同类型学校或专业学生选择。

图书在版编目(CIP)数据

计算机硬件基础实验教程/白中英，杨春武著. —2版. —北京：清华大学出版社，2011.8
(计算机系列教材)
ISBN 978-7-302-27843-6

Ⅰ.①计…　Ⅱ.①白…②杨…　Ⅲ.①硬件—高等学校—教材　Ⅳ.①TP303

中国版本图书馆 CIP 数据核字(2011)第277228号

责任编辑：焦　虹
责任校对：李建庄
责任印制：何　芊

出版发行：清华大学出版社
　　http://www.tup.com.cn
　　社　总　机：010-62770175
　　投稿与读者服务：010-62795954，jsjjc@tup.tsinghua.edu.cn
　　质　量　反　馈：010-62772015，zhiliang@tup.tsinghua.edu.cn
地　址：北京清华大学学研大厦A座
邮　编：100084
邮　购：010-62786544
印 刷 者：北京富傅印刷有限公司
装 订 者：北京市密云县京文制本装订厂
经　销：全国新华书店
开　本：185×260　**印　张：**17.5　**字　数：**440千字
版　次：2005年7月第1版　2011年8月第2版
印　次：2011年8月第1次印刷
印　数：5001～10000
定　价：29.00元

产品编号：044892-01

《计算机硬件基础实验教程（第2版）》 第2版前言

2500年前，中国伟大的教育家孔子说过一句名言：**“学而时习之，不亦乐乎！”**

世界现实证明：国家强盛靠人才，人才培养靠教育，教育水平看能力，能力培养靠实践！只有动手做实验，动手做设计，学生所学的知识才能学活用活，才能提高分析问题和解决问题的能力，才能培养出“创造型”的人才。

长期以来，我国高校中普遍存在“重理论轻实践、重书本轻动手、重课堂轻课外”的三重三轻现象，其后果是社会需求和人才培养目标严重错位。例如全国最大的热门专业（计算机专业）成了就业红灯区，主要原因是毕业生的动手能力和全面素质不能适应工作需要。

根据《国家中长期教育改革和发展规划纲要（2010—2020）》，实践课程的重要地位历史上空前地被凸显出来。教育部关于突出实践教育、独立设置实验课程等精神，无疑为实验课程的教学改革提供了新的机遇和思路。

数字逻辑、计算机组成原理、计算机系统结构是计算机学科的核心专业基础课或核心专业课。一些软件工程和信息系统专业方向的院校将后两门课合二为一，开设**计算机组成与系统结构**课程。上述四门课都是实践性很强的课程，仅从课堂或书本上学习，学生一定会遇到相当大的困难。为落实《国家中长期教育改革和发展规划纲要（2010—2020）》，注重学生的智力开发和能力培养，我们总结40年实践教学的经验，结合2003年以来自己设计研发的四种TEC系列教学实验设备（国家专利产品），编写了《计算机硬件基础实验教程》（第2版）。

这本实验教材的使用对象是计算机学科本科生，其中包括理工类非计算机专业本科生。高职院校的计算机专业也可选用此教材。任课教师可单独开设实验课，也可以将理论课和实验课同时进行，根据各校实际情况来具体实施。

为方便教师备课和实施教学，四种型号的教学仪器均配有不同版本的《教师用实验指导书》和《辅助实验软件》光盘，随教学仪器提供给各个学校。

冯一兵、覃健诚、王军德、张杰、杨秦、靳秀国、于艳丽、陈楠、刘静晗、王坤山、杨孟柯、刘俊荣、李姣姣等参与了教学仪器研制、辅助实验软件研制、实验项目验证、实验教材编写等工作，限于幅面，封面上未能一一署名。

清华大学计算机科学与技术系杨士强教授审阅了本书书稿，美国 Lattice 半导体有限公司和 Xilinx 公司提供了可编程器件的资料和设计工具，成书过程中得到了清华大学科教仪器厂李鸿儒教授的大力帮助，在此作者一并表示衷心感谢。

作　者

2011 年 6 月于北京

FOREWORD

第1章　实践教学理念的再认识

在“创新型国家”的目标下，实践教学的地位前所未有地得到提升。本章内容总结了作者从事计算机硬件科研教学实践40余年的经验和理念，目的是促进实践教学的深入发展。

1.1　时代特征

1.1.1　国际竞争的时代

中国近代史证明：社会制度落后会导致教育和科学技术落后，即使是五千年的文明古国，难免被工业革命发展起来的西方帝国主义列强们任意宰割和欺辱。

当今的世界现实证明：一个国家没有先进的教育和科学技术，就没有国家强大的经济和现代化国防，就没有国家综合实力，也就没有G8、G20之类的身份和话语权。

《国家中长期科学与技术发展规划纲要(2006—2020年)》中强调指出：

今后十五年科技工作的指导方针是：**自主创新，重点跨越，支撑发展，引领未来**。

到2020年，我国科学技术发展的总体目标是：自主创新能力显著增强，科技促进经济社会发展和保障国家安全的能力显著增强，为全面建设小康社会提供强有力的支撑；基础科学和前沿技术研究综合实力显著增强，取得一批在世界具有重大影响的科学技术成果，进入创新型国家行列，为在本世纪中叶成为世界科技强国奠定基础。

1.1.2　“知识爆炸”的时代

现代科学技术的发展速度可以说是一日千里，过去二十年中科学上的发明和发现比人类历史两千年中发明和发现的总和还要多。电子技术每隔五年淘汰40%，逼人更新知识而不息；新理论、新发现从提出到实际应用的周期大大缩短，催人策马紧追而不及。总之，我们正处在人类历史上从未有过的“知识爆炸”的新时代。“电子时代”、“信息时代”种种术语已不能确切表达我们这个时代的科学技术对教育的渴求和依赖。

面对这种形势，我们的课程教学必须改变以往只重视“传授知识”而忽视“发展智力和培养能力”的局面。由于知识没有遗传性，传授前人知识当然是重要的。加强基础，使学生具有宽厚的基础知识和专业知识，这是毫无异议的。但是要在学校里教给学生够一辈子使用的知识是不现实的，也是不可能的。这就要求我们把注意力集中到发展学生智力，训练学生具有自己获取知识的能力。用形象的比喻来说，我们交给学生的不能仅仅是一袋干粮，而更重要的是送给学生一杆猎枪，教会打猎放枪的本领，使他们具有自己独立去获取食物的能力。因此，古今中外的教育家和科学家都十分重视开发学生的智力和培养学生的能力，他们既重视知识的积累，又都把智力和能力的培养看得比知识和积累更重要。

1.1.3　中国计算机学科教育大发展的时代

从1996年到2005年的十年中，我国计算机学科教育有一个跨越式的发展。表1.1列出了十年中本科生、硕士生、博士生的招生人数增长率。

表1.1　1996—2005年的计算机学科招生人数增长率

招生类别	1996年	2005年	增长率/%
本科生	26 167	102 723	400
硕士生	2032	18 300	900
博士生	360	1778	500

从表1.1中看出，十年中招生人数本科生增长了4倍，硕士生增长了9倍，博士生增长了5倍。

数量上的发展主要是通过扩大计算机专业学科点和招生人数来实现的。然而存在的问题是：一是数量规模过大，二是办学条件和办学质量没有及时跟上去，因而中国最热门的专业（全国800余所院校设置有计算机本科专业）成了就业红灯区。

1.2　创新与实践

1.2.1　什么是创新

1912年，奥地利经济学家熊彼得首次提出了“创新”术语的定义——**创新是一种新技术、新产品、新方法**。

对于创新的概念，我们做如下理解：

- 创新是指能为人类社会的文明和进步创造出有价值的**前所未有**的全新物质产品和精神产品。
- 创新的过程就是创造性劳动的过程，没有创造就谈不上创新。
- 创新的本质是不做复制者而是进取，是推动人类文明进步的激情。
- 创新就要淘汰旧观念、旧体制、旧技术、旧产品，培育新观念、新体制、新技术、新产品。
- 创新最关键的条件是要解放自己，因为一切创造力都根植于人的潜在能力的发挥。
- 创新能力来自于不断发现的能力和坚持不懈的精神。
- 创新能力在一定的知识积累的基础上可以训练出来，启发出来，甚至“逼出来”。
- 创新人才是指具有创造精神的创造型人才，也就是具有创新意识、创新精神、创造能力、创新思维的人才，其核心是创新思维。

- MIT对创新人才的理念：MIT致力于给学生打下牢固的科学、技术和人文知识基础，培养创造性地发现问题和解决问题的能力。

然而创新不是时髦名词的代用品，**一切都变成创新就没有了创新**。如果光喊口号，不干实事，把普通实验室说成创新实验室，把简单实验说成创新实验，未免太庸俗化了。

1.2.2 三大支柱和三种思维

1. 人类科学发现的三大支柱

理论科学、**实验科学**、**计算科学**作为科学发现的三大支柱，正推动着人类文明进步和科学技术发展。

理论科学：偏重理论总结和理性概括，强调较高普遍的理论认识而非直接实用意义科学。研究方法以演绎法为主，不局限于描述经验事实。

实验科学：科学方法观以实验定性和归纳为主，目标任务在于认识自然界及其规律。

计算科学：利用计算机科学技术的现代科学研究方法，包括计算方法、模拟方法、智能方法等。

2. 人类认识世界和改造世界的三种思维

理论思维、**实验思维**、**计算思维**是人类认识世界和改造世界的三种思维。

理论思维：推理和演绎为特征，以数学学科为代表。

实验思维：观察和总结自然规律为特征，以物理学科为代表。

计算思维：设计和构造为特征，以计算机学科为代表。

1.2.3 创新源于实践

科学院杨叔子院士有句至理名言——创新源于实践。

工程院袁隆平院士历经辛苦发明的高产杂交水稻再一次证明——创新源于实践。

胡锦涛同志在清华大学百年校庆讲话中特别强调指出："科学理论、创新理论来源于实践，又服务于实践。要坚持理论联系实际，积极投身社会实践……在实践中发现新知，运用真知。"

学习《国家中长期教育改革和发展规划纲要（2010—2020）》，有专家将相关精神总结成六个大计、六个为本：

百年大计，教育为本；教育大计，教师为本。

学校大计，育人为本；育人大计，教学为本。

国家大计，创新为本；创新大计，实践为本。

对于教育与科技的关系，我们的认识理念是：

国家强盛靠人才，人才培养靠教育，教育是科技之母，教育是富国之本！

长期以来，我国教育开支占GDP比例远低于世界平均水平。为实现创新型国家的目标，这种局面应当下决心改变了。

1.2.4 知识产权保护

西方国家百年发展的历史证明：专利制度、版权制度、商标制度等知识产权保护政策对科学技术的发展起着决定性的作用。虽然中国目前也有专利制度、版权制度、商标制度，但是知识产权的保护实在不能令人满意，并成为西方国家攻击的目标。主要表现在：

- 中国公民保护知识产权的意识普遍不强。
- 中国专利权法、著作权法中条例细则保护不力，侵权事件屡屡发生。
- 地方保护主义严重，为侵权或冒牌假货开放绿灯，还美其名曰“构建和谐社会”。
- 一些高校中学术成果的行政化“拉被子”报奖，严重损害知识产权的原创者，是一种学术腐败。
- 执法机关中有些法官缺乏科技知识，高高在上又素质低下，影响了中国司法形象。

要使中国成为一个创新型国家，唯一的途径就是全民保护知识产权，使侵权者成为过街老鼠——人人喊打。

1.3 知识、智力和能力

1.3.1 知识与知识结构

所谓知识，就是人们在改造客观世界的实践中所获得的认识与经验的总和。

要使学生具有合理的知识结构，必须注意知识的使用价值和智力价值。使用价值是指所学知识在后续课程的学习和实践中的作用和效果，而智力价值是指所学知识对人的智力发展所起的促进作用大小，我们在为学生设计合理的知识结构时，必须把这两者有机地结合起来，使在有使用价值的知识体系中包含有科学的智力价值体系。

1.3.2 智力与智力结构

智力是指感知到思维的心理过程特征，是人认识客观事物并运用知识解决实际问题的能力，因此，它属于个体心理特征中能力的范畴。一个人的智力是在掌握人类知识经验和从事实践活动中发展的，但又不等于知识和实践。

智力是由观察力、注意力、记忆力、想象力、思考力等一般能力要素所构成的具有一定结构的系统。用数学语言描述，就是智力因数 I 是一般能力要素 C_i 的函数。即

$$I = f(C_O, C_N, C_R, C_I, C_T) \tag{1.1}$$

式中：I——智力因数，它综合反映一个的智力品质。

C_O——观察力，它是个体精细感知事物的特性、辨别相似现象和新异现象的能力。

C_N——注意力，它是个体组织自已心理活动，使之有效地指向和集中于某个认识对象的能力。

C_R——记忆力，它是个体保持和再现，再认识以往对客观事物的反映内容和主观体验的能力。

C_I——想象力，它是个体根据已有知识经验创造性地形成新事物的形象、推测其结构、特性及其变化的能力。

C_T——思考力，它是个体合乎逻辑地对客观事物形成概念、作出判断、进行推理思维的能力，它进一步又可分为分析能力，综合能力、比较能力，概括能力和抽象能力。

智力因数在个体身上的表现，就是反映了个体的智力品质，它以智力超常、正常、低常为主要标志。我们通常所说的“聪明”与“笨”，就是对一个人智力品质的定性评价。人才学把人才分为创造型、发现型、继承型三种类型，创新型的人才大都是智力超常的人。

智力品质包括敏捷性、灵活性、深刻性和独创性，敏捷性表征的是智力活动的速度；灵活性表征的是智力活动的创造精神。爱迪生一生中之所以能有数以千计的发明创造，在很大程度上依靠了他超常的独创性的智力品质。

一个人的智力品质对其一生的业绩有着决定性的作用。1988 年第一作者为了指导学生，首次提出了如下业绩定律公式[1]：

$$A = It \tag{1.2}$$

式中：A——业绩。

I——智力因数。

t——勤奋度(用时间体现)。

业绩定律公式表明：业绩 A 与智力因数 I 成正比，也与勤奋度 t 成正比，其关系可用图 1.1 表示。

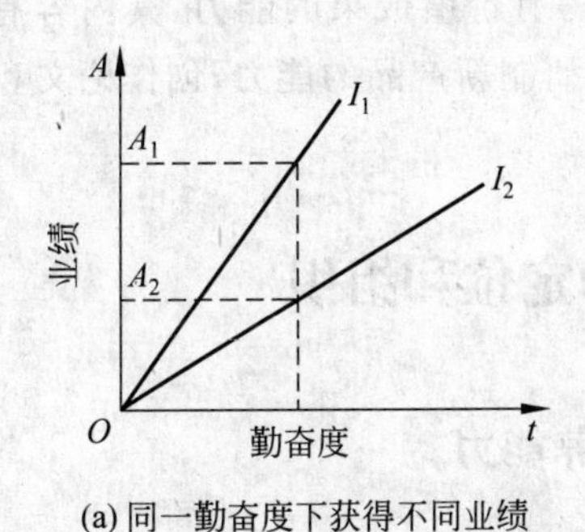

(a) 同一勤奋度下获得不同业绩

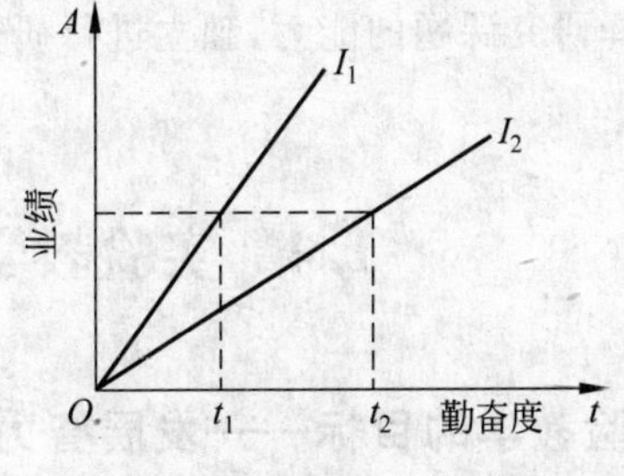

(b) 获同一业绩需要不同的勤奋度

图 1.1 业绩与智力因素、勤奋度的关系

业绩 A 可以广义地理解，在学生时期可以看做学习成绩，在科学研究中可以看做研究成绩。图 1.1(a)告诉我们，两个人智力因数不同时，在同样的时间(勤奋度)条件下，智力因数高的人所取得的成绩就大。然而，图 1.1(b)也告诉我们，智力因数低的人采取“笨鸟先飞”的办法，更勤奋一些(花更多的时间)，那么也能取得和智力因数高的人一样的成绩。因此，从某种意义上来讲，勤奋度和智力因素有着同样的价值。爱迪生说“百分之一

的灵感和百分之九十九的勤奋”,就是兼指这两者。

智力是遗传素质、环境和教育、个人努力三方面因素相互作用的产物,是遗传和环境的对立统一。智力的发展不是由先天的遗传简单的“命定”,也不是由环境与教育机械地决定。遗传素质仅提供了智力发展的可能性,而环境和教育、个人努力则规定了人的智力发展的现实性。环境,尤其是有计划有目的的教育,对智力的发展起着决定性的作用。

要认识到环境和教育对智力发展的决定作用,目的在于创造有利于学生智力发展的环境条件(教师、图书馆、实验室),建立合理的智力结构,促使学生智力的发展并锻炼超常的智力品质,成为创造型的人才。

1.3.3 能力与能力结构

能力总是同成功地完成某项活动或某项任务相联系,因此能力是指一个人完成某项活动或任务的综合本领。

对理工科大学生来讲,在教学实践中除了经常性和有针对性地培养上面所述的观察能力、专注能力、记忆能力、想象能力和思考能力以外,应当强调三种能力——自学能力、独立工作能力、科学研究能力。

自学能力就是独立获取知识的能力。培养学生的自学能力,是现代科学技术发展的要求。这是因为,一方面科学技术发展十分迅速,知识更新周期大大缩短,另一方面,学生在校期间不可能把一生所用的知识学到手。

独立工作能力就是运用知识解决实际问题的能力。独立工作能力包括:分析问题和解决问题的能力,运用数学语言描述物理模型与进行计算的能力,科学实验能力,工程设计能力,编写技术资料与报告的能力,组织管理能力等。

科学研究能力是指创造性地运用知识并取得有价值成果的能力,其内容有:确定科研方向和选择研究课题的能力,独立进行研究和研制新产品的能力,创作论文和科研报告的能力。

1.4 实验教学的定位和组织

1.4.1 实验教学的目标——发展智力培养能力

前面讲述了学生的知识、智力与能力结构。但更重要的是,如何在整个教育过程中去实现这个结构。

传授知识、发展智力和培养能力,这三者是相互联系,相辅相成的。

传授知识,这是对教学的起码要求。“知识就是力量”这句名言,充分说明了知识的作用和价值。但我们培养的学生,不仅是人类科学文化的继承者,而且是人类科学文化的创造者,而要创造,要发展,就要依靠知识、智力和能力,三者缺一不可,如果说人对社会最终的报答是贡献,那么智力能力将起决定性的作用。因此,我们必须转变教学思想,从只重视传授知识转变到重视发展智力和培养能力方面来，这既是教育的任务，也是时代的要求。

智力也是一种能力，不过是脑的功能而已。一定的智力是掌握知识的前提，超常的智力可以使学生获得更多的知识，获得更多的能力，而知识增多了，又可促进智力的发展和能力的提高。

智力是通过对知识的掌握过程而形成的。但是不能认为知识就是能力。知识是能力的基础，能力是知识的集中体现。"无知必然无能，无能很难有知"，足以说明知识与能力之间的辩证关系。能力是要经过专门训练的，要靠培养，要靠发展。能力总是与成功地完成某项活动或任务相联系，是在实践活动中发展的。"实践出智慧，实践长才干"，就是这个道理。

由式(1.1)可知，智力因数 I 是能力要素 C_i 的函数，要发展智力，必须重视培养能力。而能力总是同成功地完成某种活动相联系，要培养能力，必须重视实践性教学环节。我们不能因为能力的发展与知识的获得有联系，就认为学生的能力培养，可以在教学过程中自发地实现。有鉴于此，在教学中应该明确地提出培养能力的要求和目标，并且有计划地自觉地去实现这个目标。

1.4.2 实验教学队伍

高素质的实验教学队伍建设是落实《国家中长期教育改革和发展规划纲要(2010—2020)》的重要任务之一，也是培养创新型人才的必要条件。高素质的实验教学队伍应具备：

- 热爱和忠于教师职业；
- 具有相应的学术水平和丰富的实践教学经验；
- 富有创新精神；
- 富有奉献精神。

长期以来，高校实施的考评体系并没有对实验教学队伍有多少倾斜政策，例如职称问题，聘岗问题，要求发表论文数，要求科研经费数。然而实际上每个具体承担实验教学任务的老师工作量十分繁重。这些政策的后果是：实验课教师感觉低人一等，教改无积极性，整天忙于日常的实验教学。试问：没有优秀的实验教学队伍，何谈高水平实验？何谈培养创新型人才？

高素质实验教学队伍的建设需要进一步落实《国家中长期教育改革和发展规划纲要》，即使没有倾斜政策，至少要做到公正公平。例如实验教学队伍中为什么不设置国家级和省级"实验名师"，以改变他们在社会和学校中的地位呢？

1.4.3 三种实验类型和三个结合点

1. 三种实验类型体现三大台阶

基础验证型：巩固书本知识，培养基本动手能力。

综合设计型：综合运用课程知识，全面培养实验能力。

研究创新型：超出课程要求，发挥学生主观能动性，启发提高实验水平。

前两种实验面向所有学生，第三种实验只面向少数优秀学生。

2. 三个结合点有效组织实验的过程

课程要求：面向全体学生的基本要求。

实验项目：分组综合实验，培养团队精神。

因材施教：专业/非专业；不同层次/不同基础/不同兴趣。

1.4.4 计算机学科实验教学的设计

1. 计算机学科基础12门核心课程——三硬三软三理论三系统

三硬：数字逻辑、计算机组成原理、计算机系统结构。

三软：数据结构、数据库原理、编译原理。

三理论：离散教学、形式语言与自动机、算法分析。

三系统：操作系统、计算机网络、嵌入式计算机系统。

计算机学科是一个实践性很强的学科，包括计算机科学与技术、计算机科学、计算机工程、软件工程、信息安全、信息系统等诸多专业，上述课程中大部分为专业基础课，必须有实验教学手段做支撑。图1.2示出了计算机学科实验教学的分类体系。公共基础是全校性的基础课，如C语言程序设计。计算机系统实验是大四进行的包含硬件、软件、系统等大型综合型实验，需要团队合作进行。

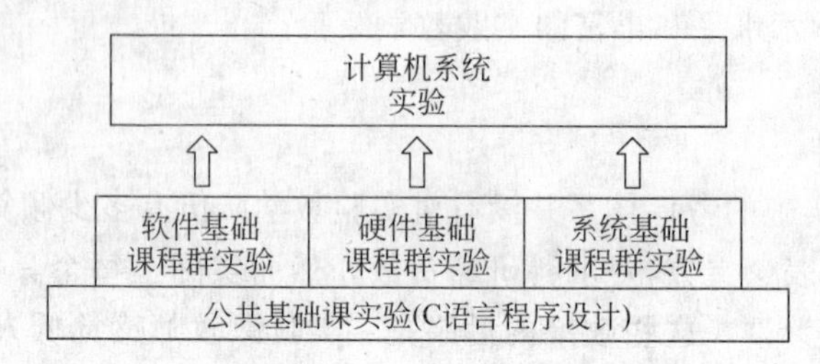

图1.2 计算机学科实验教学的分类体系

2. 计算机硬件基础课程群的实验教学设计

计算机硬件基础课程群包括数字逻辑、计算机组成原理、计算机系统结构、接口技术四门课程。有些专业方向偏软的院校将中间两门课合二为一，取名为计算机组成与系统结构，如图1.3所示。

(1) 数字逻辑：技术基础课

基本实验：要求学生掌握基本门器件；常用组合逻辑和时序逻辑功能部件设计；存储逻辑 E^2PROM应用；大容量可编程器件应用；EDA设计工具和VHDL语言。

综合实验：要求学生用EDA技术完成至少4个以上的中型设计课题。

(2) 计算机组成原理：专业基础课

基本实验：要求学生掌握运算器；双端口存储器；数据通路；微程序控制器；并用它们

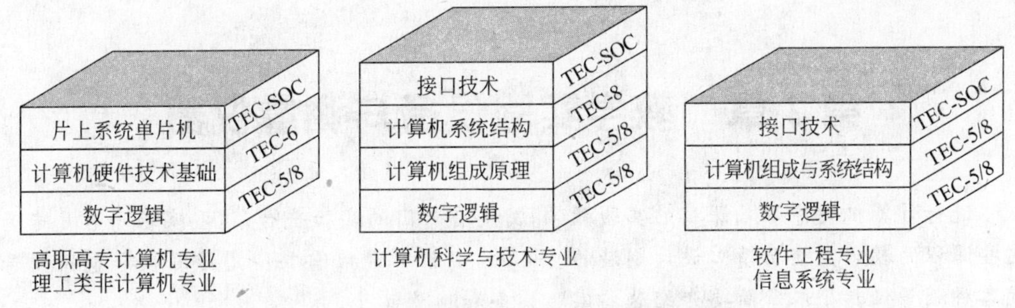

图 1.3 计算机学科硬件基础课程群教学实验

组成一个整体，且用单步或连续方式执行指令周期实验。

综合实验：要求学生用 EDA 技术设计一个硬布线控制器实现的 CPU，并单步或连续方式执行验收程序。

(3) 计算机系统结构：重要的专业课

课程重点讲述计算机的时间并行技术和空间并行技术。前者用流水技术实现，后者用多 CPU 技术实现。考虑技术复杂性和实验成本，教学实验采用如下两种方式：

硬件形式：采用 TEC-8 实验系统，实现一个流水 CPU。

软件形式：采用仿真软件，实现一个流水 CPU 或多 CPU 系统。

(4) 计算机组成与系统结构：专业基础课

基本实验、综合实验：要求与计算机组成原理相同。

(5) 接口技术：专业课

利用 SOC 单片机进行编程和接口设计实验(TEC-SOC 实验平台)

(6) 计算机硬件技术基础：高职高专计算机专业、理工类非计算机专业必修课

基本实验：剖析一个简单 CPU(TEC-6 实验平台)

(7) 片上系统单片机：高职高专计算机专业、理工类非计算机专业必修课

基本实验：用片上系统单片机进行编程和接口设计(TEC-SOC 实验平台)。

综合实验：用 C 语言进行 SOC 单片机编程和接口设计(TEC-SOC 实验平台)

3. 计算机学科实验教学的实施原则

实施原则总结为十六字方针——**四年不断，先分后合，由易到难，构建系统**。

所谓**四年不断**，就是从大一到大四都安排有实验教学。

所谓**先分后合**，就是从低年级开始做课程实验(包括硬件、软件、系统)，到大四时做超出单门课程范围的计算机系统级综合实验。

所谓**由易到难**，就是实验设计符合学生认知规律：单门课程实验较易，学生个体就可完成；而计算机系统级实验较难，需要团队合作才能完成。

所谓**构建系统**，就是实验任务包括硬件、软件和系统的综合性研究，它相当于一项科研任务，例如实现一个嵌入式系统应用课题。计算机系统级实验还可以结合毕业设计进行。

第2章　教学实验设备与测量仪器

进行计算机硬件基础课程的实验教学，需要有专门的实验平台，这些实验平台是专为这些课程的教学实验而精心设计制造的。另外，实验中常常需要使用计算机和电子信号的各种测量仪器。本章简要介绍这些实验设备和测量仪器。

2.1 计　算　机

教学实验中使用的计算机通常是个人计算机(PC)。在计算机上通过电子设计自动化(Electronic Design Automation，EDA)工具，编写实验方案，然后通过编译、连接等步骤将实验方案变成代码，最后下载到实验台上的可编程逻辑器件中，将可编程逻辑器件变成一个能完成设计功能实验部件。比如在控制器设计实验中，首先在计算机上编写控制器设计方案，经过编译、连接后下载到实验台上的可编程逻辑器件中，这时该可编程逻辑器件就变成了一个能完成控制器功能的部件。计算机在实验中还有其他一些功能，如在线改变实验台上E^2PROM中的代码，通过和实验台进行通信对实验过程进行监测、显示实验结果等。

教学实验中使用的计算机主要是台式机，也有的使用笔记本电脑。现在市面上出售的个人计算机，比如联想、戴尔(Dell)等公司生产的计算机，都能满足实验要求。

2.2　教学实验设备

国内外有许多厂家生产用于大学计算机硬件教学实验的设备。这些教学实验设备各有特点，能满足目前国内计算机硬件教学实验的要求。本章介绍的4种教学实验设备其共同特点是模型计算机采用了8位模型机，简单而实用。判断一个设备的优劣不是根据实验设备的复杂程度，而是看是否满足教学实验的需求。不能认为16位模型机就一定比8位模型机先进。我们知道，商用的PC比国内的任何一款实验设备的模型计算机技术指标都先进，但是直接用PC做计算机硬件教学实验设备显然是不合适的。在计算机组成原理课程的教学中，最重要的是让学生通过实验真正了解计算机的整机工作过程，掌握计算机工作原理。从这一点考虑，选用一个比较简单但是功能齐全的模型计算机是合适的，它有助于学生对计算机整机工作的理解。

2.2.1　TEC-5 数字逻辑与计算机组成实验系统

TEC-5实验系统是作者设计、清华大学科教仪器厂生产的中国发明专利产品(专利号ZL 01 1 04164.1)。它用于**数字逻辑**、**计算机组成原理**、**计算机组成与系统结构**三门课程的实验教学，是一种多用实验教学设备(见图2.1)。

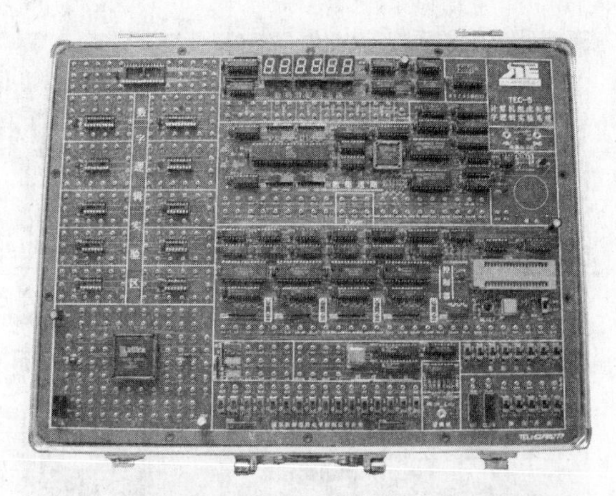

图 2.1 TEC-5 数字逻辑与计算机组成实验系统

(1) 数字逻辑实验部分除了一片 ISP1032 在系统可编程器件、16 个电平开关和 2 个单脉冲按钮(复位和启动)外,还有 12 个指示灯,11 个双列直插插座,5 个 8421 编码驱动的数码管,1 个直接驱动的数码管,1 个喇叭。时钟信号源有 500kHz,50kHz,5kHz。

(2) 计算机模型采用 8 位,简单而实用。计算机模型分为数据通路、控制器、时序电路、控制台、数字逻辑实验区五部分。各部分之间采用可插、拔的导线连接。

(3) 指令系统采用 4 位操作码,容纳 16 条指令,已实现了加、减、逻辑与、存数、取数、条件转移、IO 输出和停机 8 条指令。其他 8 条指令备用。

(4) 数据通路采用双端口存储器作为主存,实行数据总线和指令总线双总线体制。

(5) 控制器采用微程序控制器和硬连线控制器两种类型。

(6) 可在线修改控制存储器中的微代码。

(7) 系统编程器件 ispLSI1032 可以作为硬连线控制器使用,也可用于数字逻辑课的课程实验和课程设计。

(8) 控制台包含 8 个数据开关,用于置数功能;16 个双位开关,用于置信号电平;控制台有复位和启动两个单脉冲发生器。

2.2.2 TEC-8 计算机硬件综合实验系统

TEC-8 计算机硬件综合实验系统是作者设计、清华大学科教仪器厂生产的中国发明专利产品(专利号 ZL 2007 1 0099859.2)。它用于**数字逻辑**、**计算机组成原理**、**计算机系统结构**、**计算机组成与系统结构**四门课程的实验教学,也可用于数字系统的研究开发(见图 2.2)。

(1) 模型计算机采用 8 位字长,简单而实用,有利于学生掌握模型计算机整机的工作原理。通过 8 位数据开关用手动方式输入二进制测试程序,有利于学生从最底层开始了解计算机工作原理。

(2) 指令系统采用 4 位操作码,可容纳 16 条指令。已实现加、减、与、加 1、存数、取数、条件转移、无条件转移、输出、中断返回、开中断、关中断和停机等 14 条指令,指令功能非常典型。

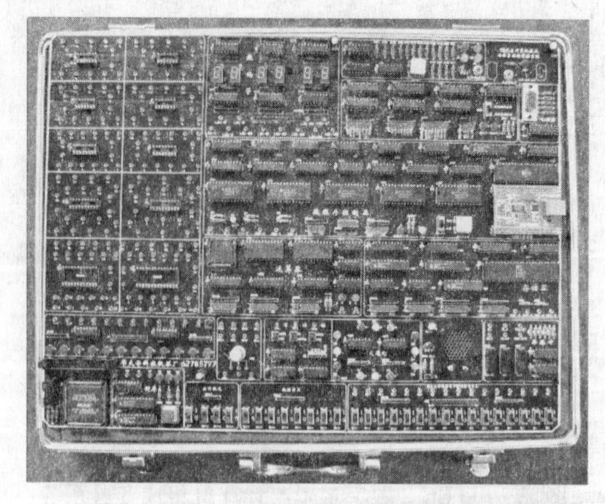

图 2.2 TEC-8 计算机硬件综合实验系统

(3) 采用双端口存储器作为主存,实现数据总线和指令总线双总线体制,便于实现指令流水功能。

(4) 控制器采用微程序控制器和硬连线控制器两种类型。

(5) 微程序控制器和硬连线控制器之间的转换采用独创的一次全切换方式,切换不用关掉电源,切换简单、安全可靠。

(6) 可在线修改控制存储器中的微代码。

(7) 一条机器指令的时序采用不定长机器周期方式,符合现代计算机设计思想。

(8) 通用区提供了若干双列直插的器件插座,用于数字逻辑课程的基本实验。

(9) 在系统可编程器件 EPM7128 既可用于作为硬连线控制器使用,又可用于数字逻辑课程的大型设计实验。为了安排大型设计实验,提供了用发光二极管代表的按东、西、南、北方向安排的 12 个交通灯,6 个数码管,1 个喇叭和 1 个 VGA 接口。

(10) 设计计算机组成原理课程实验时考虑了与前导课程数字逻辑实验的衔接。由于在数字逻辑实验中已经进行了大量的接、插线实践,因此在 TEC-8 上进行计算机组成原理课程实验接线较少,让学生把精力集中在实验现象的观察、思考和实验原理的理解上。

2.2.3 TEC-6 计算机硬件基础实验系统

TEC-6 计算机硬件基础实验系统是作者设计、清华大学科教仪器厂生产的中国实用新型专利产品(专利号 ZL 2009 2 0107610.6),外形见图 2.3 所示。它是针对大学本科非计算机专业教学实验设计的,同时也满足高职、高专计算机专业教学实验的需要。

(1) 模型计算机采用累加器和通用寄存器相结合的一种结构,有 1 个 8 位累加器,3 个 8 位通用寄存器。这种结构在单片机中经常使用。

(2) 8 位字长,能够执行加法、减法、逻辑与、逻辑或、数据传送、存数、取数、进位为 1 转移、结果为 0 转移和停机等指令。

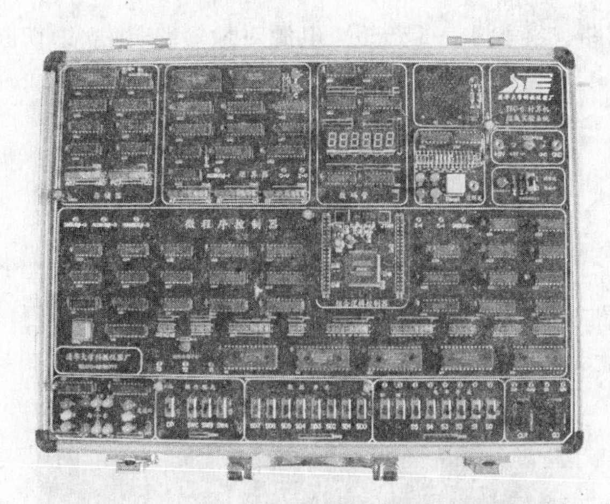

图 2.3　TEC-6 计算机硬件基础实验系统

(3) 进行计算机组成实验时,需要的接、插线很少,将实验的重点放在使学生弄懂实验的原理,对实验中每一步所出现的各种现象进行正确解释,加大学生实验过程中思考能力的培养,真正掌握各个实验的原理。

(4) 控制器采用微程序控制器和硬连线控制器两种类型。

(5) 微程序控制器和硬连线控制器之间的转换采用独创的一次全切换方式,切换不用关掉电源,切换简单、安全可靠。

(6) 在系统可编程器件 EPM3128 既可用于作为硬连线控制器使用,又可用于数字逻辑课程的大型设计实验。为了安排大型设计实验,实验台安装了 1 个喇叭、6 个数码管和 12 个交通信号指示灯。使用它们能够进行数字时钟、交通灯和简易电子琴等数字逻辑课程的大型综合设计型实验。

2.2.4　TEC-SOC 片上系统单片机实验装置

TEC-SOC 是基于 C8051F020 的片上系统单片机实验装置。多年以来,单片机教学形成了以 MCS-51 为基础的教学体系。MCS-51 的经典结构,优异的兼容性,使得它后来发展成 80C51 微控制器系列和今天的 SOC 单片机系统 C8051F 系列。C8051F 系列单片机将 Flash、XRAM、A/D、D/A、I^2C、SPI、UART 及片上温度传感器等集合在一起,组成了片上系统(SOC)型单片机实验装置(见图 2.4)。

TEC-SOC 片上系统单片机实验装置是中国实用新型专利产品(专利号:ZL 2009 2 0107610.6)。

TEC-SOC 实验装置有如下特点:

(1) C8051F20 作为 SOC 器件,设置了各总线的对外接口。

(2) 实现 USB 接口到 JTAG 转换,以便利用 JTAG 接口对 C8051F 进行在线调试。

(3) 若干外围扩展实验电路。其中包括 32KB 容量的 SRAM、16×2 的 LCD 显示电路、4×4 键盘、8 位发光二极管显示电路、时钟发生器、逻辑笔、单脉冲电路、直流电机步进电路及小喇叭驱动电路等。

（4）电源保护电路。实验中一旦＋5V电源对地短路，则立即切断电源并报警。

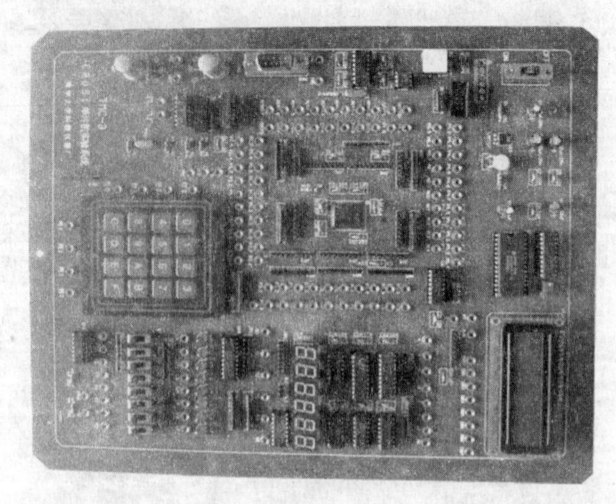

图2.4　TEC-SOC片上系统单片机实验装置

2.3　逻　辑　笔

在计算机硬件实验中，常用的测量仪器有示波器、万用表、逻辑笔和逻辑分析仪。正确使用这些测量仪器对顺利完成各种实验、查找实验中遇到的故障有十分重要的作用，对学生将来设计、研制电子产品、查找故障也有十分重要的作用，学生一定要在实验中学会正确使用这些测量仪器，为未来工作打下良好的基础。

逻辑分析仪功能很强大、使用比较复杂，它能同时采样几十路数字信号，对这些信号的时序进行分析，且具有强大的存储能力，是调试计算机产品的强有力工具。由于逻辑分析仪造价昂贵，许多学校实验室没有配备逻辑分析仪，因此本章不介绍逻辑分析仪的使用。

逻辑笔是测量数字信号的简便的工具。逻辑笔测量的是一个数字信号处于高电平状态，还是低电平状态，而不对这个高电平的精确电压值进行测量，这和万用表是完全不同的。例如在TTL器件构成的数字电路中，如果一个信号的电压是4.43V，万用表能够测量出这个信号的精确电压，而使用逻辑笔来测量这个信号，则只能测试出这个信号是出于高电平，无法知道这个信号的具体电压值。在数字电路和计算机电路中，人们在绝大多数情况下关心的是信号的逻辑电平而不是电压，因此逻辑笔应运而生。图2.5是一张逻辑笔图片。逻辑笔的外形像一支笔，笔上一般有两三个信号指示灯：一个红灯、一个绿灯和一个黄灯。

图2.5　逻辑笔

逻辑笔一般有两个或三个用于指示逻辑状态的发光二极管用于提供以下4种逻辑状态指示。

- 绿色发光二极管亮时，表示低电平。
- 红色发光二极管亮时，表示高电平。
- 黄色发光二极管亮时，表示浮空或三态门的高阻抗状态。

• 如果红、绿、黄三色发光二极管同时闪烁，则表示有脉冲信号存在。

逻辑笔的电源取自于被测电路。测试时，将逻辑笔的接地夹子夹到被测电路的任一接地点。用逻辑笔的探头(表笔)和被测点接触，根据指示灯判断信号的逻辑电平。

在 TEC-5 实验系统、TEC-6 实验系统、TEC-8 实验系统中，实验台上均配置了逻辑笔。红色、绿色电平指示灯放在了实验台上而不是装在表笔上。另外，实验台上还设置了 2 个黄色指示灯，用于对脉冲计数。两个指示灯最多可记录 3 个脉冲。

TEC 系列上配置的逻辑笔在测试信号的电平时，红灯亮表示高电平，绿灯亮表示低电平，红灯和绿灯都不亮表示高阻态。在测试脉冲个数时，首先按一次 Reset 按钮，使 2 个黄灯 D1、D0 灭，处于测试初始状态。实验台上的逻辑笔最多能够测试 3 个连续脉冲。被测信号的状态显示如表 2.1 所示。

表 2.1　指示灯对应的被测信号状态

红　灯	绿　灯	测试结果	D1(黄灯)	D0(黄灯)	测试结果
0	0	高阻态	0	0	没有脉冲
1	0	高电平	0	1	1 个脉冲
0	1	低电平	1	0	2 个脉冲
			1	1	3 个脉冲

2.4　数字万用表

万用表是常用的一种电子信号测量仪表，以前主要有三种功能：测量电压、测量电阻、测量电流，因此又称三用表。现在的万用表加上了一些附加功能，如测量二极管、三极管等。以前的万用表多是指针式的，现在多是数字式的。数字万用表用液晶显示屏上的数字显示测量结果。

图 2.6 是一张数字万用表的图片。各种数字万用表面板不尽相同，但功能大同小异。万用表通常是便携式的，它有两只测量时使用的表笔，1 只表笔为红色，1 只表笔为黑色。

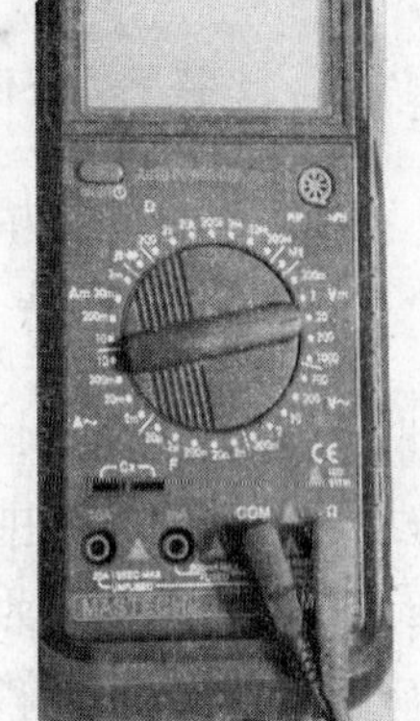

图 2.6　数字万用表

1. 万用表面板

(1) 液晶显示屏

液晶显示屏用于以数字形式显示测量结果。

(2) 电源(POWER)按钮

数字万用表采用电池供电。按下电源按钮时，使电池对万用表供电，这时液晶显示屏上显示出数字。万用表使用完毕后，按一次电源按钮，使该按钮弹起，切断电池的供电。有些万用表有自动切断供电功能，一段时间(大约半小时)不使用后，自动切断电池供电，以使电池使用的时间更长一些。

(3) 量程开关

万用表面板的中部是一个量程开关，该开关是一个波段开关。它首先根据测量项目分为几个大挡：直流电压、直流电流、交流电压、交流电流、电阻等。然后又将每个测量项目按量程划分为几个小挡，如测量直流电压时可分为20mV、2V、20V、200V、1000V等几个量程。量程开关中几个符号代表的含义如下：

V- 测量直流电压。有的万用表上用DCV指示。

V 测量交流电压。有的万用表上用ACV指示。

A- 测量直流电流。有的万用表上用DCA指示。

A～ 测量交流电压。有的万用表上用ACA指示。

Ω 测量电阻。

hFE 测量晶体管的电流放大倍数β。

F 测量电容。

画二极管样子的那一挡上能够测量二极管。

(4) 插孔

万用表面板上有许多插孔，用于测量时插表笔或者元器件的引脚。

ΩV 测量电阻、电压时所用的插孔，插红色表笔。

COM 公用插孔，测量电流、电压、电阻时插黑色表笔。

mA 测量200mA以下电流时所用的插孔，插红色表笔。

10A 测量10A以下、200mA以上电流时所用的插孔，插红色表笔。

测量直流电流、直流电压时，红色表笔接正端、黑色表笔接负端。

Cx 测量电容时，电容引脚插孔。

NPN 测量npn晶体管用的晶体管引脚插孔，旁边的E、B、C具体指示出npn晶体管发射集、基极、集电极引脚的具体插入位置。

PNP 测量pnp晶体管用的晶体管引脚插孔，旁边的E、B、C具体指示出pnp晶体管发射集、基极、集电极引脚的具体插入位置。

2. 数字万用表使用注意事项

数字万用表的使用方法很简单，但是使用时还是要注意以下几点：

(1) 使用前检查表壳和表笔，不能破损，以免造成触电。

(2) 测量时，手不能碰到表笔的金属部分(笔针)。

(3) 对直流电压超过30V、交流电压超过60V进行测量时，手不要超出表笔的直档部分。在不能确定电压的范围时，要首先选用最大的电压量程测量，然后逐渐减小量程，直到选用的量程合适为止。

(4) 要严格按照测量项目选择合适的挡和插表笔。比如在测量电阻时，不能使用电压挡，否则可能损坏数字万用表。

(5) 测试电路板上的电阻时，要首先从电路板上将电阻焊下来，然后测量；测量电路板上的两点之间是否短路或者断路时，要首先断开电路板供电的电源后才能测量，不能带电测量两点之间是否短路或者断路。

(6) 电池电量不足时，要首先更换电池，然后使用数字万用表。

3. 直流电压测量

(1) 将黑表笔插入 COM 插孔,红表笔插入 VΩ 插孔。

(2) 将功能开关置于直流电压挡 V-量程范围,并将测试表笔并联到待测电的两点上。如果是测量某一点对地电压(这是绝大部分情况),黑表笔接地,红表笔接测试点;如果是测试负载(如电阻)上电压降,红表笔接高电位端,黑表笔接低电位端。如果表笔极性接反,测试结果是负值。

(3) 如果不知被测电压值范围,将功能开关置于最大量程并逐渐下降。

(4) 如果测试结果只显示 1,表示过量程,量程开关应置于更高量程。

(5) 当测量高电压时,要格外注意避免触电。

4. 交流电压的测量

(1) 将黑表笔插入 COM 插孔,红表笔插入 VΩ 插孔。

(2) 将功能开关置于交流电压挡 V~量程范围,并将测试笔连接到待测电源或负载上,测量交流电压时,没有极性显示。

其他同直流电压测量的(3)、(4)、(5)。

5. 直流电流测量

(1) 将黑表笔插入 COM 插孔,当测量最大值为 200mA 的电流时,红表笔插入 mA 插孔,当测量最大值为 20A 的电流时,红表笔插入 20A 插孔。

(2) 将量程开关置于直流电流挡 A-量程,并将测试表笔串联接入到待测电路中,电流值显示的同时,将显示电流方向。"+"表示电流从红表笔向黑表笔流动,"-"表示电流从黑表笔向红表笔流动。

(3) 如果不知道被测电流值范围,将功能开关置于最大量程并逐渐下降。

(4) 如果测试结果只显示"1",表示过量程,量程开关应置于更高量程。

(5) 在标示 200mA 的插孔输入过量的电流将烧坏保险丝,可更换。20A 量程无保险丝保护,测量时不能超过 15s。

6. 交流电流测量

(1) 将黑表笔插入 COM 插孔,当测量最大值为 200mA 的电流时,红表笔插入 mA 插孔,当测量最大值为 20A 的电流时,红表笔插入 20A 插孔。

(2) 将量程开关置于交流电流挡 A~量程,并将测试表笔串联接入到待测电路中。

其余同直流电流测量(3)、(4)、(5)。

7. 电阻测量

(1) 将黑表笔插入 COM 插孔,红表笔插入 VΩ 插孔。

(2) 将功能开关置于 Ω 量程,将测试表笔并联到待测电阻两端。如果被测电阻值超出所选择量程的最大值,将显示测量结果为 1,应选择更高的量程。

(3) 对于大于1MΩ或更高的电阻,要几秒钟后读数才能稳定,这是正常的。

(4) 当两只表笔和电阻两端没有接触好时,例如开路情况,仪表显示为1。

8. 二极管测量

(1) 将黑表笔插入COM插孔,红表笔插入VΩ插孔,将量程开关置于测二极管挡。

(2) 将红表笔接到待测二极管正极,将黑表笔接二极管负极,测试结果为二极管正向压降的近似值。如果红表笔接二极管的负极,黑表笔接二极管的正极,测试结果是一个极大的电阻值。

(3) 利用此挡可以测试电路板上的两点之间是否短路。关掉电路板的供电电源,将量程开关拨到测试二极管挡。将两只表笔分别接电路板上待测的两点,如果两点之间的电阻值低于约70欧姆,数字万用表内置蜂鸣器发出鸣叫声。

上面简单介绍了数字万用表的主要使用方法,其他使用方法读者结合实际用途自己学习掌握。

2.5 示 波 器

2.5.1 示波器的分类和基本原理

1. 示波器分类

电子示波器简称示波器,是一种综合的信号特性测试仪。一切可以转化为电压的电学量和非电学量及它们随时间作周期性变化的过程都可以用示波器来观测。示波器的类型有模拟示波器、模拟数字混合示波器、数字示波器、数字荧光示波器、采样示波器等多种。图2.7是一种数字型双踪示波器的外形,它在荧光屏上同时能看到两个被测信号的波形。

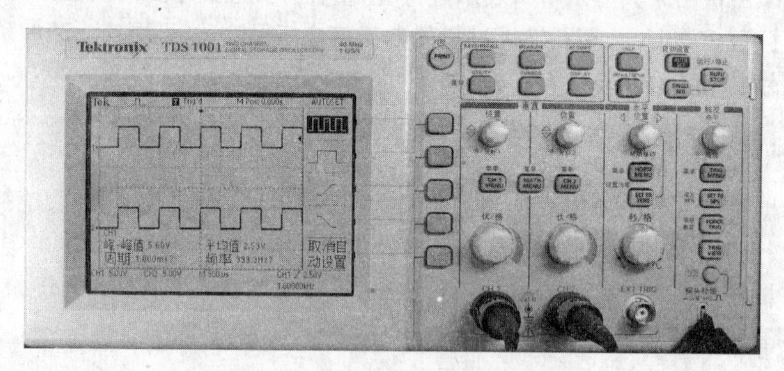

图2.7 一种数字示波器的外形

2. 示波器的基本原理

示波器的主要部分有显示系统、垂直系统(带衰减器的Y轴放大器)、水平系统(带衰减器的 X 轴放大器)、扫描发生器(锯齿波发生器)、触发系统和电源等,其基本原理框图如图 2.8 所示。

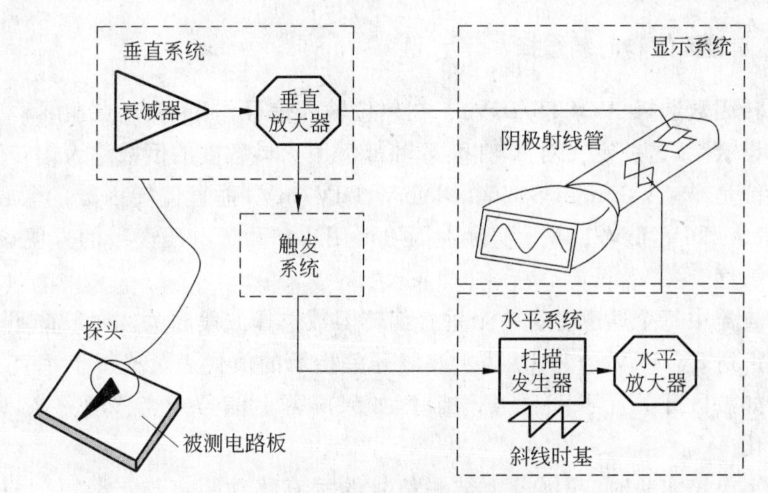

图 2.8 示波器基本原理框图

双踪显示是利用电子开关将 Y 轴输入的两个不同的被测信号分别显示在荧光屏上。由于人眼的视觉暂留作用,当转换频率高到一定程度后,看到的是两个稳定的、清晰的信号波形。示波器中通常有一个精确稳定的方波信号发生器,供校验示波器用。

2.5.2 示波器的使用

示波器种类、型号很多,功能也不同。数字电路教学实验中使用较多的是 20MHz 或者 40MHz 的双踪示波器。这些示波器的用法大同小异。本节不针对某一型号的示波器,只是从概念上介绍示波器在数字电路实验中的常用功能。

1. 荧光屏

荧光屏是示波器的显示部分。屏上水平方向和垂直方向各有多条刻度线,指示出信号波形的电压和时间之间的关系。水平方向指示时间,垂直方向指示电压。水平方向分为 10 格,垂直方向分为 8 格,每格又分为 5 份。垂直方向标有 10%,90%等标志,水平方向标有 10%,90%标志,供测量直流电平、交流信号幅度、延迟时间等参数使用。根据被测信号在屏幕上占的格数乘以适当的比例常数(V/DIV,TIME/DIV)能得出电压值与时间值。

2. 示波管和电源系统

电源(Power) 示波器主电源开关。此开关按下时,电源指示灯亮,表示电源接通。

辉度(Intensity) 旋转此旋钮能改变光点和扫描线的亮度。观察低频信号时可小些,高频信号时可大些。

聚焦(Focus) 聚焦旋钮调节电子束截面大小,将扫描线聚焦成最清晰状态。

标尺亮度(Illuminance) 此旋钮调节荧光屏后面的照明灯亮度。正常室内光线下，照明灯暗一些好。室内光线不足的环境中，可适当调亮照明灯。

3. 垂直偏转因数和时基选择

垂直偏转因数选择(VOLTS/DIV) 在单位输入信号作用下，光点在屏幕上偏移的距离称为偏移灵敏度，这一定义对X轴和Y轴都适用。灵敏度的倒数称为偏转因数。垂直灵敏度的单位是cm/V，cm/mV或者DIV/V，DIV/mV，垂直偏转因数的单位是V/cm，mV/cm或者V/DIV，mV/DIV。实际上因习惯用法和测量电压读数的方便，有时也把偏转因数当灵敏度。

双踪示波器中每个通道各有一个垂直偏转因数选择波段开关。一般按照1,2,5方式从5mV/DIV到5V/DIV分为10挡。波段开关指示的值代表荧光屏上垂直方向一格的电压值。例如波段开关置于1V/DIV挡时，如果屏幕上信号光点移动一格，则代表输入信号电压变化1V。

在做数字电路实验时，在屏幕上被测信号的垂直移动距离与+5V信号的垂直移动距离之比常被用于判断被测信号的电压值。

时基选择(TIME/DIV) 时基选择的使用方法与垂直偏转因数选择和微调类似。时基选择也通过一个波段开关实现，按1,2,5方式把时基分为若干挡。波段开关的指示值代表光点在水平方向移动一个格的时间值。例如在1μs/DIV挡，光点在屏上移动一格代表时间值1μs。

4. 输入通道和输入耦合选择

输入通道选择 至少有三种选择方式：通道1(CH1)、通道2(CH2)、双通道(DUAL)。选择通道1或者通道2时，示波器仅显示该通道信号，选择双通道时，同时显示两个通道信号。测试信号时，首先将示波器的地和被测电路的地连接在一起。根据输入通道的选择，将示波器的探头插到相应通道插座上，示波器探头的地与被测电路的地连接在一起，示波器探头接触被测点。示波器探头上有一个双位衰减开关，可以选择被测信号被衰减的倍数，拨到"×1"位置，被测信号无衰减，荧光屏上读出电压值即信号实际电压值；如果拨到"×10"位置，被测信号被衰减1/10，从荧光屏上读出的电压值乘以10才是信号的实际电压值。

输入耦合方式 有三种选择：交流(AC)、地(GND)、直流(DC)。选择"地"时，扫描线显示出示波器地的位置；直流耦合用于测定信号直流绝对值和观测极低频信号；交流耦合用于观测交流和含有直流成分的交流信号。数字电路实验一般选用"直流"方式，以便观测信号的绝对值电压。

5. 触发

被测信号进入垂直系统后，一部分送到Y轴偏转板上，驱动光点在荧光屏上按比例沿垂直方向移动；另一部分分流到水平系统，产生触发脉冲，触发扫描发生器，产生重复的锯齿波电压加到示波器的X轴偏转板上，使光点沿水平方向移动，二者合一，光点在荧光屏上描绘出的图形就是被测信号图形。选择正确的触发方式，才能在荧光屏上得到稳定的、清晰的信号波形。

触发源选择(Sourse) 要显示稳定的波形，需选择被测信号或者与被测信号有一定时间关系的触发源。通常有三种触发源：内触发(INT)、电源触发(LINE)、外触发(EXT)。

内触发使用被测信号作触发源，由于触发信号本身是被测信号的一部分，可以显示出非常稳定的波形。双踪示波器中两个通道都可以选作触发信号。

电源触发使用交流电源频率信号做触发信号，一般用在测量与交流电源频率相关信号时，特别在测量音频电路、闸流管的低电平交流噪音时更有效。

外触发使用外加信号作为触发信号，从外触发输入端输入。外触发信号与被测信号间应有周期性的关系。

在数字电路的测量中，对一个简单的周期信号而言，选择内触发比较好；对于具有复杂周期的信号，而且存在一个与它有周期关系的信号时，选择外触发更好。

触发耦合方式选择(Coupling) 触发信号到触发电路的耦合方式有多种：

AC耦合又称电容耦合，用触发信号的交流分量触发。通常在不考虑DC分量时使用这种方式，但是如果信号频率小于10Hz，会造成触发困难。

直流耦合(DC)不隔断信号的直流分量。当触发信号的频率较低或者触发信号的占空比很大时，使用直流耦合较好。

低频抑制(LFR)触发时，触发信号经过高通滤波器加到触发电路；高频抑制(HFR)触发时，触发信号经过低通滤波器加到触发电路。此外还有用于电视维修的电视(TV)同步触发。

触发电平(Level)和触发极性(Slope) 触发电平调节又叫同步调节，它使得扫描与被测信号同步。电平调节旋钮调节触发信号的触发电平。一旦触发信号超过由旋钮设定的触发电平时，扫描即被触发，当电平旋钮调到电平锁定位置时，触发电平自动保持在触发信号幅度之内，能产生稳定的触发。当信号波形复杂，电平旋钮不能稳定触发时，用释仰(Hold Off)旋钮调节信号的释抑时间(扫描暂停时间)，能使扫描与波形稳定同步。

极性开关用来选择触发信号极性。触发极性和触发电平共同决定触发信号的触发点。

6. 扫描方式(Sweep Mode)

有自动、常态和单次三种扫描方式：

自动(Auto) 无触发信号输入，或者触发信号频率低于50Hz时，扫描未自激方式。

常态(Norm) 无触发信号输入时，扫描处于准备状态，无扫描线。触发信号到来后，触发扫描。

单次(Single) 类似复位开关，用于观测非周期信号或者单次瞬变信号。

第3章 大容量可编程逻辑器件

大容量可编程逻辑器件在硬件教学实验中应用越来越普遍。本章简要介绍两种常用的大容量可编程器件——FPGA器件和ISP器件。

3.1 FPGA器件和ISP器件

1. 大容量可编程逻辑器件诞生的意义

可编程逻辑器件在数字技术和计算机技术的进步中发挥了重要的作用。同样它在计算机硬件基础课教学实验技术的进步中也发挥了重要作用。可编程逻辑器件,尤其是大容量可编程逻辑器件在硬件教学实验设备中的应用使得许多原先无法完成、甚至无法想象的实验成为可能。

由中、小规模器件构成的计算机组成原理实验设备中,由于设计计算机控制器需要许多中、小规模的器件,各器件之间需要许多连线,一旦改变设计方案,不但需要改变器件,同时也需要改变大量的连线,因此让学生设计计算机的硬连线控制器几乎是不可能的事情。在配置了大容量可编程器件的实验设备中,在EDA工具的支持下,只需要在PC上用硬件描述语言设计出控制器,然后通过编译、下载等步骤将设计下载到大容量可编程器件中,就构成了一个硬连线控制器。即使需要改变设计,也只需在PC上对设计进行修改,然后重新进行编译、下载即可,完全不需要改变器件和接线。这不仅使得学生设计计算机硬连线控制器成为可能,甚至设计实验CPU都成为可行的实验手段。在数字逻辑和数字系统实验设备上配置大容量可编程逻辑器件,则使得许多如电子时钟、交通灯控制、电子音响等设计型、综合型实验变得容易,成为必选实验。我国在计算机硬件实验设备中使用大容量可编程逻辑器件起于20世纪末,目前已经成为普遍现象。

2. 大容量可编程逻辑器件的分类

国内硬件实验设备上使用的大容量可编程器件可分为两大类。一类是现场可编程门阵列(Field Programmable Gate Array,FPGA)器件,另一类是在系统可编程(In System Programming,ISP)器件。

ISP是Lattice公司于20世纪90年代初推出的一种新型可编程逻辑器件。这种器件的最大特点是编程时既不需要使用专用编程器,也不需要将它从所在系统的电路板上取下,而是在系统内进行编程。目前产生PLD产品的主要公司都已推出了各自的ISP器件。由于ISP器件可以在系统编程,因此在PC计算机上用硬件描述语言(如VHDL、Verilog HDL等)设计好实验方案后,经过编译、下载等步骤,将实验台上的ISP器件变成一个能够完成设计方案规定功能的物理器件。ISP器件在容量上属于CPLD(Complex

Programmable Logic Device)器件。

FPGA 采用了逻辑单元阵列 LCA(Logic Cell Array)这样一个概念,内部包括可配置逻辑模块 CLB(Configurable Logic Block)、输出输入模块 IOB(Input Output Block)和内部连线(Interconnect)三部分。FPGA 是由存放在片内 RAM 中的数据来设置其工作状态的,因此,工作时需要对片内的 RAM 进行编程。用户可以根据不同的配置模式,采用不同的编程方式。常用的一种配置方式是在 FPGA 片外配置一片 EPROM,EPROM 里面存放 FPGA 所需的配置数据。当电源加电时,FPGA 芯片将片外 EPROM 中数据读入片内编程 RAM 中对 FPGA 进行配置。配置完成后,FPGA 进入工作状态。掉电后,FPGA 恢复成白片,内部逻辑关系消失,当需要修改 FPGA 功能时,只需换一片 EPROM 即可。这样,同一片 FPGA,不同的编程数据,可以产生不同的电路功能。在教学实验设备中,FPGA 的配置一般采用直接从 PC 计算机上将数据下载到 FPGA 内部的配置 RAM 中去,下载的方式同 ISP 器件差不多,不同的是在电源掉电后,ISP 器件中的配置数据能够保存,而 FPGA 中的配置数据会丢失。因此 FPGA 中的实验设计方案每次电源加电后必须重新下载才能使用,而 ISP 器件中的实验设计方案如果不需要改变,则没有必要在电源加电后重新下载。

CPLD 和 FPGA 包括了一些相对大数量的可以编辑逻辑单元。CPLD 逻辑门的密度在几千到几万个逻辑单元之间,而 FPGA 通常是在几万到几百万。因此对于特别复杂的逻辑设计方案,应当采用 FPGA。

3.2 ISP1032 器件

在 TEC-5 数字逻辑与计算机组成实验系统中,配置了 ISP1032 器件。它或者在计算机组成原理实验中作为硬连线控制器使用,或者在数字逻辑大型综合实验中作为主要器件使用。ISP1032 是 Lattice 公司的产品,是 ISP1000 系列中的一种器件。ISP1032 是 Lattice 公司的第一代 ispLSI 器件,它是基于与或阵列结构的复杂 PLD(CPLD)。ISP1032 包含 192 个寄存器,64 个双向 I/O 引脚,8 个专用的输入引脚,4 个专用的时钟输入引脚。内部使用 E^2PROM 技术编程。只使用 5V 电源。可使用 JTAG 接口对它下载。

3.2.1 内部结构

图 3.1 是 ISP1032 的内部结构图。

1. 通用逻辑块 GLB(Generic Logic Block)

通用逻辑块 GLB 是 ISP1032 的基本逻辑单元。图 3.1 中的 A0～A7、B0～B7、C0～C7、D0～D7 都是基本逻辑块,一共 32 个通用逻辑块。每个通用逻辑块有 18 个输入,1 个可编程的与/或/异或阵列和 4 个输出,各输出可以配置为组合输出或者寄存器输出。各输入来自于全局布线区 GRP 或者专用输入。每个通用逻辑块的输出送全局布线池后可以反馈到各通用逻辑块 GLB 作为输入使用。

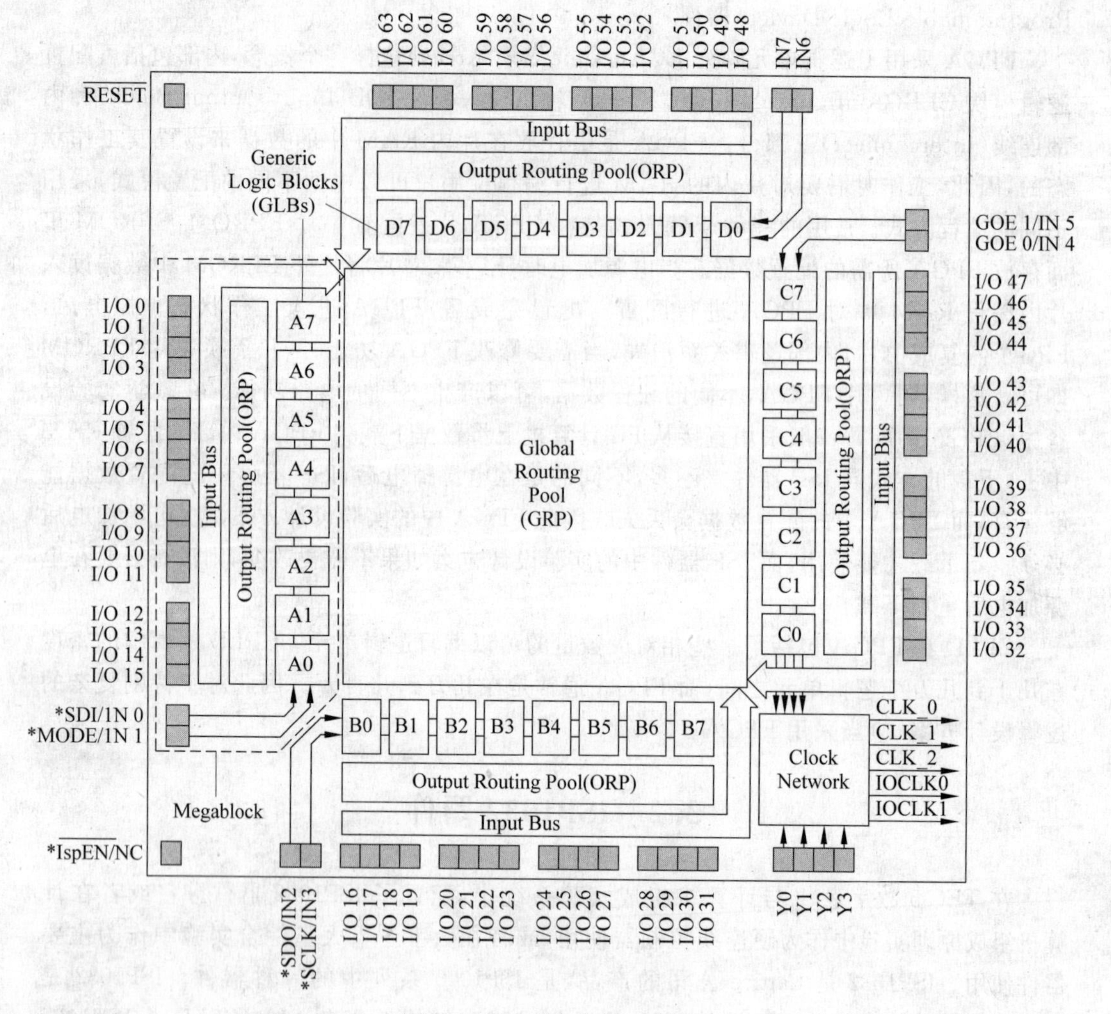

图 3.1　ISP1032 内部结构图

2. I/O 单元（I/O cell）

ISP1032 内部有 64 个 I/O 单元。每个 I/O 单元直接连接到每个 I/O 引脚。各 I/O 单元可以独立编程为组合输入，寄存器输入，锁存器输入，输出或者具有三态控制的双向 I/O。信号电平和 TTL 兼容，每个输出能够输出 4mA 电流或者吸收 8mA 电流。各输出能根据需要编程为快斜率或者慢斜率，以减少输出的开关噪音。

3. 巨块（Megablock）

8 个通用逻辑块 GLB，16 个 I/O 单元，2 个专用输入和 1 个输出布线区 ORP（Output Routing Pool）连接成 1 个巨块（见图 3.1）。在 1 个巨块内，8 个通用逻辑块的输出通过输出布线区连接到 16 个双向 I/O 单元。1 个 ISP1032 内部包含 4 个巨块。

4. 全局布线区 GRP(Generic Routing Pool)

全局布线区 GRP 位于芯片的中央。它的作用是将片内的所有逻辑联系在一起,提供了完整的片内互连性能。全局布线区的输入有 2 个来源,一是所有 GLB 的输出;二是来自双向 I/O 单元的输入。信号在全局布线区内的延迟时间能够预先确定,因此保证了整个芯片的高性能。有了 GRP,用户可方便地实现复杂数字系统的设计。

5. 时钟分配网络 CDN(Clock Distribution Network)

ISP1032 器件的时钟可通过时钟分配网络进行选择。4 个专用时钟输入引脚 Y1、Y2、Y3 和 Y4 的时钟进入时钟分配网络,产生 5 个时钟输出 CLK 0、CLK 1、CLK 2、IOCLK 0 和 IOCLK 1。其中时钟输出 CLK 0、CLK 1、CLK 2 供给各通用逻辑块 GLB,IOCLK 0 和 IOCLK 1 供给各 I/O 单元。在通用逻辑块 C0 中,允许用户通过内部信号的组合逻辑产生时钟,并将这些时钟通过时钟网络向各通用逻辑块和 I/O 单元发送。

3.2.2 ISP1032E 的引脚

图 3.2 是 PLCC 封装的 ISP1032 的引脚图。在 ISP1032 的引脚中,ispEN/NC(引脚 23)、SDI/IN 0(引脚 25)、MODE/IN 1(引脚 42)、SDO/IN 2(引脚 44)、SCLK/IN 3(引脚

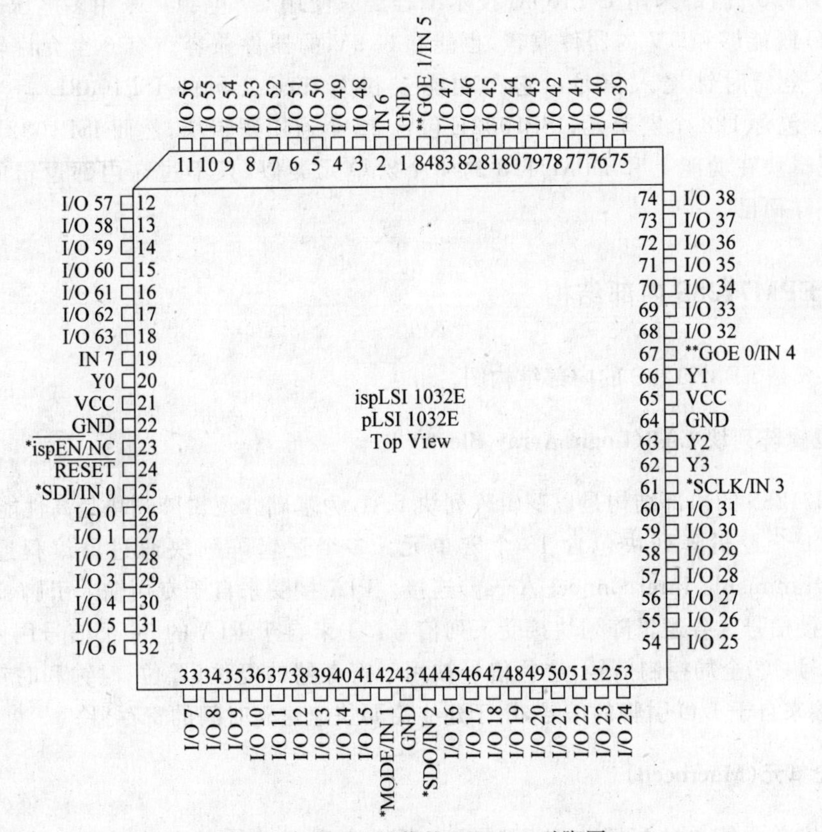

图 3.2 PLCC 封装的 ISP1032 引脚图

61)具有双重功能:①除了引脚23外,这些引脚都是专门的输入引脚;②这些引脚用于下载。PC上的JED格式的编程数据通过这5个引脚形成的JTAG接口下载到ISP1032中去。

ISP1032的集成开发环境应用软件是Lattice公司的Level。从设计到下载等一系列步骤都是在Level环境下进行。在进行实验时,首先在实验台电源关闭的情况下使用下载电缆将PC的并行口和实验台上的下载插座(JTAG接口)连接。在LEVEL集成开发环境中设计好实验方案,然后通过编译等步骤形成JED格式的编程代码。最后在LEVEL环境中将JED格式的编程代码下载到实验台上的ISP器件中,从而实现对该ISP器件的编程。

3.3 EPM7128S器件

在TEC-8计算机硬件综合实验系统中,配置了大规模可编程器件EPM7128S,它或者在计算机组成原理实验和计算机系统结构实验中作为硬连线控制器使用,或者在数字逻辑大型综合实验中作为主要器件使用。EPM7128S是Altera公司的产品,是MAX7000S系列中的一种器件,是在系统可编程的CPLD器件。其内部包含128个宏单元(MacroCell),最多可有100个I/O引脚(PLCC封装的I/O引脚为64个)。

EPM7128S内部采用E^2PROM技术编程。只使用5V电源。采用多电压的I/O接口,其I/O既能够和5V的器件兼容,也能和3.3V的器件兼容。有6个允许输出控制信号,2个全局时钟输入信号。它在功能上和Lattice公司的ISP1032E相当。比如EPM7128包含128个宏单元,ISP1032E包含32个通用逻辑块,然而ISP1032E内的一个通用逻辑块在功能上和EPM7128的4个宏单元类似,只不过在内部逻辑的组织上二者不一样而已。

3.3.1 EPM7128S内部结构

图3.3是EPM7128S的内部结构图。

1. 逻辑阵列块LAB(Logic Array Block)

EPM7128S的内部结构是以逻辑阵列块LAB为基础。逻辑阵列块是高性能的、可变的模块。1个逻辑阵列块包含16个宏单元。多个逻辑阵列块通过可编程连接阵列PIA(Programmable Interconnect Array)连接。PIA接受来自于专用输入引脚、I/O引脚和宏单元接信号。各逻辑阵列块接受下列信号:①来自于PIA的36个信号用做通用逻辑输入信号;②全局控制信号,这些信号被用于寄存器的复位、置位、时钟和时钟允许信号;③直接来自于I/O引脚的信号,用于建立需要快速建立时间的寄存器。

2. 宏单元(Macrocell)

每个宏单元能单独配置为时序逻辑或者组合逻辑功能。宏单元由3个功能块构

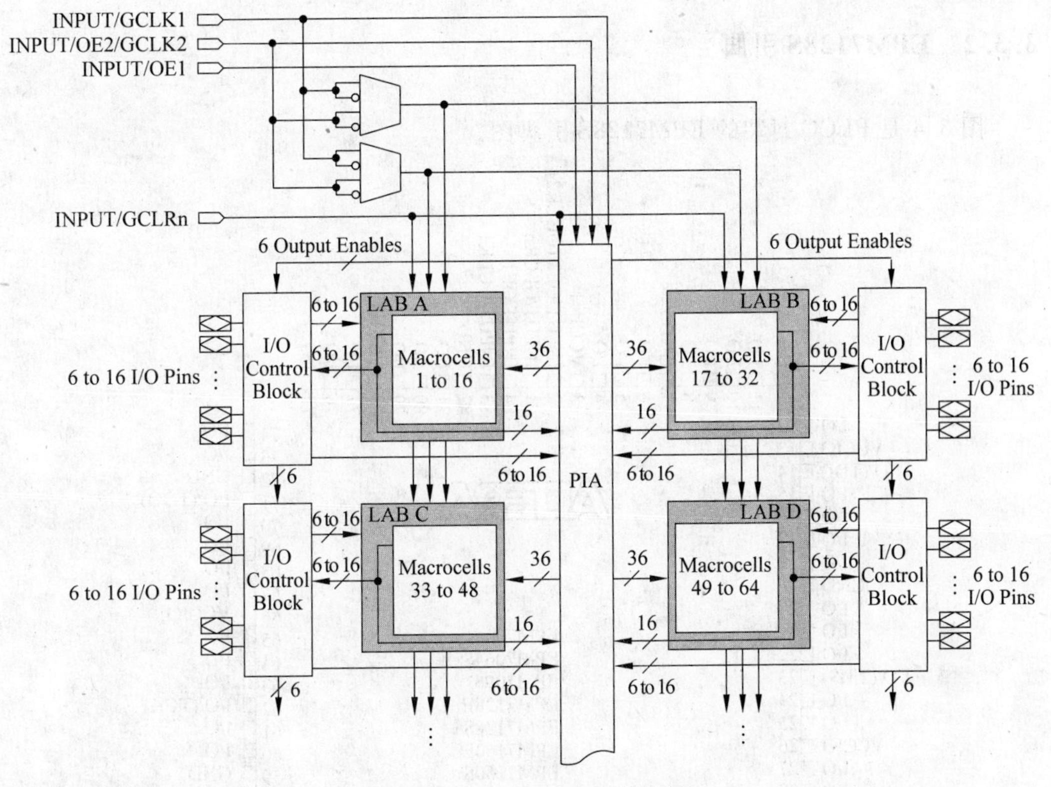

图 3.3 EPM7128S 内部结构图

成：逻辑阵列、乘积项选择矩阵和可编程的寄存器。组合逻辑在逻辑阵列中完成，每个宏单元可提供5个乘积项(乘积项可扩充)。乘积项选择矩阵允许这些乘积项在组合逻辑功能时作为“或”和“异或”的输入，或者在寄存器功能时作为寄存器的复位、置位、时钟和时钟允许信号。作为触发器功能时，各宏单元中的触发器可以被编程为D、T、JK或者SR触发器。作为组合逻辑功能时，触发器被绕过。触发器的时钟来源有3种方式：全局时钟，时钟允许信号控制的全局时钟，乘积项产生的时钟和I/O引脚时钟信号。

3. 可编程连接阵列 PIA(Programmable Interconnect Array)

各可编程阵列块(PLA)通过可编程连接阵列 PIA 连接。可编程连接阵列是全局总线，通过它可以将器件内的任何信号源和任何目标连接。专用输入信号、I/O引脚信号和各宏单元输出送PIA，各可编程逻辑块从PIA接收自己所需要的信号。

4. I/O 控制块(I/O Control Blocks)

I/O控制块允许各I/O引脚配置为输入、输出或双向I/O。所有I/O引脚具有三态缓存。EPM7128S有6个全局输出允许信号。各三态缓存的输出控制互相独立，根据设计需要选择全局输出允许信号中的一个信号对其控制。

3.3.2 EPM7128S 引脚

图 3.4 是 PLCC 封装的 EPM7128S 引脚图。

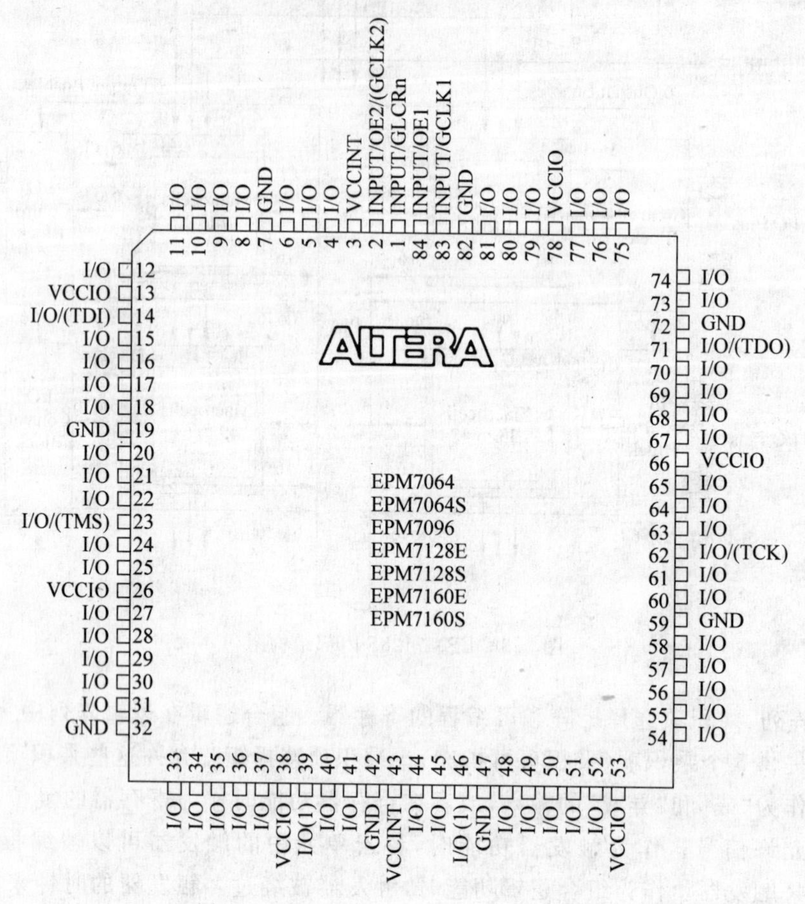

图 3.4 PLCC 封装的 EPM7128S 引脚图

在 PLCC 封装的 84 引脚的 EPM7128S 中，引脚 I/O(TMS)、I/O(TDI)、I/O(TCK)、I/O(TDO)有 2 种功能，一是作为 I/O 引脚使用，二是组成 JTAG 接口，作为下载使用。

在 TEC-6 计算机组成实验系统中，配置了 EPM3128 器件。在计算机组成原理实验中，它被用做硬连线控制器，在数字逻辑实验中，它被用做大型综合实验的主要器件。EPM3128 的功能、结构和 EPM7128S 差不多，它们的区别在于在系统编程时 EPM7128S 使用＋5V 电源，EPM3128 使用＋3.3V 电源。

第 4 章　硬件描述语言 VHDL

电子设计自动化(EDA)是将计算机技术应用于电子设计过程中而形成的一门新技术,已经被广泛应用于电子电路的设计和仿真,集成电路的版图设计、印刷电路板的设计和可编程器件的编程等各项工作中。计算机专业的学生必须掌握 EDA 方面的基本知识,才能适应时代的要求。本章介绍在计算机硬件基础实验中经常使用的一种硬件描述语言 VHDL。

4.1　硬件描述的创新方法

逻辑图和布尔方程曾经是描述硬件的传统方法。但随着系统复杂度的增加,这种描述变得过于复杂,不便于使用。在高于逻辑级的抽象层次上,这种方法难以用简练的方式提供精确的描述。为此人们不断努力和创新,在自顶向下的设计方法中,硬件描述语言则成为满足以上要求的创新方法。

把设计任务分解为可控制规模的方法形成了层次结构。层次结构的优点如下:

(1) 在希望抽象的层次上,可以对设计进行精确而简练的描述。

(2) 在同一时刻,只需设计系统某一部分的细节。这有利于组织并行的设计工作,开展大规模工程设计,而不是个人单兵作战。

(3) 把注意力集中在系统可以控制的一部分,有助于减少设计错误和排错时间。

(4) 对各个模块分别进行仿真、测试、功能校验。

(5) 分阶段地进行设计,逐步加入各个构造模块。

硬件描述语言中最常用的是 VHDL 和 Verilog HDL 语言。VHDL 语言是美国国防部在 20 世纪 70 年代末、80 年代初提出的超高速集成电路计划的产物,问世以来得到了广泛的应用。VHDL 功能非常强大,不仅适合仿真,构建一个大的系统,对系统的行为进行描述,也适合设计具体的硬件电路。VHDL 的全称是 Very High Speed Integrated Circuit Hardware Description Language,即超高速集成电路硬件描述语言。

VHDL 要适用许多复杂的情况,还要适应各种硬件设计人员原先的习惯方式和设计风格,因此设计得比较全面。我们中国人都会说中国话,都会写中国字,不过除了专门的研究人员以外,没有几个人能够认识字典上的全部汉字,通晓汉语的全部语法。但这并不影响我们写文章,也不影响我们用汉语和周围的人员交流。同样,除了 VHDL 研究的专家外,大部分人没有必要对 VHDL 全部弄懂。本章只从使用的角度介绍 VHDL 语言的入门知识,入门其实比较容易。使用这些入门知识,就能设计出绝大部分的电路。至于设计时的各种风格和提高,请参考介绍 VHDL 的其他书籍。

4.2 VHDL的基本知识点和命名规则

4.2.1 VHDL需要掌握的5个基本知识点

(1) 信号的含义和信号的两种最常用数据类型:std_logic 和 std_logic_vector。

(2) 五种常用语句的基本用法:信号说明语句、赋值语句、if 语句、case 语句和 process 语句。

(3) 实体(entity)、结构体(architecture)、一个实体和一个结构体对构成的设计实体。

(4) 层次结构的设计:掌握元件(component)语句和端口映射(port map)语句。

(5) 库(library)和程序包(package)的基本使用方法。

有了上述的入门知识,使用 VHDL 语言进行一般的设计没有什么问题。

4.2.2 命名规则和注释

在 VHDL 语言中,所使用的标识符,即名字命名时应遵守如下规则:

(1) 名字的最前面应使用英文字母。

(2) 构成名字的字符只能用英文字母、数字和下划线“_”。

(3) 不能连续使用2个下划线“_”,名字的最后一个字符也不能用下划线“_”。

(4) 命名时不要与 VHDL 中的保留字相同,以免造成混乱。

(5) 在 VHDL 中,对标识符的大小写不敏感。也就是说,下面四种标识符的写法代表同一个名字:

```
counter_16_bit  Counter_16_bit  Counter_16_Bit  COUNTER_16_BIT
```

但有一种情况需要注意,代表高阻态的 Z 必须大写。

(6) VHDL 语言中使用的注释符是--,注释从--开始到该行末尾结束。所注释的文字不作为语句来处理,不描述电路硬件行为,不产生硬件电路结构。设计中应当对程序进行详细的注释,以增强可读性。

在本书中,为了将 VHDL 语言的保留字和用户定义的标识符区分,在程序中保留字用黑体表示。

4.3 对象及其说明、运算和赋值

4.3.1 信号、变量和常量

在 VHDL 语言中,凡是可以赋予一个值的客体叫对象(object)。有4种对象:常量(constant)、信号(signal)、变量(variable)和文件(files),前3种经常使用。信号和变量可以连续赋予不同的值,常量只能在它被说明时赋值,试图对一个常量多次赋值会造成错误。

常量在使用中往往代表一些经常遇到的固定的值。如设计 CPU 时,可以把指令系统中各指令系统的操作码说明为常量,以便以后多次使用。

变量是程序中临时使用的对象,用于保存中间结果。例如可以用变量作为一个数组的下标等。

信号是硬件中物理连线的抽象描述。信号是 VHDL 中最重要的对象,因为一个信号在设计电路时都有与之对应的物理存在;而变量则没有与之相对应的物理存在。变量和常量只是为了在某些时候使设计变得方便而使用的,不是必须的。不使用变量和常量,照样可以设计出需要的电路,但是如果不使用信号,绝对设计不出任何电路。由于电路都是物理量,因此只使用信号可以设计出任何一个实际存在的电路。

4.3.2 数据类型

1. 标准数据类型

在 VHDL 语言中有 10 种标准数据类型:integer(整数)、real(实数)、bit(位)、bit_vector(位矢量)、boolean(布尔)、character(字符)、string(字符串)、time(时间)、nature(自然数)、severity level(错误级)。下面介绍其中的 6 种。

(1) 整数(integer)

在 VHDL 语言中,整数的表示范围从$-(2^{31}-1)$到$(2^{31}-1)$。整数的例子如 +136、+12 456、-457。

(2) 字符(character)

字符用单引号括起来,如'A'、'b'等。常用的字符是'0'、'1'和'Z',它们分别代表低电平、高电平和高阻态。

(3) 字符串(character string)

字符串是由双引号括起来的一个字符序列。例如"successful"、"error"等。

(4) 位(bit)

在数字系统中,信号通常用一个位来表示。位值用字符'0'或者'1'表示之。位与整数中的 1 和 0 不同,'0'和'1'仅表示一个位的两种取值。位不能用来描述三态信号。

(5) 位矢量(bit_vector)

位矢量是用双引号括起来的一组位数据。例如:"00110",X"00BB"。这里,位矢量最前面的 X 表示是十六进制。用位矢量数据表示总线状态最形象也最方便。

(6) 布尔量(boolean)

一个布尔量具有两种状态,“真”或者“假”。

2. 已定义的数据类型

除了 10 种标准数据类型外,VHDL 语言中还有 2 个在 ieee 库中已经定义好了的标准数据类型,它们放在 ieee_std_logic_1164 程序包中。

（1）std_logic

std_logic 有 9 种值可以使用，属多值逻辑。其中在设计电子电路时最常用的是 3 种值：代表高电平的'1'，代表低电平的'0'和代表高阻态的'Z'。高阻状态是为了双向总线的描述。

（2）std_logic_vector

std_logic_vector 是由多位 std_logic 构成的矢量。它用于描述一组相关的数据，常用于描述总线。例如 std_logic_vector(15 **downto** 0)描述了 16 位数据组合在一起构成的数据总线。

在进行数字电路设计时，使用最多的是 std_logic 和 std_logic_vector 数据类型。前面的 10 种数据类型，用户可以不显式说明而直接使用它们，而 std_logic 和 std_logic_vector 数据类型，使用前必须在程序中写出库说明语句和使用程序包语句，否则不能使用。库说明语句和使用程序包语句见 4.5.3 节。

除了标准数据类型之外，用户可以定义自己的数据类型，这就给电子系统设计人员提供了很大的自由度。这里不做介绍，可参看有关的书籍。

4.3.3 信号、变量和常量的说明

信号、变量和常量只有经过说明语句说明后才能够使用，没有经过说明的信号、变量和常量不能使用。信号、变量和常量说明语句的作用是指出被说明的对象使用何种数据类型。

1. 常量说明语句

常量说明语句的书写格式如下：

```
constant  常量名: 数据类型:=表达式;
```

常量说明语句以分号结束。VHDL 语言中的所有语句都以分号结束。一个完整的 VHDL 设计就是由一系列语句构成。常量名后要跟一个冒号。数据类型后的:=是赋值符，表示将表达式的值赋给常量名所代表的常量。下面是一个常量说明语句的例子。

```
constant width:integer:=5;
```

常量赋值后立即生效，没有时间延迟。

2. 变量说明语句

变量说明语句的书写格式如下：

```
variable 变量名: 数据类型 约束条件:=表达式;
```

数据类型后的:=是赋值符，表示将表达式的值赋给变量名所代表的变量。

举例如下：

```
variable x,y,z:integer;
```

```
variable counter:integer range 0 to 7:=0;
variable counter:integer range 7 downto 0:=0;
```

第一个变量说明语句说明 3 个整数变量 x、y 和 z。第二个变量不仅说明了一个整数变量 counter；而且规定了 counter 的取值范围只能是 0 到 7，其中的 range 是确定一个整数范围所需要的关键字，而另一个关键字 to 表示范围的上升；最后还给变量 counter 赋初值为 0。第三个变量说明语句与第二个变量说明语句类似，只是使用了关键字 downto 表示范围的下降，第二个语句和第三个语句完全是等价的，只是采用了不同的描述方式。

变量赋值不产生时间延迟，赋值立即生效。

3. 信号说明语句

信号说明语句的书写格式如下：

```
signal 信号名 1,信号名 2,…,信号名 n:数据类型;
```

举例如下：

```
signal clock,t1,t2 :std_logic;
signal r0,r1,r2,r3 :std_logic_vector(15 downto 0);
```

在第一个说明语句中，说明了三个信号 clock、t1 和 t2，它们都是 std_logic 类型，也就是说他们都是 1 位的信号。在第二个说明语句中，说明了 4 个信号 r0、r1、r2 和 r3，它们都是 16 位的 std_logic_vector 类型的信号，其中的 downto 是确定矢量长度所需要的一个关键字。对 std_logic_vector 类型的信号可以只使用其中的某些部分，例如 r0(0)代表 r0 的第 0 位，r0(4)代表 r0 的第 4 位，r0(7 downto 0)代表 r0 的第 7 位到第 4 位。

从信号说明看不出一个信号是组合逻辑还是时序逻辑(例如寄存器)，这与 ABEL 语言是不同的。

4.3.4 常用运算符

1. 逻辑运算符

逻辑运算符有 6 种：not、or、and、nand、nor 和 xor。常用的为前 3 种。参加逻辑运算的变量或者信号，必须有相同的数据类型和数据长度。逻辑运算符适用的数据类型为 std_logic 和 std_logic_vector。下面是几个逻辑运算的例子：

```
signal a,b,e,f:std_logic;
signal c,d:std_logic_vector(7 downto 0);
a and b   a or b    not a          --正确
c and d   c xor d   not c          --正确
a and c                            --错误,因为数据类型不同
```

除了 not 运算符优先级最高外，其余逻辑运算符优先级相同，运算从左到右展开。因此要注意加括号，如：

```
(a and b) or (e and f)
```

不能写成

```
a and b or e and f
```

后者实际执行的结果是

```
((a and b) or e) and f
```

2. 算术运算符

算术运算符有14种，最常用的算术运算符是＋和－。下面是几个例子：

```
--signal a,b:std_logic_vector(15 downto 0);
a+b
a+'1'
a+"01"
```

3. 关系运算符

关系运算符有下列几种：

＝	等于	/＝	不等于
＜	小于	＞	大于
＜＝	小于等于	＞＝	大于等于

关系运算的结果为“真”或者“假”。关系运算有如下规则：

(1) 在进行关系运算时，两个对象的数据类型必须相同。

(2) 等于、不等于运算适用于所有数据类型。

(3) 大于、小于、大于等于和小于等于适用于整数、实数、位、位矢量的比较。

4. 并置运算符 &

并置运算符“&”用于位的连接，形成矢量。也可连接矢量生成更大的矢量。

```
signal a,b:std_logic_vector(3 downto 0);
signal c,d:std_logic_vector(2 downto 0);
  a and ('1' & c)        --结果生成 4 位的 std_logic_vector
  c & a                  --结果生成 7 位的 std_logic_vector
```

5. 运算符的优先级

各运算符优先级从最高到最低的顺序(同一行运算符优先级相同)如下：

```
** (乘方)   abs(取绝对值)   not
* (乘)   / (除)   mod(取模)   rem(求余)
+ (正号)   - (负号)
+ (加)   - (减)   & (并置)
```

sll(逻辑左移) srl(逻辑右移) sla(算术左移) sra(算术右移) rol(逻辑循环左移) ror(逻辑循环右移)

=(等于) /=(不等于) <(小于) <=(小于等于) >(大于) >=(大于等于)

and(与) or(或) nand(与非) nor(或非) xor(异或)

4.3.5 赋值语句

赋值语句的作用是给信号或者变量赋值,它将赋值符右边表达式的值赋给左边的信号或者变量。

1. 变量赋值语句

变量赋值语句的书写格式是:

变量名:=表达式;

由于在电路设计中,变量不与某一物理量一一对应,它只起设计的辅助作用,用于保存中间结果、做数组的下标等,因此变量的赋值没有时间延迟。

举例:

```
--variable x,y,z:integer range 0 to 255;
x:=0;
y:=132;
z:=x;
```

2. 信号赋值语句

信号赋值语句的书写格式是:

信号名<=表达式;

信号由于是个真正的物理量,它对应着电子电路的某一条连线(std_logic)或者一组连线(std_logic_vector),所以它的赋值一定有时间延迟。

举例:

```
--signal t1,clk,clk1:std_logic
--signal r0,r1:std_logic_vector(15 downto 0)
t1<='1';
clk1<=not clk;
r0<=x"0000";
r1<="0000000000000000";
```

第二个例子实际上表示的是 clk 信号经过一个非门后送 clk1,由于非门有时间延迟,因此从 clk 变化到 clk1 产生变化一定有时间延迟,反映到信号赋值语句上就是信号赋值一定有时间延迟。

4.4 if 语句、case 语句和 process 语句

VHDL 语言中有 19 种描述硬件行为的语句，作为学习 VHDL 语言的入门，本节只介绍 if 语句、case 语句和 process 语句的主要使用方法。

4.4.1 if 语句

if 语句根据指定条件来确定语句执行的顺序，共有 3 种类型。If 语句是顺序执行语句。所谓顺序执行就是语句执行的顺序与书写顺序相同，按书写顺序逐个语句顺序执行，因而后面的语句可以改写前面语句执行的结果。与顺序语句对应的还有并行语句，并行语句执行的顺序与语句的书写顺序无关，并行语句无论写在前面还是写在后面，都是同时执行的。**顺序执行语句只能描述一个电路的功能，不能建立起独立运行的一块电路。并行执行语句则能够建立起一块独立运行的电路**。我们知道，在电路原理图中，各个器件都是并行工作的，各器件之间通过信号线连接，确立相互关系。在 VHDL 语言中，由并行执行语句建立的各电路块通过信号连接，确立相互关系。顺序执行语句用于描述一个电路块的功能。初学者对这些概念一时可能不太容易接受，尤其是对并行语句的执行顺序不太理解。这不要紧，只要有这个概念，在学习中慢慢体会，不要一开始就钻牛角尖。在绝大部分的情况下，不懂顺序执行和并行执行的概念并不妨碍对程序的理解。

1. 用于门闩控制的 if 语句

这种类型的 if 语句书写格式如下：

```
if   条件 then
     若干顺序执行语句
end if;
```

当执行到该 if 语句时，就要判断该语句指定的条件是否满足。如果条件满足，则执行该语句包含的顺序语句；如果指定的条件不满足，则不执行该语句包含的顺序语句。If 语句中的条件是通过关系运算产生的。

【例 4-1】 用 if 语句描述 D 触发器。

```
--signal d,clk,q;
if clk'event and clk='1' then
   q<=d;
end if;
```

在本例中，信号 d 是 D 触发器的 D 端输入信号，clk 是 D 触发器的时钟信号，q 是 D 触发器的输出信号。clk'event 表示 clk 信号发生了一个事件，即发生了一次跳变。clk＝'1'是关系运算，判断 clk 是否是高电平。很显然，如果时钟信号 clk 发生了跳变，且发生跳变后 clk 为高电平，因此是时钟信号的上升沿，这时信号 d 的值送到输出 q。这正是 D

触发器的功能。

对于描述触发器来说，经常要用到时钟的上升沿和下降沿，下面是描述它们的4种方法：

```
clock'event and clock='1'      --上升沿
clock'event and clock='0'      --下降沿
rising_edge(clock)             --上升沿
falling_edge(clock)            --下降沿
```

前2种描述方法使用的是信号 clock 的 event 属性，后2种描述方法使用的是描述信号沿的函数。读者只要会使用就行，如果需要详细了解，请参看有关 VHDL 技术书籍。

【例 4-2】 用 if 语句描述锁存器。

```
--signal d,clk,q;
if clk='1' then
  q<=d;
end if;
```

在本例中，信号 d 是锁存器数据输入信号，clk 是锁存器的时钟信号，q 是锁存器的输出信号。当时钟信号为高电平时，这时输出信号 q 随输入信号 d 的变化而变化，当 clk 为低电平时，由于不执行 q <= d;语句，输出信号 q 保持不变。这正是锁存器的功能。

2. 用于二选一控制的 if 语句

这种类型的 if 语句书写形式如下：

```
if 条件 then
  若干顺序执行语句 1
else
  若干顺序执行语句 2
end if;
```

当 if 指定的条件满足时，执行若干顺序语句 1；当指定的条件不满足时，执行若干顺序语句 2。用条件是否满足来选择不同的程序执行路径。

【例 4-3】 用 if 语句描述 2 选 1 电路。

```
--signal sel: std_logic;
--signal a,b,c: std_logic_vector(15 downto 0);
   if sel='0' then
     c<=a;
   else
     c<=b;
   end if;
```

在这个例子中，信号 sel 是选择端，c 是 16 位的信号输出端，信号 a 和 b 都是 16 位的数据输入。当 sel 为低电平时,选中信号 a 送输出 c;当信号 sel 为高时,选中信号 b 送输出 c。

3. 用于多选择控制的 if 语句

这类 if 语句的书写格式如下:

```
if 条件 1 then
   若干顺序执行语句 1
elsif 条件 2 then
   若干顺序执行语句 2
   ⋮
elsif 条件 n-1 then
   若干顺序执行语句 n-1
else
   若干顺序执行语句 n
end if;
```

在这种类型的 if 语句中,当条件 1 满足时,执行若干顺序执行语句 1;当条件 1 不满足而条件 2 满足时,执行若干顺序执行语句 2;…当条件 1 到条件 n－2 都不满足而条件 n－1 满足时执行若干顺序执行语句 n－1;当所有条件 n 都不满足时,执行若干顺序执行语句 n。注意:这种 if 语句中的 elsif 不能写成 elseif。关于这种 if 语句的例子见本节的例 4-6一个具有异步复位和异步置位功能的 D 触发器。

4.4.2 process 语句

process 语句通常称为进程语句,是一个十分重要的语句,本质上它描述了一个功能独立的电路块。process 语句是个并行执行的语句,但是 process 语句内部的语句要求是顺序执行语句。它是 VHDL 程序中,描述硬件并行工作的最重要最常用的语句。关于 process 语句并行执行问题,将在 4.5 节有比较详细的叙述。

process 语句有许多变种,这里只介绍最基本的形式。process 语句的书写格式是:

```
[进程名:] process(敏感信号 1,敏感信号 2,…,敏感信号 n)
              [若干变量说明语句]
          begin
              若干顺序执行语句
          end process [进程名];
```

上述书写格式中用方括号括起来的部分是可选的。进程名以冒号结束,和关键字 process 隔开,它是可选的,可要可不要,对硬件电路没有影响。不过作者建议最好加上进程名,加上进程名等于给这块功能独立的电路加了个标记,增强可读性。process 语句中 begin 之前的若干变量说明语句也是可选的,如果该 process 语句中需要使用变量,则需要在 begin 之前予以说明。这些被说明的变量只对该进程起作用,只能在该 process 语句中使用。

既然 process 描述一块功能独立的电路，那么除了主要工作外，还有些描述前的准备工作。在 process 语句中，若干变量说明语句就属于准备工作，真正对电路的描述是在 begin 以后的语句中，这是决定电路功能的主体。与 process 语句类似，VHDL 语言中的其他某些语句也有类似的地方，因此也有 begin。

process 语句中有个敏感信号表，各敏感信号之间用逗号分开。因为最后一个敏感信号后面是括号，所以不需要紧跟一个逗号。所谓敏感信号就是指当它的状态发生变化时，启动 process 语句执行。由于 process 语句代表一块功能独立的电路，它的某些输入信号的状态变化，势必引起电路输出的变化，这些立即引起（当然要经过短暂的时间延迟）输出信号状态变化的信号就是敏感信号。变量不是真正的物理量，因此不能出现在敏感信号表中。在 process 语句中只作为输出存在的信号（出现在信号赋值符"＜＝"的左边）不能作为敏感信号。既出现在信号赋值符"＜＝"的左边，又出现在信号赋值符"＜＝"右边的信号，可以出现在敏感信号表中，这是因为这些信号既作为这块电路的输出，又是电路内部的反馈信号。

在上一节介绍 if 语句时，我们用 if 语句描述了一个 D 触发器。但是由于 if 语句是顺序执行语句，因此只能用于描述电路的功能，而不能构造出一块独立的电路。需要将它改造，使之成为一块独立的电路（能并行执行）。改造的方法之一就是将 if 语句放在 process 语句中。

【例 4-4】 D 触发器。

```
--signal d,clk,q:std_logic;
process(clk)
begin
    if clk='1' then
       q<=d;
    end if;
end process;
```

在本例中，由于 clk 上升沿的到来导致 D 触发器输出 q 可能立即变化，因此放在敏感信号表中，输入信号 d 的变化并不能立即引起输出 q 的变化，因此没有放在敏感信号表中。信号 q 是 D 触发器的输出，所以不能放在敏感信号表中。

【例 4-5】 锁存器。

```
--signal d,clk,q:std_logic;
latch_reg:process(d,clk)
        begin
            if clk='1' then
               q<=d;
           end if;
        end process latch_reg;
```

本例中，输入信号 d 和时钟信号 clk 的变化都可能立即引起输出 q 的变化，因此都要放在敏感信号表中。本例使用进程名 latch_reg。

【例 4-6】 一个具有异步复位和异步置位功能的 D 触发器。

```
--signal reset,preset,clock,d,q:std_logic;
process(reset,preset,clock)
    if reset='0' then
        q<='0';
    elsif preset='0' then
        q<='1' ;
    elsif clock'event and clock='1' then
        q<=d;
    end if;
end process;
```

本例中，当异步复位信号为 0 时，输出 q 变为 0；当异步置位信号为 0 时，输出 q 变为 1；当时钟信号 clock 上升沿到来时，D 输入端信号 d 的值送输出 q。异步复位信号 reset 的优先级大于异步置位信号 preset 的优先级，时钟信号 clock 的优先级最低。因此这种类型的 if 语句特别适合输入信号具有不同优先级的情况。本例中 D 触发器的功能同器件 74LS74 中的 D 触发器完全相同。

【例 4-7】 一个具有异步复位功能的 16 位寄存器。

```
--signal reset,clk:std_logic;
--signal d,q:std_logic_vector(15 downto 0);
process(reset,clk)
begin
    if reset='0' then
        q<=x"0000";
    elsif rising_edge(clk) then
        q<=d;
    end if;
end process;
```

本例中，reset 是异步复位信号，当为 0 时，使 16 位寄存器复位。当时钟 clk 上升沿到来时，16 位输入信号 d 送输出 q。

【例 4-8】 一个具有异步复位功能和允许写功能的 16 位寄存器。

```
--signal reset,clk,wen:std_logic;
--signal d,q:std_logic_vector(15 downto 0);
process(reset,clk)
begin
    if reset='0' then
        q<="0000000000000000";
    elsif rising_edge(clk) then
        if wen='1' then
            q<=d;
```

```
        end if;
    end if;
end process;
```

本例中,采用了 if 语句的嵌套形式。reset 是异步复位信号,当为 0 时,使 16 位寄存器复位。当时钟 clk 上升沿到来时,如果写允许信号为 1,16 位输入信号 d 送输出 q;如果写信号为 0,输出 q 保持不变。注意,时钟沿的优先级大于允许写信号 wen 的优先级。这个例子中 clk 和 wen 的位置不能颠倒。下面的写法是错误的,不符合 VHDL 语言默认的触发器的描述方法,将来编译时无法编译成触发器。

```
--signal reset,clk,wen: std_logic;
--signal d,q:std_logic_vector(15 downto 0);
process(reset,clk)
begin
    if reset='0' then
        q<="0000000000000000";
    elsif wen='1' then
        if rising_edge(clk) then
            q<=d;
        end if;
    end if;
end process;
```

4.4.3 case 语句

case 语句常用来描述总线的行为、编码器和译码器的结构以及状态机等。case 语句可读性好,非常简洁。case 语句的书写格式为

```
case 条件表达式 is
    when 条件表达式值 1 =>
        若干顺序执行语句
            ⋮
    when 条件表达式 n =>
        若干顺序执行语句
    when others=>
        若干顺序执行语句
end case;
```

case 语句与 if 语句一样也是个顺序执行语句,如果用它构造一块独立的电路(即并行执行),也要和 process 语句一起使用。在 case 语句中,某一个条件表达式满足时,就执行它后面的顺序执行语句。if 语句的执行是按顺序执行,各条件有不同的优先级;case 语句各条件表达式值之间不存在不同的优先级,它们是同时执行的,即执行的顺序与各条件表达式值的书写顺序无关。case 语句中条件表达式的值必须一一列举,不能遗漏;如果不需要一一列举,则用 others(其他)代替。case 语句和 if 语句在许多情况下完成的功能是

相同的，在这些情况下，用case语句描述比用if语句描述更清晰、更简洁。

【例4-9】 运算器设计。

一个有加、减、与、或功能的16位运算器。其中，cin是原来的进位值，cout是运算后的进位值，q是运算的结果，a和b是2个操作数，sel是个2位的运算选择码。

```
--signal a,b,q:std_logic_vector(15 downto 0);
--signal sel:std_logic_vector(1 downto 0);
--signal cin,cout:std_logic;
--signal result:std_logic_vector(16 downto 0);
process(a, b, sel, cin, result)
begin
    case sel is
        when "00"=>
            result <='0' & a +'0' & b;
            q <=result(15 downto 0);
            cout <=result(16);
        when "01"=>
            result <=('0' & a) - ('0' & b);
            q <=result(15 downto 0);
            cout <=result(16);
        when "10" =>
            q <=a and b;
            cout <=cin;
        when others=>
            q <=a or b;
            cout <=cin;
        end case;
end process;
```

本例中result是个17位的std_logic_vector信号，它是为了产生进位信号而设置的。由于VHDL是强数据类型设计语言，要求被赋值对象和赋值表达式具有同样的数据类型，因此，必须将参加运算的表达式变为17位std_logic_vector，因此分别在信号a和b的前面并置了一个0。本设计中规定“与”、“或”运算不改变进位C的值，因此直接将cin直接送cout。case语句中使用了关键字others代替sel＝"11"的情况。

4.5 设计实体

在VHDL的设计中，最基本的单位是设计实体。一个设计实体最多由5部分构成：实体（entity），一个或者几个结构体（architecture），使用的库（library）和程序包（package），配置（configuration）。一个设计实体是一电路块，实体说明了该设计实体对外的接口；结构体描述了设计实体内部的性能；程序包存放各设计实体能共享的数据类型、常数和子程序等，库中存放已编译好的实体、结构体、程序包和配置。配置描述了实体与构造体之间的连接关系。这里仅讨论含有一个结构体的设计实体,绝大多数设计实体都是仅含一个结构体的设计实体。一个实体—结构体"对"共同定义一个电路块。图 4.1 说明了一个设计实体和它描述的器件的对应关系。

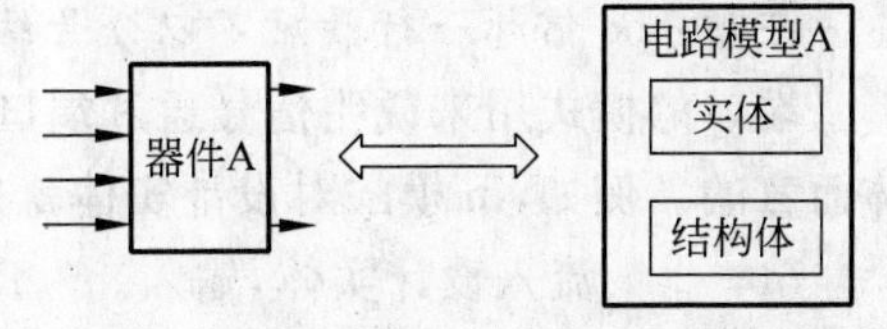

图 4.1 器件 A 和它的 VHDL 电路模型

4.5.1 实体(entity)

实体由实体(entity)语句说明,实体语句又称为实体说明(entity declaration)语句。entity 语句的书写格式如下:

```
entity 实体名 is
  [generic(类属参数表);]
  [port(端口信号表);]
  [实体说明部分;]
  [begin
    实体语句部分;]
  end[实体名];
```

最常用的形式是:

```
entity 实体名 is
    port(端口信号表);
end 实体名;
```

```
port(端口)语句的书写格式是;
port(端口名,…,端口名:模式 数据类型;
     端口名,…,端口名:模式 数据类型;
              ⋮
     端口名,…,端口名:模式 数据类型);
```

实体中的每一个输出输入被称为一个端口。一个端口实际上是一个信号,因为这些信号负责设计实体与外部的接口,因此称为端口。如果设计实体是一个封装起来的元件,那么端口相当于元件的引脚(pin)。跟普通信号有两点不同:一是端口一定是信号,因此在说明时省略了关键字 signal,二是在一般信号说明语句中的信号没有说明方向,端口由于是设计实体与外部的接口,因而是有方向的。下面是一个 port 语句的例子:

```
port
   (reset,cs:  in    std_logic;
    rd,wr:     in    std_logic;
    a1,a0:     in    std_logic;
    pa,pb:     inout std_logic_vector(7 downto 0);
    pc         out   std_logic_vector(15 downto 0)
   );
```

注意：pc信号一行最后不以分号结束。

端口的模式用来说明信号通过端口的方向和通过方式，这些方向都是针对该设计实体而言的。例如，in模式对设计实体就是输入。有下列几种模式：

in　　　流入设计实体，输入。

out　　 从设计实体流出，输出。

inout　 双向端口，既可输入，又可输出。

buffer　缓存，能用于内部反馈的输出。

out模式和buffer模式的区别在于out端口不能用于设计实体的内部反馈。buffer端口能够用于设计实体的内部反馈。

图4.2说明了out模式和buffer模式的区别。对于图4.2(a)，相应的port语句是

```
port(clk, d1: in std_logic;
     q1:      out std_logic);
```

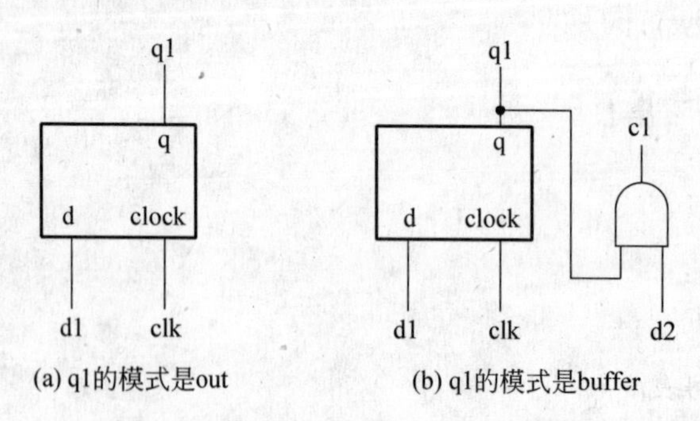

(a) q1的模式是out　　(b) q1的模式是buffer

图4.2　模式out和模式buffer的区别

对于图4.2(b)，相应的port语句是

```
port (clk,d1:in std_logic;
      q1:    buffer std_logic;
      c1:    out std_logic);
```

inout模式可以代替in、out、buffer模式，inout模式允许内部反馈。虽然inout模式能代替其他模式，但在设计时，除非真正需要双向端口时，建议不要使用inout模式。惯例是把输入端口指定为in模式，把输出端口指定为out模式，把双向端口指定为inout模式。这是一良好的设计习惯，从端口的名称和端口模式就可以一目了然地判定信号的用途、性质、来源和去向，十分方便。对于一个大型设计任务，大家协同工作，这样的描述不会引起歧义。另一方面，指定满足端口性能的最基本模式，可以减少占用的器件内部的资源。

4.5.2　结构体(architecture)

结构体描述设计实体内部的特性。结构体的书写格式如下：

```
architecture 结构体名 of 实体名 is
    内部信号,常量,数据类型,函数等的定义;
```

```
begin
    若干并行执行语句
end 结构体名;
```

实体名一定要与本结构体对应实体的实体名完全一致。**architecture 后面的结构体名要与 end 后的结构体名完全一致，而不是与实体名一致**。结构体名可以随便起，因为别的地方很少用到结构体名。

结构体内要求使用并行执行语句。类似 if 之类的顺序执行语句，只要将它们放在并行语句 process 语句之内即可，process 语句是并行执行语句。

结构体有 3 种描述方式：行为描述、结构描述和数据流描述。

(1) 行为描述　描述该设计实体的功能，即该单元能做什么。

(2) 结构描述　描述该设计实体的硬件结构，即该设计实体的硬件是如何构成的。

(3) 数据流方式　以类似于寄存器传输级的方式描述数据的传输和变换。主要使用并行执行的信号赋值语句，即显式表示了设计实体的行为，也隐式表示了设计实体的结构。

其实初学者不用太钻研各种描述方式的定义，只要能正确描述设计实体的内部特性即可。信号赋值语句有时作为并行执行语句，有时作为顺序执行语句，取决于它出现的地方。在要求顺序执行语句的地方，它作为顺序执行语句；在要求并行执行语句的地方，它作为并行执行语句。通过这个例子，可以看出我们不去细究某些概念是有道理的。下面我们举一个用行为描述方式描述结构体功能的例子。

【例 4-10】 16 位寄存器的行为描述方式。

```
entity register_16bits is
    port(reset,clk,wen:in std_logic;
         d:            in std_logic_vector(15 downto 0);
         q:            out std_logic_vector(15 downto 0)
    );
end register_16bits;

architecture behave of register_16bits is
begin
reg: process(reset,clk)
    begin
      if reset='0' then
        q<="0000000000000000";
      elsif rising_edge(clk) then
        if wen='1' then
          q <=d;
        end if;
      end if;
    end process;
end behave;
```

register_16bits 是实体名,behave 是结构体名。reset 是异步复位信号,当为 0 时,使 16 位寄存器复位。当时钟 clk 上升沿到来时,如果写允许信号为 1,16 位输入信号 d 送输出 q;如果写信号为 0,输出 q 保持不变。在这个例子中 16 位寄存器的功能是通过描述它的行为的方式实现的。

结构体内要求使用并行执行的语句,这是十分重要的。每个并行执行语句都是一块独立的电路。像与非门这种简单的电路通过信号赋值语句很容易做到,但是像例 4-10 那样的 16 位寄存器用简单的信号赋值语句就无法实现,因此 process 语句在结构体内得到了大量的应用。初学者往往用 C 语言中的一些概念去套 process 语句,感到对各 process 语句的并行执行不太理解。其实只要理解每个 process 语句都是一块独立的电路,问题就迎刃而解。在用原理图设计的电路中,每块电路难道不是并行操作的吗?每块电路的操作时间有先有后吗?这是不可能的。所以各 process 语句之间都是并行执行的。在用原理图描述的电路中,各块电路之间使用信号线互相联系。在 VHDL 语言中,各 process 语句、各并行执行语句之间同样是通过信号互相联系(或者称之为通信)的。无论用原理图的方式设计电路,还是用 VHDL 语言设计电路,组合逻辑电路中的各个信号,如果不考虑信号传输延迟时间,是没有时间先后的;时序电路中的各信号是通过时钟信号来同步,并且决定时间先后顺序的。**由于结构体中的各并行执行语句都是独立的电路块,因此不允许 2 个或者 2 个以上的并行语句对同一个信号赋值。**

4.5.3 库(library)和程序包(package)

任何一种设计都要充分利用前人已有的成果,公用的资源要尽可能使用;自己已经设计好的资源也要尽量利用起来,程序包(package)和库(library)就是一些可以公用的资源,是设计实体的一个重要组成部分。

1. 库(library)

VHDL 的库是用来存储可编译的设计实体的地方,也就是用来存放可编译的程序包的地方,这样它就可以在其他设计中被调用。库中的设计实体(实体说明、结构体、配置说明、程序包说明和程序包体等)可以用做其他 VHDL 设计的资源。

VHDL 语言的库分为两种,一种是设计库,一种是资源库。

设计库对当前设计是可见的,默认的,无须用 library 子句和 use 子句说明的库。std 和 work 这2 个库是设计库。

std 库为所有设计实体所共享。std 库包含 2 个程序包 standard 和 textio,这 2 个程序包是使用 VHDL 语言时必须用到的工具。standard 程序包定义了若干数据类型、子类型和函数。它包含的数据类型有布尔类型、位 bit 类型、字符类型、实数范围、数范围和时间单位等;子类型有延迟长度,自然数范围和正整数范围等。textio 程序包包含支持 ASCII I/O 操作的若干类型和子类型。

work 库是 VHDL 语言的工具库,用户在项目设计中设计成功的各个步骤的成品和半成品都放在这里,用于保存正在进行的设计。若希望 work 库中设计成功的部分为以后其他的项目使用，则应将这些设计实体编译到恰当的资源库中，供以后进行项目设计时使用。

除了 std 库和 work 库之外，其他的库均为资源库，被 IEEE 认可的资源库称为 ieee 库。VHDL 工具厂商和 EDA 工具专业公司都有自己的资源库，有的自行加入到各自的开发工具 ieee 库中，也有自行建库，另行独立调用的资源库。

ieee 库是最常用的资源库，其中包含的程序包是：

std_logic_1164	一些常用函数和数据类型程序包。
numeric_bit	bit 类型程序包。
numeric_Std	用于综合的数值类型和算术函数程序包。
Math_Real	实数的算术函数程序包。
Math_Complex	复数的算术函数程序包。
Vital_Timing	Vital 时序程序包。
Vital_Primitives	Vital 元件程序包。

上述程序包中，不是每一个 EDA 软件都全部提供。使用时应该详细了解 EDA 软件的功能，看有无相应的程序包，或者找出替代的程序包。

除了 IEEE 标准资源库外，各可编程器件的厂家提供的 EDA 软件提供自己独特的资源程序包。由于这些程序包是为它们制造的器件服务的，往往更有针对性。Quartus Ⅱ中提供了一个 LPM 库，库中有许多称之为 MegaFunctions 的功能强大的函数。

使用资源库中的元件和函数之前，需要使用 library 子句和 use 子句予以说明。没有经过说明的库中的元件不能使用。如果一个设计实体中使用了某个库中的元件和函数，就要使用相应的 library 子句和 use 子句予以说明，library 子句和 use 子句总是放在设计实体的最前面(可以放在注释之后)，library 子句的作用是使该库在当前文件中“可见”。

library 子句说明使用哪个库，它的格式是

```
library 库名 1,库名 2,…,库名 n;
```

use 子句说明使用哪个库中的哪个程序包中的元件或者函数。它的格式是：

```
use 库名.程序包名.all;
```

std 库和 work 库是设计库，在任何设计文件中隐含都是“可见”的，不需要特别说明。也就是说，每一个设计文件中总是隐含下列不可见的行：

```
library ieee, work;
use std_standard.all;
```

4.5.2 节例 4-10 中的 16 位寄存器并不是一个完整的设计实体。由于它使用了 std_logic 和std_logic_vector 两种数据类型，而这 2 种数据类型又放在 std_logic_1164 中，因此例 4-10 中 16 位寄存器完整的设计实体是：

```
library ieee;
use ieee.std_logic_1164.all;
entity register_16bits is
```

```
        port(reset, clk, wen : in std_logic;
            d:                in std_logic_vector(15 downto 0);
            q:                out std_logic_vector(15 downto 0)
          );
    end register_16bits;

    architecture behave of register_16bits is
    begin
    reg: process(reset, clk)
        begin
          if reset='0' then
            q<="0000000000000000";
          elsif rising_edge(clk) then
            if wen='1' then
              q<=d;
            end if;
          end if;
        end process;
    end behave;
```

在本书中还有 2 个 ieee 库中的程序包经常用到，它们是 std_logic_unsigned 和 std_logic_arith。二者用于 std_logic_vector 数据类型的加、减运算。

2. 程序包(package)

程序包是一种使包体中的类型、常量、元件和函数对其他模块(文件)是可见，可以调用的设计实体。程序包是公用的存储区，在程序包内说明的数据，可以被其他设计实体使用。程序包由包头和包体 2 部分组成。package 的书写格式是：

```
package 程序包名 is
    [外部函数说明]
    [外部常量说明]
    [外部元件模板]
    [外部类型说明]
    [属性说明]
    [属性指定]
end [程序包名];

package 程序包名 is
    [外部函数体]
    [内部函数说明]
    [内部函数体]
    [内部常量说明]
    [内部类型说明]
end [程序包名];
```

4.6 层次结构设计

层次结构设计是描述较大规模硬件的必要手段，也是VHDL的重要优点。层次结构的设计方法是把一个大的系统划分为若干子系统，顶层描述各子系统的接口条件和各子系统之间的关系。各子系统的具体实现放在低层描述。同样，一个子系统也可以划分为若干更小的子系统，一直划分下去，直到最基本的子系统为止。例如，一个简单CPU可以划分为通用寄存器、运算器、控制器和访问存储器部分等子系统。划分子系统时通常把功能上联系比较紧密的部分划分为一个子系统。一个系统中划分的子系统不宜过多，否则容易影响可读性，造成杂乱无章的感觉。

在用VHDL语言设计的系统中，层次化设计的概念和原理图层次化设计的概念相似，即在较高层设计中引用低层的或外部的元件。VHDL层次化设计中的元件(component)，它和低层的实体(entity)—结构体(architecture)"对"相对应。通常把与门、触发器和计数器之类称为元件(component)，但在VHDL语言中，component除了可以表示这些基本的元件外，也可以表示一个子系统。在VHDL层次结构设计中，较高层设计实体往往把较低层设计实体当一个元件处理。在VHDL中，对元件的引用称之为例化。一个元件可以被例化多次。component和port map语句配合使用，共同完成较高层设计实体中对较低层设计实体的引用。

1. component语句

component语句指明了结构体中引用的是哪一个元件，这些被引用的元件放在元件库或者较低层设计实体中。在结构体中，无需对引用的元件进行描述。component语句的书写格式是：

```
component 元件名          --指定引用元件
    [generic 说明;]        --参数传递说明
    [port 说明;]           --元件端口说明
end component;
```

在component语句中，generic语句和port语句是可选的。generic语句用于不同层次设计实体之间的信息的传递和参数传递，如用于位矢量的长度、数组的长度和元件的延时时间等。port语句的作用和entity语句中port语句的作用相同。

2. port map语句

port map语句将较低层设计实体(元件)的端口映射成较高层设计实体中的信号。元件的端口名相当于原理图中元件的引脚；各元件之间在原理图要用线实现连接，这些连接的线在VHDL中就是信号。正如所熟知的那样，在原理图中，连接各元件引脚的连线和元件的引脚往往不是同一个名字，有的也根本不可能成为同一个名字。例如一个与非门的输出引脚名为out1，一个D触发器的D端的引脚名为D，如果将与非门的引脚out1和D触发器的引脚D连接，那么信号线的名字至少会和其中一个元件的引脚名不相同；

再如一个较高层设计实体如果在多处例化同一个元件，那么同一个元件的同一个输出在不同的地方肯定不能使用同一个名字，否则就会引起混乱。因此在 VHDL 中，为了解决这样的问题，就要使用 port map 语句，实现元件端口名到高层设计中信号的映射。port map 语句的书写格式如下：

```
[标号]: port map(信号名 1,信号名 2,…,信号名 n);                    (1)
```

或者

```
[标号]:port map(端口名 1=>信号名 1,端口名 2=>信号名 2,…,
               端口名 n=>信号名 n);                                (2)
```

其中，信号名 1 到信号名 n 都是较高层设计实体中的信号名，端口名 1 到端口名 n 是元件的端口名。标号是可选的。信号映射表中的各项用“,”分开。第(1) 种映射方式称为位置映射法，在这种映射方式中，信号名 1 到信号名 n 的书写顺序必须和 port map 语句映射的元件的端口名书写顺序一致，以便一一对应。第(2) 种映射方式称为显式映射方式，它把元件端口名和较高层设计实体中使用的信号名显式对应起来，映射表中各项的书写顺序不受任何限制。在这 2 种映射方式中，推荐使用显式映射方式，显式映射方式可读性更强一些。

4.7 一个通用寄存器组的设计

本节用层次设计的方法设计一个实用的通用寄存器组。

4.7.1 设计要求

(1) 寄存器组中包含 4 个 16 位的寄存器。

(2) 当 reset 信号为低时，4 个寄存器复位为 0。寄存器的时钟信号为 clk。

(3) 2 位的 wr_port 信号，负责哪一个寄存器被写入。

(4) 寄存器组有一个写允许信号 wen，在 wen 为 1 时，在 clk 上升沿将输入到寄存器组的 16 位数据 data 写入 wr_port 指定的寄存器中。

(5) 2 位的 rd_port 信号决定将哪个寄存器的输出送寄存器组的输出 data_out。

4.7.2 设计方案

根据设计要求，设计方案如下：

(1) 低层设计实体 register_16，完成寄存器复位和读写功能。

(2) 低层设计实体 mux4_to_1，完成选择哪一个寄存器的值送寄存器组的输出。这是一个 4 选 1 选择器。

(3) 低层设计实体 decoder2_to_4，完成选择写哪一个寄存器。这是一个 2-4 译码器。

(4) 高层设计实体 regfile，负责将 3 个低层设计实体的连接，完成寄存器组的全部功能。

4.7.3 设计实现

1. 设计实体 register_16 --16 位寄存器

```
library ieee;
use ieee.std_logic_1164.all;
entity register_16 is port
    (reset    :in std_logic;
     d_input  :in std_logic_vector(15 downto 0);
     clk      :in std_logic;
     write    :in std_logic;
     sel      :in std_logic;
     q_output :out std_logic_vector(15 downto 0)
    );
end register_16;
architecture a of register_16 is
begin
    process(reset,clk)
    begin
        if reset='0' then
           q_output<=x"0000";
        elsif (clk'event and clk='1') then
          if sel='1' and write='1' then
            q_output<=d_input;
          end if;
        end if;
    end process;
end a;
```

2. 设计实体 decoder2_to_4 --2-4 译码器

```
library ieee;
use ieee.std_logic_1164.all;
entity decoder2_to_4 is port (
    sel   : in std_logic_vector(1 downto 0);
    sel00 : out std_logic;
    sel01 : out std_logic;
    sel02 : out std_logic;
    sel03 : out std_logic );
end decoder2_to_4;
architecture behavioral of decoder2_to_4 is
```

```
begin
    sel00  <=(not sel(1)) and (not sel(0));
    sel01  <=(not sel(1)) and sel(0) ;
    sel02  <=sel(1) and (not sel(0));
    sel03  <=sel(1) and sel(0);
end behavioral;
```

3. 设计实体 mux4_to_1 --4 选 1 多路开关

```
library ieee;
use ieee_std_logic_1164.all;
entity mux4_to_1 is
port(input0,input1,input2,input3
            :in std_logic_vector(15 downto 0);
    sel     :in std_logic_vector(1 downto 0);
    out_put :out std_logic_vector(15 downto 0));
end mux4_to_1;
architecture behavioral of mux4_to_1 is
begin
mux: process(sel,input0,input1,input2,input3)
    begin
        case sel is
            when "00"=>out_put<=input0;
            when "01"=>out_put<=input1;
            when "10"=>out_put<=input2;
            when "11"=>out_put<=input3;
        end case;
    end process;
end behavioral;
```

4. 顶层设计实体 regfile

```
library ieee;
use ieee.std_logic_1164.all;
entity regfile is
    port(wr_port  : in std_logic_vector(1 downto 0);
         rd_port  : in std_logic_vector(1 downto 0);
         reset    : in std_logic;
         wen      : in std_logic;
         clk      : in std_logic;
         data     : in std_logic_vector(15 downto 0);
         data_out : out std_logic_vector(15 downto 0)
       );
end regfile;
```

```
architecture struct of regfile is
component register_16                              --16位寄存器
    port(reset,clk,write,sel:in std_logic;
        d_input:     in std_logic_vector(15 downto 0);
        q_output:    out std_logic_vector(15 downto 0));
end component;

component decoder2_to_4                            --2-4译码器
    port(sel: in std_logic_vector(1 downto 0);
        sel00,sel01,sel02,sel03: out std_logic);
end component;

component mux4_to_1                                --4选1多路开关
    port(input0,input1,input2,input3
                : in std_logic_vector(15 downto 0);
        sel:    in std_logic_vector(1 downto 0);
        out_put: out std_logic_vector(15 downto 0));
end component;
    signal reg00,reg01,reg02,reg03 :std_logic_vector(15 downto 0);
    signal sel00,sel01,sel02,sel03 :std_logic;
begin
    --对低层设计实体 register_16的第1次例化
Areg00: register_16   port map(            --16位寄存器 R0
        reset    =>reset,                  --顶层设计实体的外部输入信号 reset
        d_input  =>data,                   --顶层设计实体的外部输入信号 data
        clk      =>clk,                    --顶层设计实体的外部输入信号 clk
        write    =>wen,                    --顶层设计实体的外部输入信号 wen
        sel      =>sel00,
        q_output =>reg00
    );

    --对低层设计实体 register_16的第2次例化
Areg01: register_16   port map(            --16位寄存器 R1
        reset    =>reset,                  --顶层设计实体的外部输入信号 reset
        d_input  =>data,                   --顶层设计实体的外部输入信号 data
        clk      =>clk,                    --顶层设计实体的外部输入信号 clk
        write    =>wen,                    --顶层设计实体的外部输入信号 wen
        sel      =>sel01,
        q_output =>reg01
    );

    --对低层设计实体 register_16的第3次例化
Areg02: register_16   port map(            --16位寄存器 R2
        reset    =>reset,                  --顶层设计实体的外部输入信号 reset
```

```
        d_input   =>data,                   --顶层设计实体的外部输入信号 data
        clk       =>clk,                    --顶层设计实体的外部输入信号 clk
        write     =>wen,                    --顶层设计实体的外部输入信号 wen
        sel       =>sel02,
        q_output =>reg02
    );

    --对低层设计实体 register_16 的第 4 次例化
Areg03: register_16   port map(             --16 位寄存器 R3
        reset     =>reset,                  --顶层设计实体的外部输入信号 reset
        d_input   =>data,                   --顶层设计实体的外部输入信号 data
        clk       =>clk,                    --顶层设计实体的外部输入信号 clk
        write     =>wen,                    --顶层设计实体的外部输入信号 wen
        sel       =>sel03,
        q_output =>reg03
    );

    --对低层设计实体 decoder2_to_4 的第 1 次例化
decoder: decoder2_to_4   port map(          --2-4 译码器
        sel       =>wr_port,                --顶层设计实体的外部输入信号 wr_port
        sel00     =>sel00,
        sel01     =>sel01,
        sel02     =>sel02,
        sel03     =>sel03
    );

    --对低层设计实体 mux_4_to_1 的第 1 次例化
mux:  mux_4_to_1   port map(                --4 选 1 多路开关
      input0      =>reg00,
      input1      =>reg01,
      input2      =>reg02,
      input3      =>reg03,
      sel         =>rd_port,                --顶层设计实体的外部输入信号 rd_port
      out_put     =>data_out                --顶层设计实体的输出信号 q_out
    );
end struct;
```

最后对用 VHDL 语言描述硬件提下述建议：

(1) 描述时层次一定要清晰。

(2) 给信号起名字时含义要清楚，不要随便。这样不仅其他人阅读方便，自己阅读也方便，否则自己几个月后，也会忘记。

(3) 几个人同时设计一个大工程时，主要是模块的划分，以及制定各模块之间的接口。这是最重要的工作。

(4) 设计实体内使用的元件不要太多。否则阅读非常困难。层次宁可多几级，以便每一个设计实体内部清晰，可读性强。

(5) 书写的形式不影响编译。不过为了增强可读性和查找错误，程序书写时要注意层次分明，采用缩进形式增强可读性。请看同一段程序的下列 2 种书写形式。

① 按缩进方式写的层次分明的程序：

```
process(reset,clk)
begin
     if reset='0' then
        q_output<=x"0000";
     elsif(clk'event and clk='1') then
        if sel='1' and write='1' then
           q_output <=d_input;
        end if;
     end if;
end process;
```

② 不按缩进方式书写的程序：

```
process(reset,clk)
begin
if reset='0' then
q_output <=x"0000";
elsif (clk'event and clk='1') then
if sel='1' and write='1' then
q_output <=d_input;
end if;
end if;
end process;
```

这 2 段程序从内容上都是一样的。但第②种书写形式让人很难阅读。

(6) 在程序中增加注释，帮助理解程序的内容。

第5章　EDA工具软件

电子设计自动化的内容除了各种硬件描述语言外，还需要开发环境应用软件。本章介绍EDA工具软件QuartusⅡ。

5.1　Quartus Ⅱ简介

各大器件公司为了推广本公司的可编程器件，都推出了自己的可编程器件的集成开发环境应用软件，如Lattice公司的Level、Xilinx公司的ISE、Altera公司的Quartus等。这些EDA软件由于是器件公司开发或者器件公司委托第三方开发，针对性强。各公司都力图做到性能上与时俱进，不断推出新的版本。由于各公司互相竞争，互相追赶，这些EDA软件在使用方法上大同小异。QuartusⅡ是Altera公司的EDA设计软件，是为Altera公司生产的各种可编程器件CPLD和FPGA编程而设计的，因此对象是使用Altera器件的用户。它提供了完整的多平台设计环境，能满足各种特定设计的需要。QuartusⅡ设计工具完全支持VHDL、Verilog设计流程，内部嵌有VHDL、Verilog逻辑综合器。QuartusⅡ也可以利用第三方的综合工具，如Leonardo Spectrum、Synplify Proh和FPGA CompilerⅡ等，并能直接调用这些工具。QuartusⅡ具有仿真功能。

QuartusⅡ包括模块化的编译器。编译器包括的功能模块有分析/综合器（Analysis & Synthesis）、适配器（Filter）、装配器（Assembler）、时序分析器（Timing Analyzer）、设计辅助模块（Design Assistant）、EDA网表文件生成器（EDA Netlist Writer）和编译数据库窗口（Compiler Database Interface）等。可以通过执行Start Compilation命令来运行所有的编译器模块（步骤），也可以通过执行Start菜单中的各种命令运行编译器中的各单独模块（步骤）。还可以通过选择Compiler Tool（在Tools菜单中），在Compiler Tool中通过单击按钮运行编译器中的各个模块（步骤）。

QuartusⅡ中包含有许多十分有用的LPM（Library of Parameterized Modules）模块，它们是复杂或者高级系统构建中的重要组成部分。其中的可参数化宏功能模块和LPM函数均基于Altera器件的结构做了优化设计。在许多实际情况中，必须使用宏功能函数才可以使用一些Altera器件的一些特定硬件功能，例如各类片上的存储器、PLL（时钟锁相器）和DSP模块等。设计中可以使用QuartusⅡ的MegaWizard Plug→In Manager来建立宏功能函数，以加速设计和提高设计质量。

5.2　Quartus Ⅱ主屏幕

双击PC桌面上的Quartus Ⅱ图标，进入Quartus Ⅱ主屏幕，如图5.1所示。

QuartusⅡ主屏幕共分为5个区：菜单区、工程源文件窗口、进度窗口、结果信息窗口

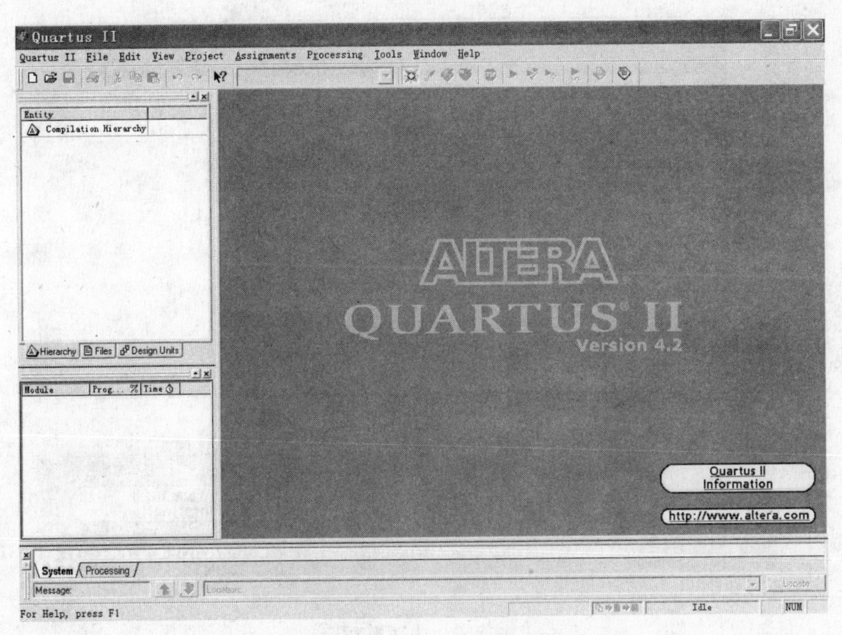

图5.1 Quartus Ⅱ主屏幕

和主工作区。

1. 菜单区

菜单区位于QuartusⅡ主屏幕的最上方,如图5.2所示。

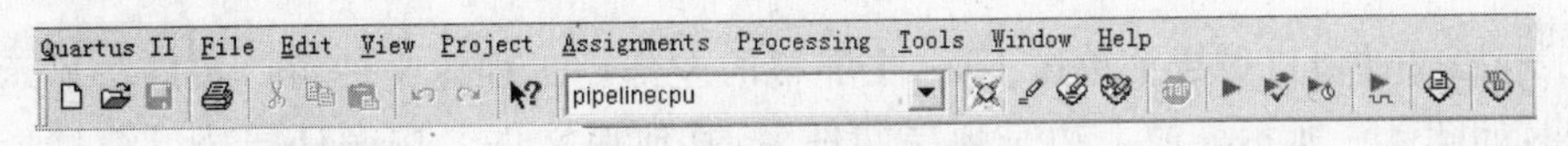

图5.2 Quartus Ⅱ主菜单

主屏幕上方的菜单条上共有10个主菜单选项,点击各选项即可进入不同的功能。菜单条下面是常用命令的快捷按钮,将光标移到按钮上并停留几秒钟,则会显示出该按钮的英文名称。QuartusⅡ采用下拉菜单工作方式。拉下一个主菜单选项后会出现二级子菜单,二级子菜单一般是可执行的命令。

2. 主工作区

主工作区位于菜单区下面,位于主窗口右半部分,是主屏幕中面积最大的区域,见图5.3。

主工作区存放当前工程中的已打开的各种源文件。源文件类型包括原理图文件或者VHDL文件等。在主工作区内的许多文件中最上层的文件称为当前文件,当前文件是正在工作的文件。当前文件是可以编辑和修改的。图5.3中的pipelinecpu.vhd就是当前文件。有关文件的命令File→Save As和File→Save仅保存当前文件。单击文件编辑区中的其他非当前文件,则该文件变为当前文件。主工作区最左边的竖长条是些快捷命令按钮,与主工作区当前的任务有关。将光标移到按钮上并停留几秒钟,则会显示出该按钮的英文名称。例如当主工作区用做源文件编辑时,它是供编辑当前源文件所使用的快捷

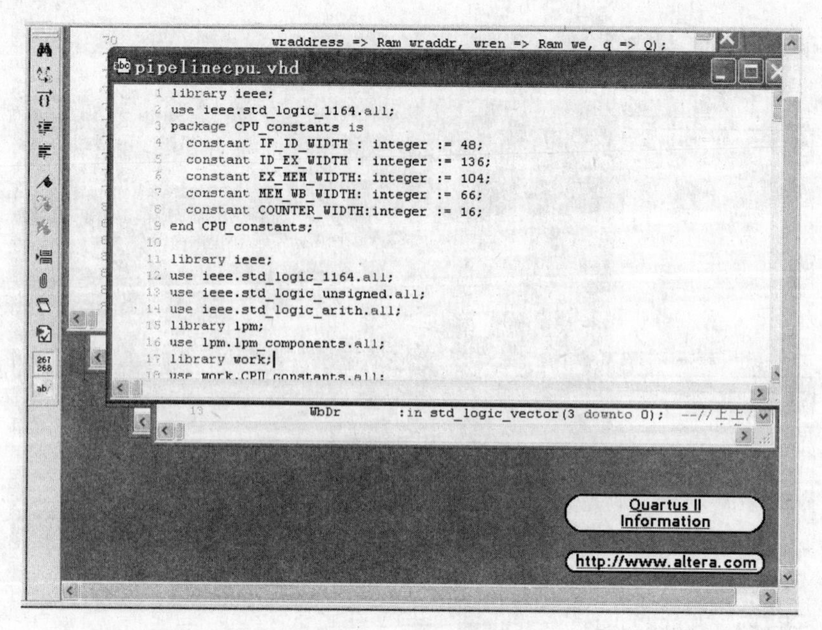

图 5.3 主工作区

命令按钮;当主工作区用于仿真时,它是供编辑仿真波形文件(激励文件)用的快捷命令按钮。主工作区还充当执行 QuartusⅡ命令时产生的各种信息显示框、对话框和各种编辑窗口的作用,如分配引脚窗口就在主工作区中。

3. 工程源文件窗口

工程源文件窗口位于菜单区下面,主屏幕的左部。工程源文件窗口按层次显示工程的结构,如图 5.4 所示。最上边是顶层文件名,其他源文件名按设计层次以缩进形式显示。双击工程源文件窗口某一文件名,则此文件成为主工作区内的当前文件。

4. 进度窗口

进度窗口位于工程源文件窗口下面,在编译时显示编译进度,如图 5.5 所示。

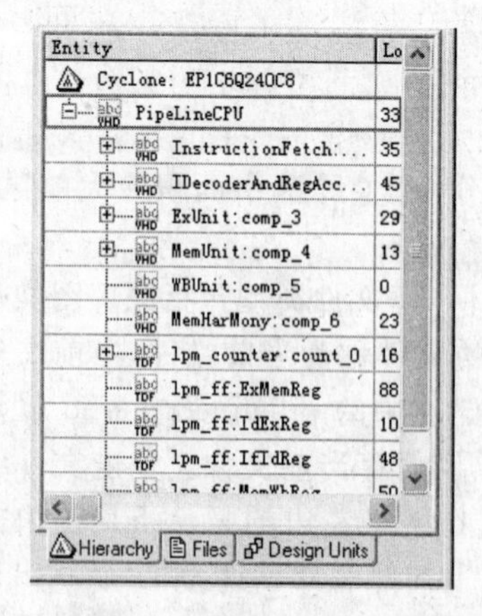

图 5.4 工程源文件窗口

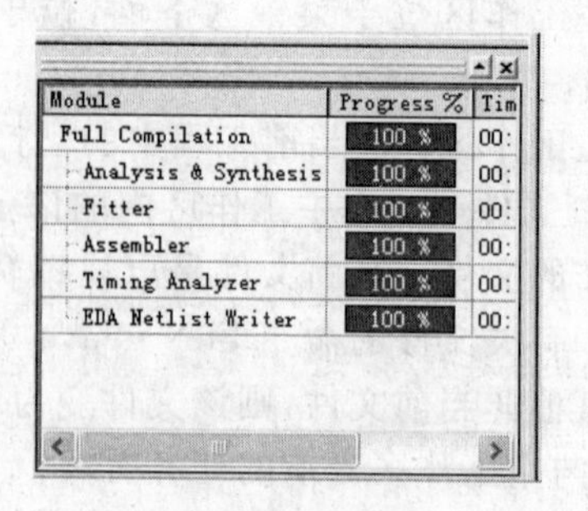

图 5.5 进度窗口

5. 结果信息窗口

结果信息窗口位于主屏幕的下部，显示编译过程中的各种信息，包括进度、警告和错误等信息，如图 5.6 所示。当编译过程中出现错误时，双击错误信息，则光标自动移到主工作区中相应文件的出错处。本窗口有时也显示其他命令的执行结果。

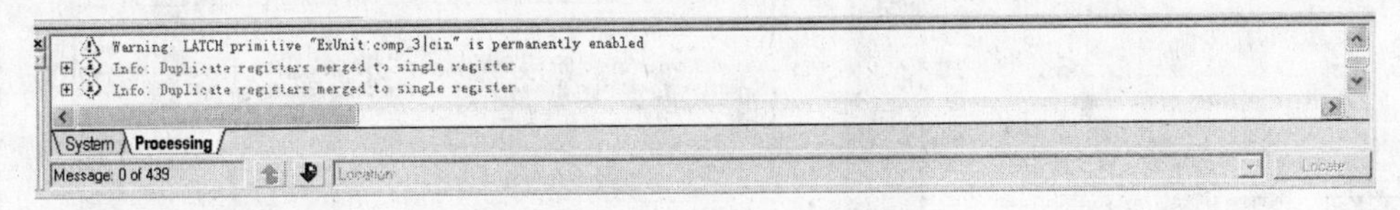

图 5.6　结果信息窗口

上面介绍了 Quartus Ⅱ主屏幕的 5 个区。除了菜单区外，其他 4 个窗口的大小是可以改变的。将光标移到窗口之间的分界线上，等光标变为移动形状时，按下鼠标左键拖动光标，当松开鼠标左键时，则各窗口大小重新确定。

5.3　格雷码计数器设计示例

本节以一个 3 位格雷码计数器的设计为例，说明在 Quartus Ⅱ中设计一个工程的过程。

1. 创建一个新文件夹

一个工程中的所有文件要存放在一个文件夹中。因此首先创建一个新文件夹。例如 E:\COUNTER。

2. 创建一个工程文件

Quartus Ⅱ中，一个工程(Project)由所有设计文件和有关设置构成。

(1) 建立工程名

单击菜单条中 File 菜单项，则出现一个有关文件操作的二级菜单，如图 5.7 所示。

在 File 二级菜单中单击 New Project Wizard 菜单项，就开始创建一个工程。以上操作称之为执行 File→New Project Wizard 命令。在以后的叙述中类似的过程就统一称为执行 xx 命令。

执行 File→New Project Wizard 命令后，首先出现如图 5.8 所示的对话框。对话框的任务是确定工程所在的文件夹(目录)、工程名和顶层设计实体名。

第一行输入准备建立的工程的路径和文件夹名；在第二行输入工程名；第三行输入顶层设计实体名。输入的方法有两种：一种是在键盘上直接输入，另一种是单击窗口中本行右边的“浏览”按钮，选取合适的路径或者名称。尤其是第一行中输入路径和文件夹名时采用第二种方法更可靠。如果是建立一个新的工程，第一行输入后，会自动生成第二和第三行中的名称。可以选用自动生成的名称，也可以重新输入自己定义的名称。请注意：第三行中的顶层设计实体名是字母大小写敏感的，必须和设计文件中的顶层设计实体名

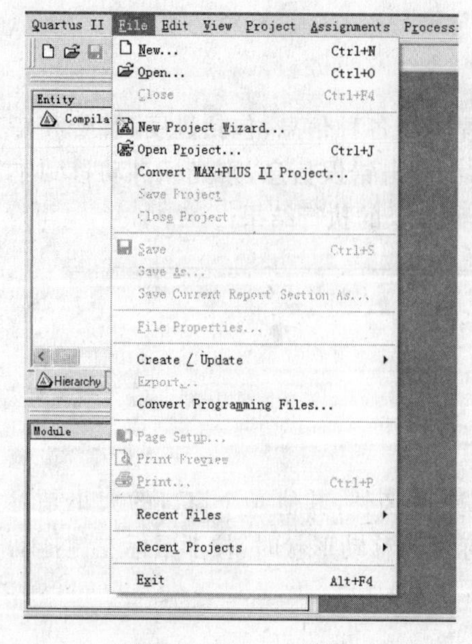

图 5.7　File 二级菜单

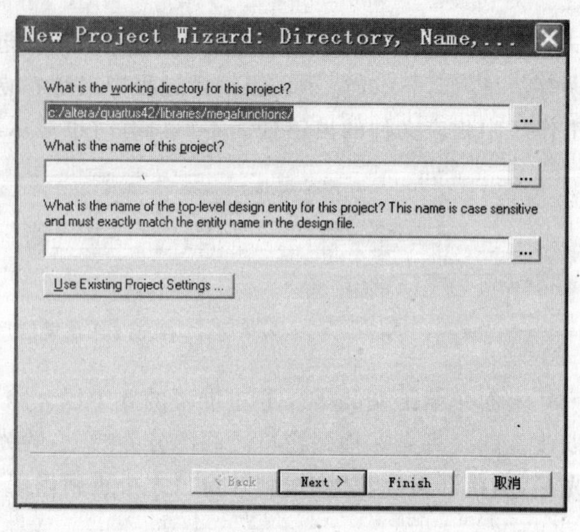

图 5.8　工程路径、工程名和顶层设计实体名对话框

完全相同。在这一步骤中，我们选择 E：\COUNTER 作为工程所在的文件夹，COUNTER 作为工程名和顶层设计实体名。

输入结束后，单击窗口中的 Next 按钮，进入下一步。

(2) 输入工程中包含的设计文件

输入工程中包含的设计文件对话窗如图 5.9 所示。在该对话框中可以通过单击 Add All 按钮的办法将文件夹中的所有文件都加到工程中去，也可以在 File Name 文本框中输入设计文件名及其路径，然后单击 Add 按钮，将文件加入到工程中。输入设计文件名时可以通过浏览的方式，选中需要的文件后单击 Add 按钮将文件加入到工程中，我们推荐

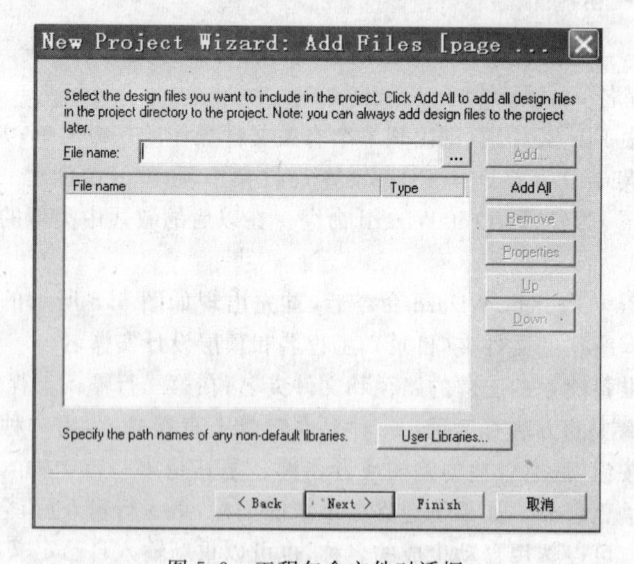

图 5.9　工程包含文件对话框

使用这种方法。使用Add按钮往工程中增添设计文件时，随着一个个设计文件被增添，所有文件名都在File name大框中显示出来，最先加入的文件处于最末行，最后添加的文件处于第一行。对于由多个设计文件构成的一个工程，VHDL要求的编译顺序是由底层文件开始，向上一层一层编译，最后编译顶层文件。而工程中的文件，按File name框中的文件顺序进行编译，首先编译第一行的文件，向下一个一个按顺序对文件进行编译，最后编译最末行的文件，因此最先加入的文件最后一个编译。即使整个工程中的文件都是正确的，如果不指定正确的设计文件编译次序，编译时也会出错。对话框中有3个按钮对File name框中的文件顺序进行操作；单击文件名后该文件名变为蓝色，单击Remove按钮，将该文件从File name框中删除；单击UP按钮，该文件向上移动一个位置；单击Down按钮，则该文件向下移动一个位置。

输入结束后，单击对话框中Next按钮，进入下一步。

(3) 确定设计使用的器件

确定设计使用器件的对话框如图5.10所示。在该对话框中，首先选择器件所属的系列，然后选择具体器件，不要直接输入器件名和封装类型。因此我们首先在Family框中选择cyclone，选中后Available devices框中显示出cyclone系列中可用的器件(隐含有封装形式)，我们选择EP1C6Q240C6。然后单击Next按钮，进入下一步。

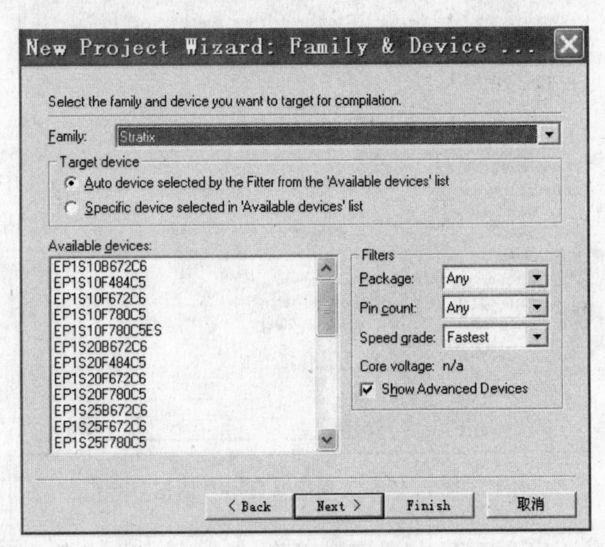

图5.10 确定设计使用器件的对话框

(4) 选择EDA工具

选择EDA工具对话框如图5.11所示。通过单击左边的3个复选框，全部选中3种功能：综合、仿真和时序分析。至于具体的完成工具，则使用相应对话框中显示的默认软件模块。如果不选择默认软件模块，则可通过浏览选择。然后单击Next按钮，进入下一步。

(5) 检查工程中的各种设置

进入这一步，建立一个工程的基本工作已经结束。主屏幕上显示出该工程的摘要，如图5.12所示。

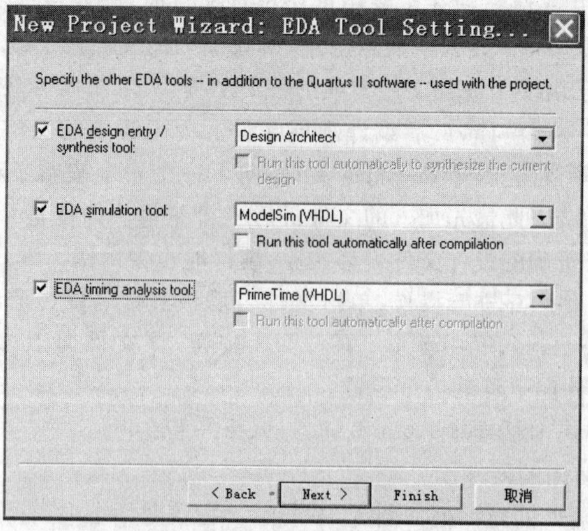

图 5.11　选择 EDA 工具对话框

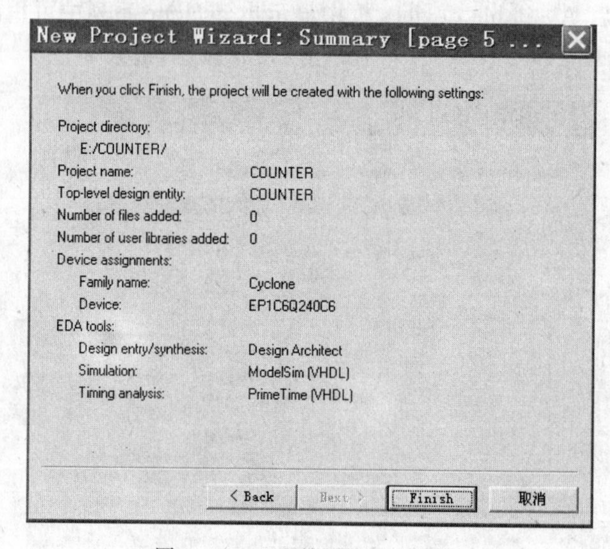

图 5.12　工程摘要显示对话框

检查各种设置是否完全正确，如果完全正确，单击 Finish 按钮，结束建立工程。如发现错误，单击 Back 按钮，退回到以前的各步骤，重新设置，直到完全正确为止。

3. 建立一个源文件

(1) 建立新文件

执行 File→New 命令，主屏幕上出现新文件类型对话框，如图 5.13 所示。

在对话框中选中 VHDL File 类型，单击 OK 按钮，进入下一步。

(2) 在 VHDL 文本编辑窗口内输入源程序

主工作区中出现一个 VHDL 文本编辑窗口，如图 5.14 所示。

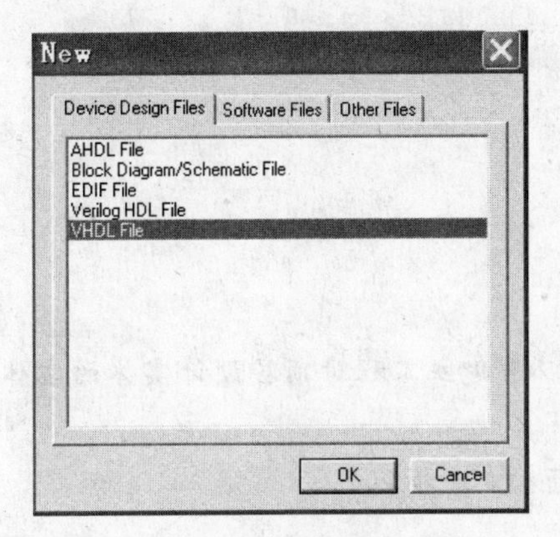

图 5.13 新文件类型对话框

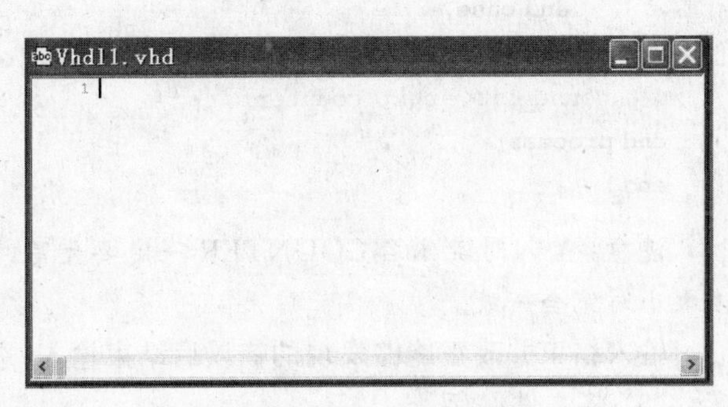

图 5.14 VHDL 文本编辑窗口

这种文本编辑窗口是 VHDL 类型的文本编辑专用的。在这种窗口中，VHDL 语言的关键字全都自动醒目地显示出来。由于是新文件，目前还没有文件名，因此 Quartus Ⅱ 自动命名该文件为 Vhdl1.vhd。

在 VHDL 文本编辑窗口中输入下面的 VHDL 源程序。这是一个 3 位格雷码计数器，有一个复位输入 rs 和一个时钟输入 clk 和 3 位输出 count_out。当 rs 为 0 时，计数器复位为零；当 clk 上升沿到来时，计数器加 1。

```
library ieee;
use ieee.std_logic_1164.all;

entity COUNTER is
port (clk:          in std_logic;
    rs:             in std_logic;
    count_out:      out std_logic_vector(2 downto 0));
end COUNTER;

architecture behav of COUNTER is
signal next_counter: std_logic_vector(2 downto 0);
begin
process(rs,clk)
begin
   if rs='0' then
      next_counter<="000";
   elsif (clk'event and clk='1') then
      case next_counter is
      when "000" =>next_counter<="001";
      when "001" =>next_counter<="011";
      when "011" =>next_counter<="111";
      when "111" =>next_counter<="110";
      when "110" =>next_counter<="100";
```

```
            when "100" =>next_counter<="000";
            when others =>next_counter<="XXX";
            end case;
        end if;
        count_out<=next_counter;
    end process;
    end behav;
```

注意：输入时实体名 COUNTER 一定要大写，以与建立工程时顶层设计实体的实体名大小写完全一致。

输入结束并改正能够发现的错误后结束输入，进入下一步。

(3) 将文件保存

执行 File→Save as 命令，主屏幕上出现如图 5.15 所示的保存文件对话框。

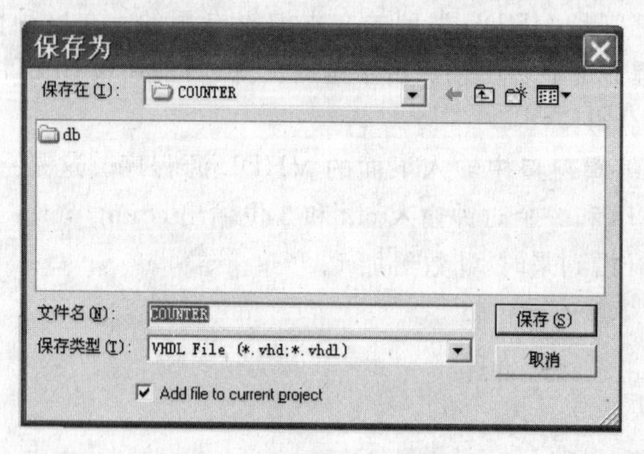

图 5.15 保存文件对话框

由于这个文件是在建立工程后建立的，因此默认的路径和文件夹是工程所在的路径和文件夹 E:\COUNTER。由于文件中的设计实体名是 COUNTER，因此默认的文件名是 COUNTER。单击“保存(S)”按钮，将文件保存。

4. 编译源文件

程序编写完毕后，执行 Processing→Start Compilation 对源文件进行编译。QuartusⅡ编译器是由一系列模块组成的。这些模块负责对工程查错、逻辑综合、结构综合、输出结果的编辑配置，以及时序分析。在这一过程中将工程适配到目标 FPGA/CPLD 器件中，同时产生多种用途的输出文件，如功能和时序仿真文件、器件编程用的目标文件等。编译器首先从工程设计文件的层次结构描述中提取信息，包括每个层次文件中的错误信息，供设计者排除。然后将这些层次结构产生一个结构化的用网表文件表达的电路原理图文件，并把各层次中所有文件结合成一个数据包，以便更有效地处理。

如果编译中发现错误，结果信息窗口中会出现红色 Full compilation was unsuccessful 和其他错误信息，还有用绿色字显示的编译过程，见图 5.16。编译信息窗口还会指出编译过程中发现了几个错误。其实发现的错误数往往夸大其词，有若干错误往往是由同一个错误引起的，因此应该从第一个错误查起，点击红色的第1个错误信息，在源文件中相应的出错位置(某一行)将会呈现蓝色，如图5.16所示。改正第1个错误后，看看其他错误是否是第1个错误引起的，如果不是，则在编译信息窗口中单击第2个错误(该错误不能是由第1个错误引起的)，改正第2个错误……直到将发现的错误改正为止。然后重新按照编译的步骤进行编译，改正错误，直到编译成功。编译成功表示源文件中已没有语法错误。对编译过程中产生的黄色警告信息也要注意，虽然不是错误，但也可能指出设计上的不合理处，有的甚至隐含着语法错误之外的错误。编译成功后，执行File→Save命令将源文件保存。

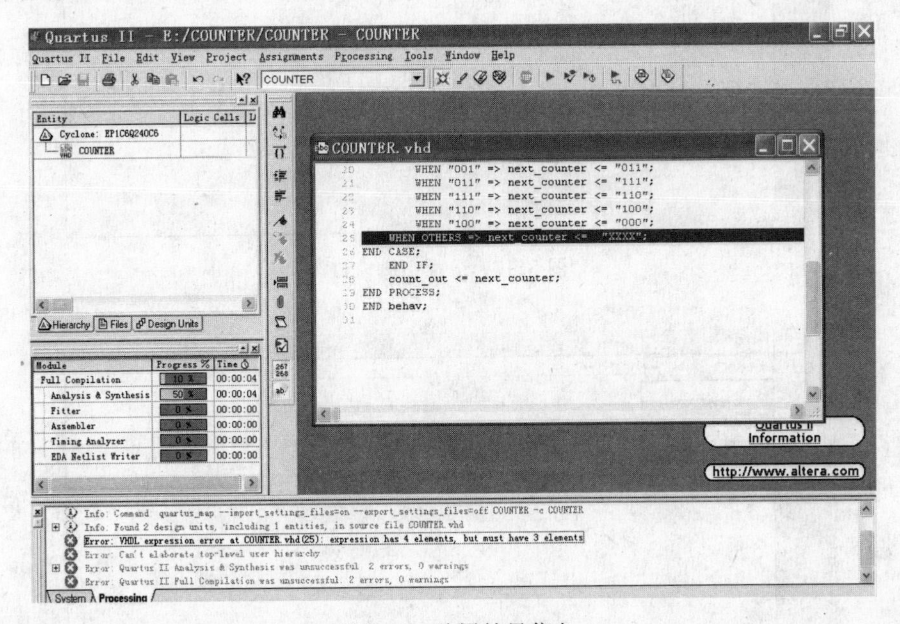

图5.16 编译结果信息

5. 分配引脚

执行Assignments→Pins命令，启动分配引脚功能，主工作区上显示出分配引脚窗口，如图5.17所示。

双击分配引脚窗口下部的引脚信号分配表的第1行第1列(To列)的new表格项，拉出引脚信号名列表框，下拉列表框列出了COUNTER的所有引脚信号，如图5.18所示。

在列表框中单击clk信号，则clk出现在引脚信号分配表中。双击引脚信号分配表第1行第2列(Location列)的new表格项，拉出引脚信息列表框，如图5.19所示。引脚信息菜单对每一个引脚的引脚号、性质和用途进行了详细说明。单击某一菜单项，则选中该引脚，该引脚出现在引脚分配表中。由于clk引脚是时钟，我们选专用时钟引脚29。照此种方法，选择引脚4为复位脉冲rs，引脚200为count_out[0]，引脚201为count_out[1]，引脚202为count_out[2]。选择结束后检查一遍，如发现错误，则双击错误处拉出此相应列表框进行修改。完全正确后，关闭分配引脚窗口(单击窗口的关闭按钮☒)。当出现"Do you want to save changes to assignments ?"对话框时回答Y，保存引脚分配。

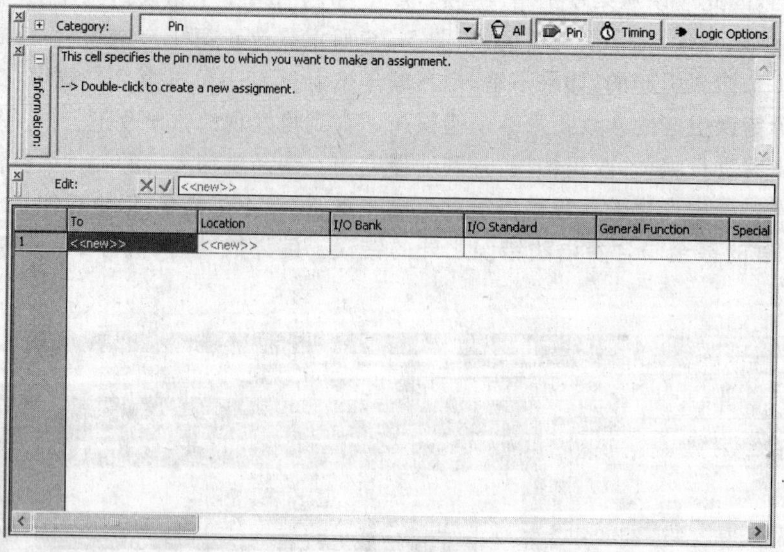

图 5.17　分配引脚窗口

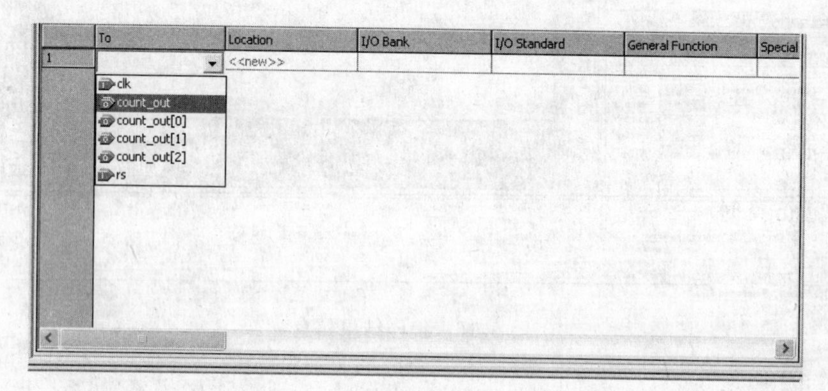

图 5.18　引脚信号名下拉列表框

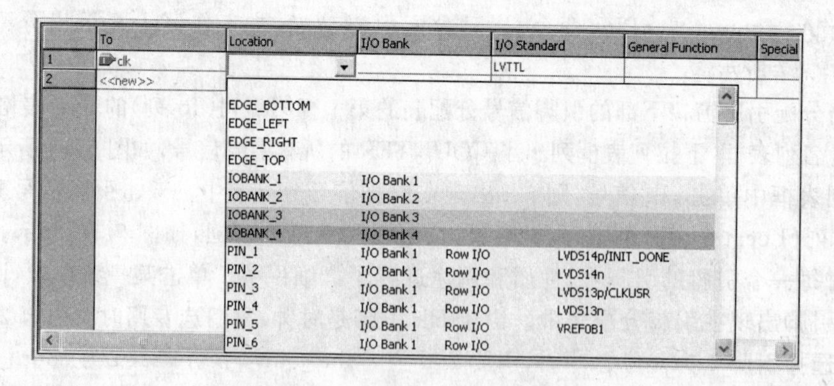

图 5.19　引脚信息下拉列表框

分配信号引脚结束后，重新执行 Processing→Start Compilation 命令进行编译一次，否则分配的引脚信号对最终形成的 SOF(SRAM Object File)或 JED 文件不起作用。SOF 或 JED 文件是最终下载到 FPGA 中的文件。

5.4 仿 真

经过编译后的程序只能说语法上和层次结构连接上没有错误，但是源程序是否符合设计的功能、满足设计的要求还是不知道的，因此需要仿真。仿真测试可以检查出设计中功能和时序上的错误，减少下载到 FPGA/CPLD 器件后的调试困难。当然，如果设计者能够确认设计正确，则可跳过这一步骤。

5.4.1 生成仿真波形文件

1. 打开波形编辑窗口

执行 File→New 命令，在新文件对话窗中单击 Other Files 按钮(在对话框的最上面一行最右边)，新文件对话框变成图 5.20 所示。

选中 Vector Waveform File(矢量波形文件)后，单击 OK 按钮，出现如图 5.21 所示的波形编辑窗口。

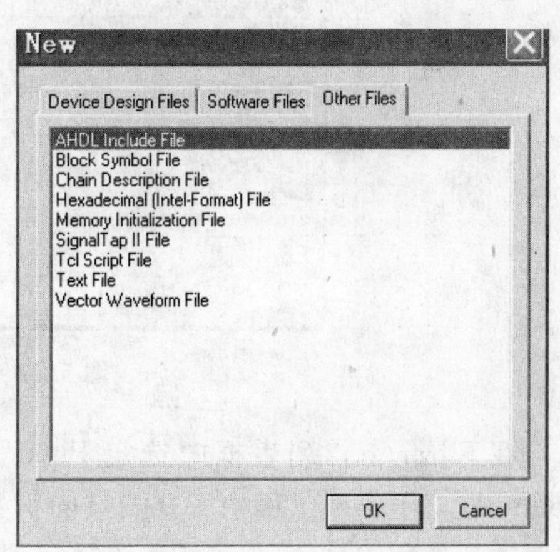

图 5.20 单击 Other Files 按钮后的新文件对话框

2. 设置仿真时间区域

对于时序仿真来讲，将时间轴设置在一个合理的区间内十分重要。这要根据所使用的器件的速度确定，以便观察高速时钟下电路运行的情况。我们在这里设为 10μs。执行 Edit→End Time 命令，在弹出的对话框中，在 Time 栏处输入时间为 10.0μs，在单位栏中选择 μs。单击 OK 按钮，结束选择。

3. 将空白波形文件保存

执行 File→Save As 命令将空白图形文件保存为 COUNTER.vwf 文件。这时波形编辑窗最上方的标题栏(窗口名称)就变成 COUNTER.vwf。

4. 将工程 COUNTER 的端口信号节点(引脚)选入波形编辑窗口中

执行 View→Utility Windows→Node Finder 命令，弹出节点选择对话框，如图 5.22 所示。

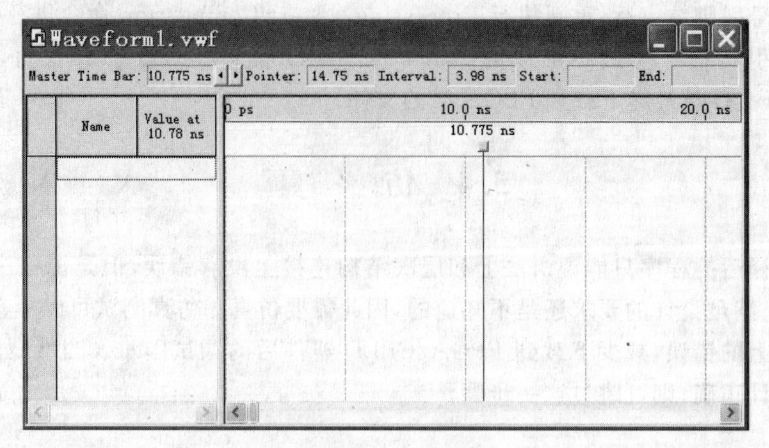

图 5.21　波形编辑窗口

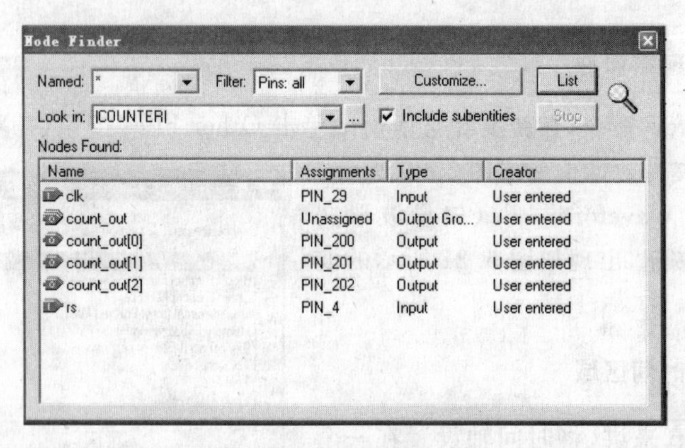

图 5.22　节点选择对话框

在 Filter 下拉列表框中选定 Pins：all，然后单击 List 按钮，于是在下方的 Nodes Found 窗口中出现工程中所有端口的引脚名（如果此对话框中的 List 不显示引脚名，则需要重新使用 Processing→Start Compilation 命令重新编译一次，然后再重复以上操作过程）。应当指出，对于一个大的工程，节点和引脚不完全一致，引脚只是节点的一部分。但是在 COUNTER 这种小工程中，节点和引脚信号完全是一致的。

用鼠标将引脚信号 rs、clk 和 count_out 拖到波形编辑窗口，然后关闭 Node Finder 对话框。单击波形编辑窗口右边的“全屏显示”按钮，使波形编辑窗口在主工作区内全屏显示，如图 5.23 所示。图 5.23 中左边的工具栏是波形编辑器工具栏。

5. 编辑输入信号波形（输入信号激励）

COUNTER 有两个输入信号 clk 和 res，一个输出信号 count_out。单击图 5.23 中的 clk 信号，使之变成蓝色条，成为活动信号，同时波形编辑窗口工具条激活，如图 5.24 所示。由于 clk 是时钟信号，因此单击 Overwrite Clock 菜单按钮，弹出 Clock 对话框，如图 5.25 所示。在周期（Period）文本框内输入 200.0（ns），占空比（Duty cycle）文本框内选

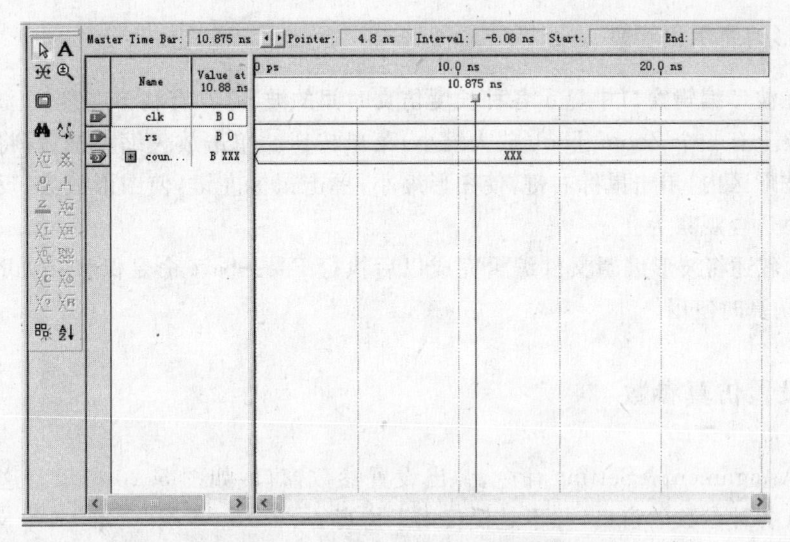

图 5.23　有信号后的波形编辑窗口

择默认值50%，单击OK按钮结束时钟设置。单击图5.24中的rs信号，使之成为活动信号。由于rs不是周期信号，因此需要波形编辑。首先单击Forcing High(1)(强置1)菜单按钮，使rs强制为1；单击Waveform Editting Tool(波形编辑工具)按钮，然后将波形编辑光标移到rs波形上，按住鼠标左键从rs波形开始处一直向右拖，直到240ns处止，则在0～240ns之间，rs信号为低电平。

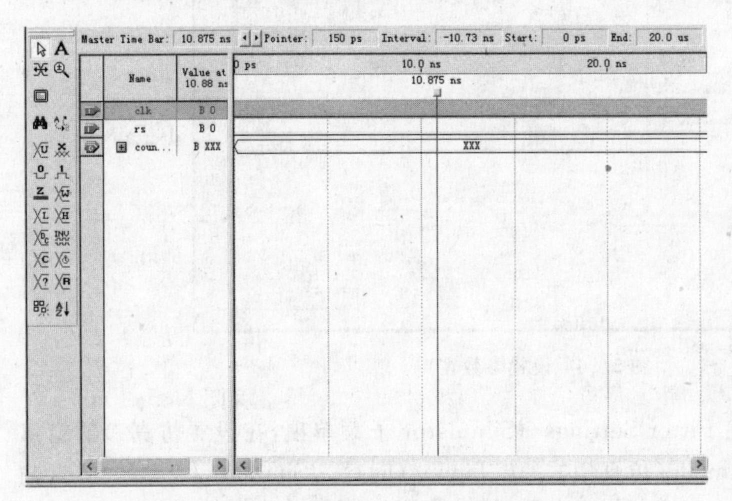

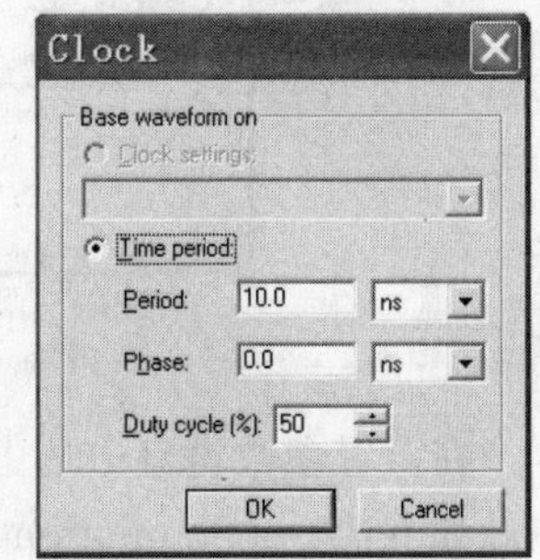

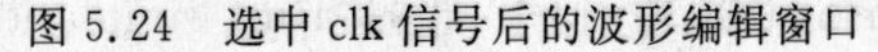
图 5.24　选中clk信号后的波形编辑窗口　　　　图 5.25　Clock对话框

6. 总线数据格式设置

单击图5.23中count_out信号左边的＋按钮，则将count_out信号代表的每个分量显示出来。双击count_out信号的图标，将弹出count_out数据格式的对话框，可以根据需要设置count_out的数据格式。

7. 波形的显示和观察

为了在波形编辑窗口中显示各种长度仿真时间的波形，并有利于观察，在波形编辑窗菜单工具条上有一个 Zoom Tool(放大缩小)菜单按钮。单击放大缩小按钮，将放大缩小光标移到波形区内，单击鼠标右键，使图形缩小；单击鼠标左键，使图形放大；反复操作直到图形大小适合观察为止。

按上面叙述将波形编辑文件编辑完成以后执行 File→Save 命令保存 COUNTER. vwf 文件，以备仿真时使用。

5.4.2 设置仿真参数

执行 Assignment→Setting 命令，弹出设置参数窗口，如图 5.26 所示。这是一个设置 Quartus 各种参数的窗口，并不是仅仅用于仿真的。

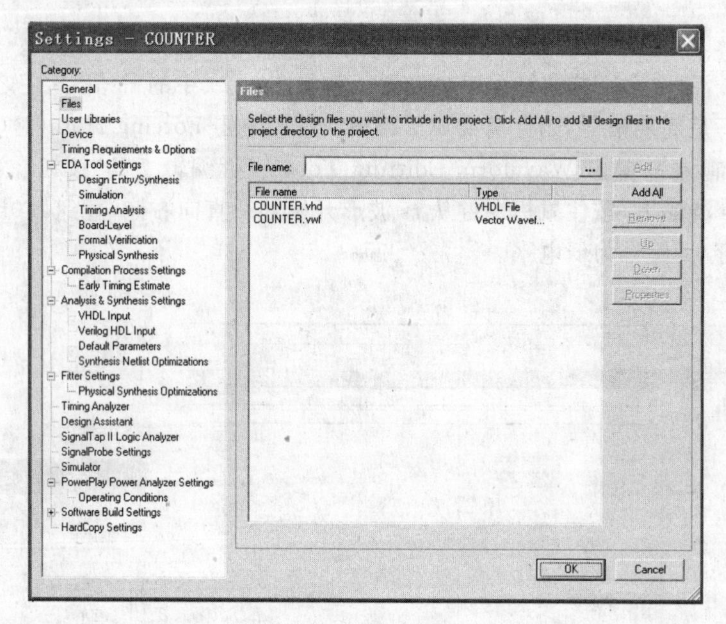

图 5.26 设置参数窗口

在设置参数窗口中选中 Fitter Settings→Simulator 子菜单项，在设置仿真参数窗口中做如下选择：Simulation mode(仿真模式)选 Timing(时序)，Simulation input(仿真输入)选 COUNTER. vwf，Simulation period(仿真时间)选择 Run simulation until all vector stimuli are used(全程仿真)，选中 Automatically add pins to simulation output waveforms (自动加引脚到输出波形图)，选中 Glitch detection(毛刺检测)且毛刺宽度设置为 2ns，选中 Simulation coverage reporting(覆盖仿真报告)，选中 Overwrite input simulation file with simulation results(用仿真结果重写仿真输入文件)，选中 Generate signal Activity file(产生信号动作文件)且文件名为 COUNTER. saf。设置完参数后的设置参数窗口如图 5.27 所示，最后单击 OK 按钮确认仿真参数设置。

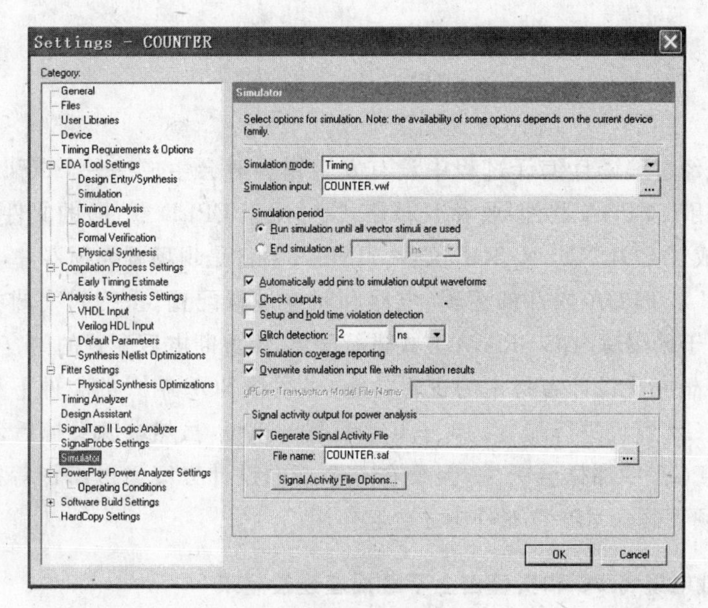

图 5.27 仿真参数设置

5.4.3 启动仿真且观察波形

执行 Processing→Start Simulation 命令,直到在信息窗口出现"Quartus ⅡSimulation was successful"。表示仿真成功,仿真结束。仿真波形图通常会自动弹出。如果这时无法展开波形图上的所有波形,可以在波形区域内单击鼠标右键,这时弹出 Zoom 菜单,在菜单中单击合适的选项,可以对波形图放大或者缩小,直到合适为止,如图 5.28 所示。

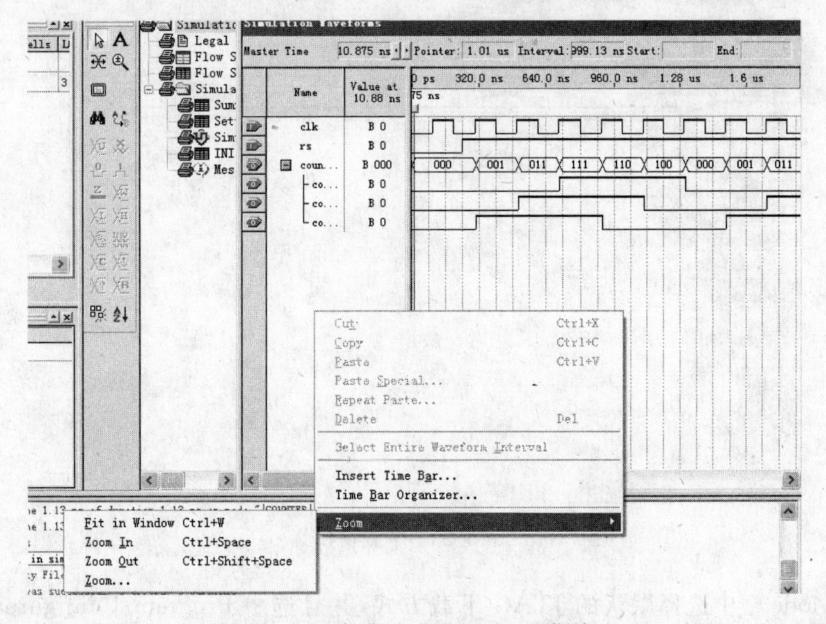

图 5.28 仿真波形图和 Zoom 菜单

5.5 下载

一个工程经过编译且编译过程中没有发生错误时会生成一种 SOF(SRAM Object File)格式(适用于 FPGA 器件)或者 JED 格式(适用于 CPLD 器件)的文件。在前面的步骤中,我们生成了 COUNTER.SOF 文件。FPGA 器件是现场可编程器件,通过写 FPGA 内部的 SRAM 对 FPGA 内部的逻辑、电路和互连进行配置(重构),完成指定的逻辑功能。FPGA 由于采用写内部 SRAM 方式进行配置,因此断电后配置的内容会丢失。一个 FPAG 器件要想完成设计者指定的逻辑功能,必须将 SOF 格式的文件下载到 FPGA 器件中去,对 FPGA 器件进行配置。对于 CPLD 器件来说,虽然电源关掉后,CPLD 中的配置信息不像 FPGA 中那样会丢失,但是在一个新的设计方案经过编译等操作后形成的 JED 文件,必须下载到 CPLD 器件中才会起作用。

1. 用下载电缆将 PC 和实验台上下载插座连接起来

由于下载不仅涉及软件问题,而且涉及硬件问题,因此首先要对硬件进行设置。首先要将下载电缆一头接 PC 的并行口,一头接实验台的 JTAG 插座,然后打开实验台的电源。注意:不要带电插拔下载电缆,下载电缆连接的是计算机的并行口,因此插拔下载电缆时要关掉实验台电源,不要带电操作,否则可能烧坏器件。

2. 设置下载方式和下载的文件

执行单击 Tools→Programmer 命令,弹出如图 5.29 所示的窗口。

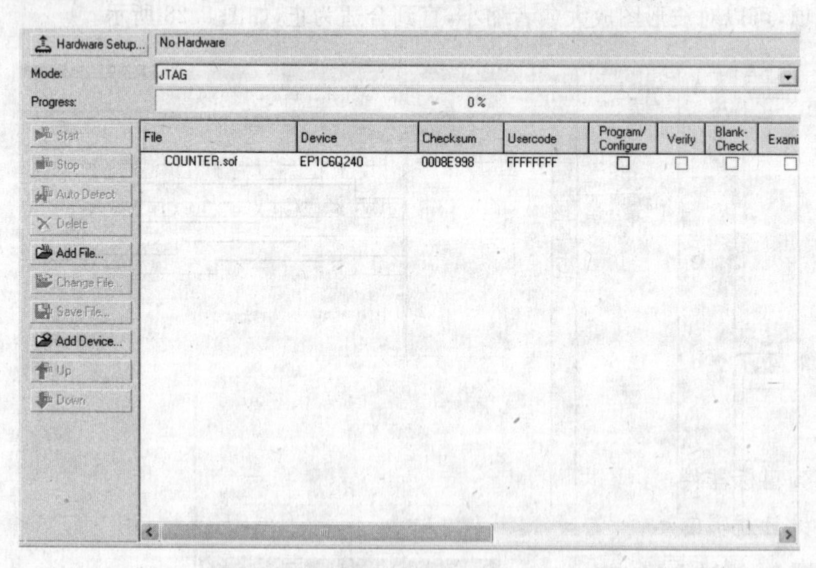

图 5.29 下载窗口

在 Mode 框中选择默认的 JTAG 下载方式,并且选中 Program/Configure(编程/配置)复选框。由于是在COUNTER工程中下载,因此下载的文件默认为COUNTER.sof。

3. 在Quartus Ⅱ中建立下载硬件(可选)

如果是第一次在Quartus Ⅱ中进行下载操作,首先应当是建立下载硬件。单击图5.29下载窗口中Hardware Setup(建立硬件)按钮,弹出建立硬件窗口,如图5.30所示。单击Hardware Settings选项卡,选择建立硬件。单击Add Hardware按钮,则在Available hardware items(可用的硬件项)框内出现ByteBlaser Ⅱ[LPT1]。这时在Currently selected hardware(当前选中的硬件框内选中ByteBlaser Ⅱ[LPT1]。最后单击Close按钮,建立下载硬件过程结束。

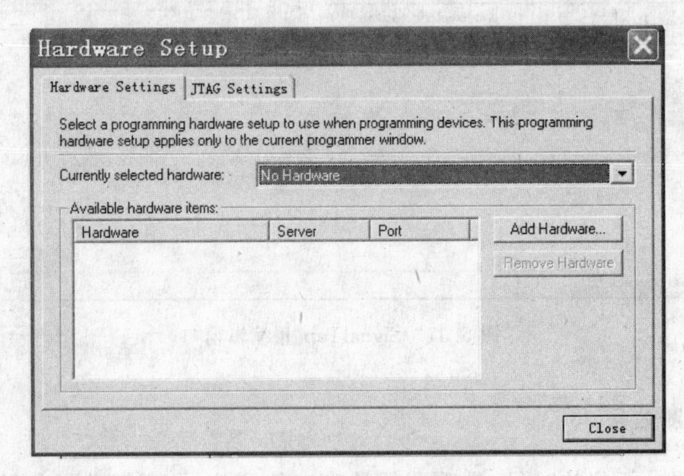

图5.30 建立硬件窗口

4. 启动下载

单击下载窗口中的Start按钮,启动下载进程。当Progress框显示出100%,以及在Quartus Ⅱ主窗口底部的结果信息区出现Configuration Suceeded时下载成功。

5.6 使用嵌入式逻辑分析仪进行实时测试

随着设计的电路越来越复杂,有时单靠在计算机上使用软件仿真不能完全弄清楚设计中存在的问题,而且也很费时间。为了解决复杂的硬件问题,有时往往需要使用逻辑分析仪。Quartus Ⅱ中就嵌入了一个名为SignalTap Ⅱ的逻辑分析仪。它可以随设计文件一并下载到目标器件中,用以捕捉器件内部设计者指定信号的状态。SignalTap Ⅱ的运行独立于设计逻辑的运行,由另外的逻辑实现。它将测得的信息存放于器件内部的嵌入式RAM中,检测结束后通过JTAG接口和下载电缆传送给PC,供Quartus Ⅱ分析。需要说明的是,CPLD器件内部一般没有嵌入逻辑分析仪功能。

本节以3位格雷码计数器COUNTER为例说明SignalTap Ⅱ的使用方法。

1. 打开 SignalTap Ⅱ编辑窗口

执行 File→New 命令，在新文件对话框中，选中 Other Files 中的 SignalTap Ⅱ File 类型，然后单击 OK 按钮，出现如图 5.31 所示的 SignalTap Ⅱ编辑窗口。

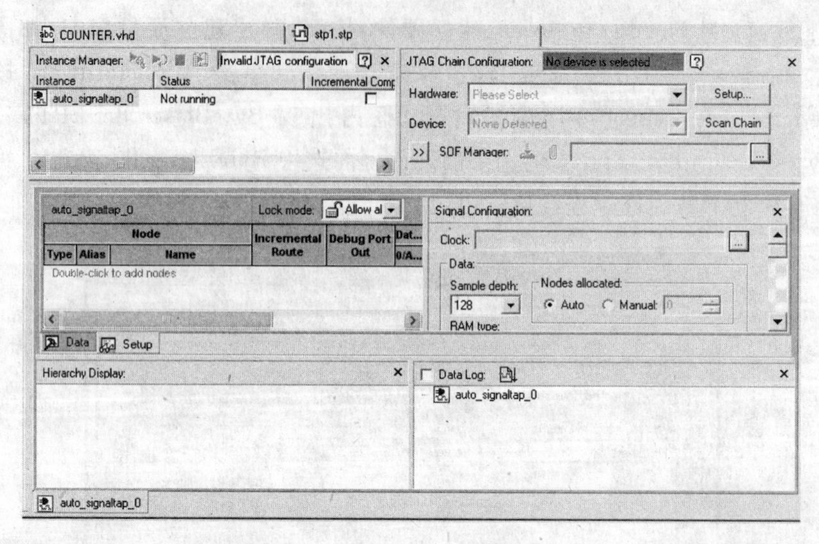

图 5.31 SignalTap Ⅱ编辑窗口

2. 确定待测信号

在使用逻辑分析仪的时候，最重要的是确定待测信号、逻辑分析仪的时钟和触发条件。因此我们首先确定待测信号。

观察一下 Instance(例化)框，框内有一个 auto_signaltap_0。由于 COUNTER 是一个只有一个模块的小工程，因此单击 auto_signaltap_0，然后将其改为 COUNTER。这时下面框的框名从 auto_signaltap_0 自动变成了 COUNTER。如果工程是个层次结构的大型工程，则只选择被测试的模块(即怀疑有问题的模块)。

COUNTER 框内有一行小字"Double-click to add nodes"(为了加节点，双击)。按照提示，在 COUNTER 框内空白处双击，即弹出 Node Finder(找节点)对话框，如图 5.32 所示。

在 Node Finder(找节点)对话框中，单击 List 按钮，则在 Nodes Found(找到的节点)框内出现 COUNTER 工程中的所有节点。双击 rs 节点信号和 count_out 节点信号，将它们放入 Selected Nodes(选中的节点)框内，然后单击 OK 按钮，关闭对话框。由于打算使用 clk 作为逻辑分析仪的采样时钟信号，因此它不放入 Selected Nodes(选中的节点)框。逻辑分析仪的时钟信号并不一定选择工程的主时钟，也可能选择读信号、写信号或者其他信号，根据具体情况而定。总线信号 count_out 已经放入 Selected Nodes 框，它的具体分量就不要一一放入。由于目标器件内部的 RAM 资源有限，对查找问题无实际作用的信号一定不要放入。这样一来不仅减少了占用目标器件内部 RAM 的资源，也使得将来分析问题更容易。如果需要待测的信号太多，建议不要一次把所有待测信号放入 Selected Nodes(选中的节点)框进行测试，而采取对待测信号分批进行测试，然后对几次测试结果进行综合

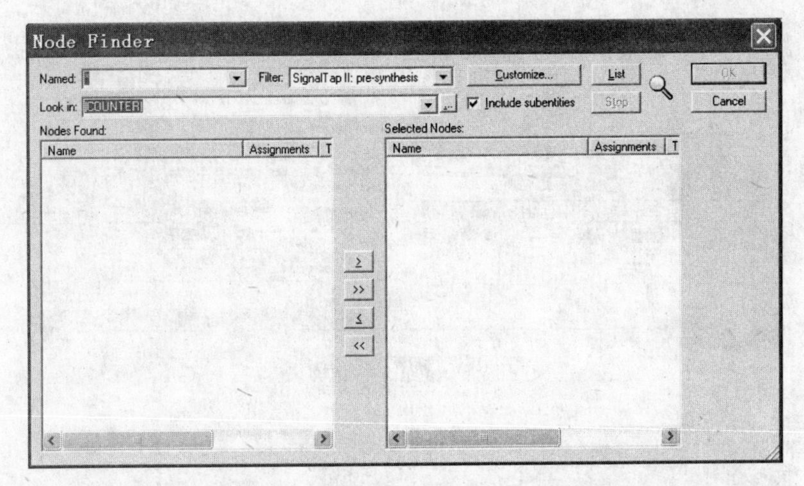

图 5.32　Node Finder(找节点)对话框

分析。上述这些都是使用逻辑分析仪的基础知识,对使用 SignalTap Ⅱ也是适用的。

3. SignalTap Ⅱ参数设置

在图 5.31 中 Hardware 下拉列表框中选择 ByteBlaser Ⅱ[LPT1]作为下载端口。如果这时实验台已打开电源,且 PC 打印机口和实验台已通过下载线连接,则 Quartus Ⅱ自动扫描上的硬件,找到链中的 FPGA 器件。

Signal Configuration 框中的各参数选择:

(1) Clock 信号,单击 clock 栏右边的"浏览"按钮,弹出一个与图 5.25 完全一样的对话框,选择 clk 作为内嵌逻辑分析仪的采样时钟。

(2) Data 小框中的 Sample depth(采样深度)选取默认的 128。应当注意:待测的信号越多,采样深度越大,占用目标器件内部的 RAM 资源越多。因此采样深度以够用为止,不可盲目认为采样深度越大越好。

(3) Buffer acquisition mode(缓存获取方式)小框中选择 Circular(循环)栏中的 Center trigger position。也就是说在屏幕上观察被测信号时,信号以触发位置为中心(中间位置)在屏幕上显示。

(4) Trigger(触发)小框中 Trigger levels(触发级)选择 1。SignalTap Ⅱ允许多级触发。所谓多级触发是指各级触发条件都满足后才触发对信号采样。实际上信号一直被采样,只是当满足所有触发条件后,触发前后的数据才保存下来。

(5) 选中 Trigger in 复选框。在 Source 栏中选择 rs 信号,在 Pattern[位型]栏选择 Rising Edge[上升沿]。即 rs(复位)信号的上升沿触发采样。

上述步骤完成后,设置参数后的图见图 5.33。执行 File→Save As 命令保存文件,将默认的文件名改为 COUNTER.stp,以便于记忆。保存文件时会产生提示:

```
Do you want to enable SignalTap Ⅱ File "COUNTER.stp" for the current project?
```

回答 Y,表示再次编译时同意将 COUNTER.stp 与工程 COUNTER 一起编译,以便将 COUNTER.stp 一同下载到 FPGA 器件中去。应该注意的是,当利用 SignalTap Ⅱ对工程中

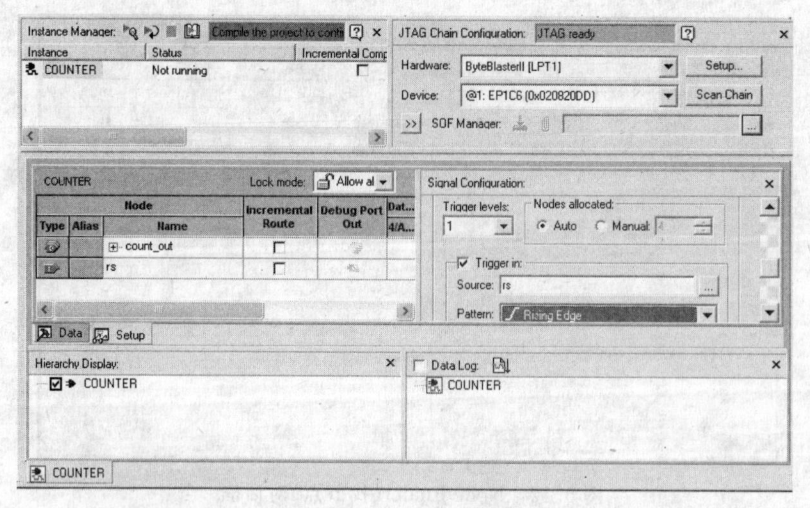

图 5.33　设置参数后的 SignalTap Ⅱ窗口

的信号进行必要的测试后，如果形成正式产品，不要忘了将 SignalTap Ⅱ文件去掉。

4. 编译、下载、启动采样分析

将 COUNTER 工程重新编译后下载。由于工程中有 SignalTap Ⅱ文件，因此下载后一般会自动出现弹出 SignalTap Ⅱ窗口，在窗口中单击 Data 按钮，则出现采样数据窗口。然后单击 SignalTap Ⅱ窗口最上方的 Ready to acquire 框左边的红色箭头，启动采样。这时与工程 COUNTER 一同下载到 FPGA 中的 COUNTER.stp 开始以 clk 为采样时钟开始对被测信号采样。这时需按实验台上的 CPU 复位按钮，使之满足触发条件（即 rs 上升沿）。满足触发条件后，将在触发条件前后的采样数据存储。采样结束后 COUNTER.stp 将采样数据通过下载线上传到 SignalTap Ⅱ，在 Data 窗口中出现采样波形，如果想看 count_out 的各分量，可单击它右边的＋号，波形如图 5.34 所示。

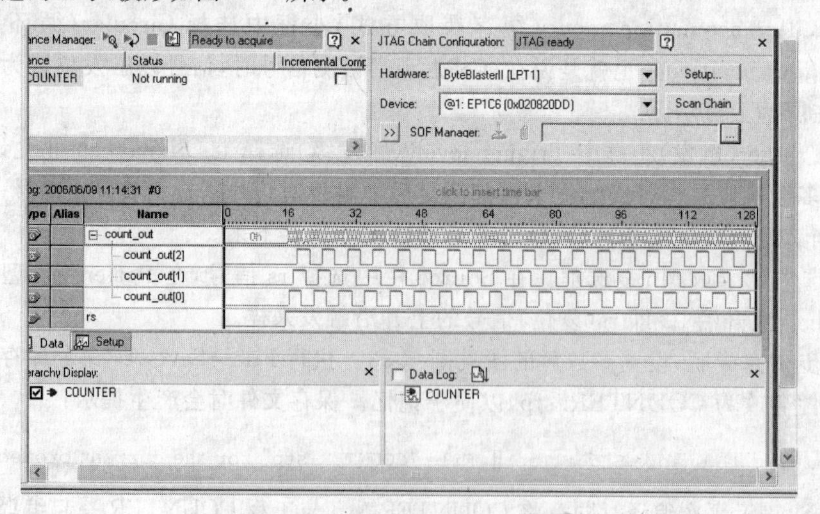

图 5.34　逻辑分析仪采样后的数据

5.7 原理图和VHDL语言程序的层次结构设计

原理图不属于VHDL范畴，但是在各种EDA工具中，一般都有原理图功能。原理图和VHDL语言程序结合在一起，能够进行层次结构设计。构成层次结构的设计方法有两种，一种是原理图作为高层模块，一种是原理图作为低层模块。就通常的设计习惯而言，一般用原理图作为高层模块使用。各种EDA软件对原理图的绘制方法以及原理图和VHDL模块的连接方法并不完全一致。下面以Quartus Ⅱ为例，说明如何使用原理图和VHDL进行层次结构设计。使用的例子是由2个与门和1个或门构成与或门电路。具体步骤如下：

(1) 启动Quartus Ⅱ。

(2) 使用File菜单中的File→New Project Wizard命令建立一个名字为“TEST”的工程。

(3) 使用File菜单中的File→New命令建立一个名字为“and_gate”、类型为VHDL的新文件。

(4) 在“and_gate”中输入下列内容，输入结束后将该文件保存。

```
library ieee;
use ieee.std_logic_1164.all;

entity and_gate is
port(a1,a2:in std_logic;
    b1: out std_logic);
end and_gate;

architecture behav of and_gate is
begin
   b1<= a1 and a2;
end behav;
```

(5) 使用File菜单中的File→Creat/Update→Creat Symbol Files For Current File命令产生一个名字为“and_gate”、类型为原理图的新文件。

(6) 使用File菜单中的File→New命令建立一个名字为“or_gate”、类型为VHDL的新文件。

(7) 在“or_gate”中输入下列内容，输入结束后将该文件保存。

```
library ieee;
use ieee.std_logic_1164.all;

entity or_gate is
port (a1,a2: in std_logic;
```

```
        b1:    out std_logic);
    end or_gate;

    architecture behav of or_gate is
    begin
       b1<=a1 or a2;
    end behav;
```

(8) 使用 File 菜单中的 File→Creat/Update→Creat Symbol Files For Current File 命令产生一个名字为“or_gate”、类型为原理图的新文件。

(9) 使用 File 菜单中的 File→New 命令建立一个名字为“test”、类型为原理图(Block Diagram/Schematic)的新文件。新文件建立后,屏幕上出现了一个如图 5.35 所示的原理图编辑窗口。

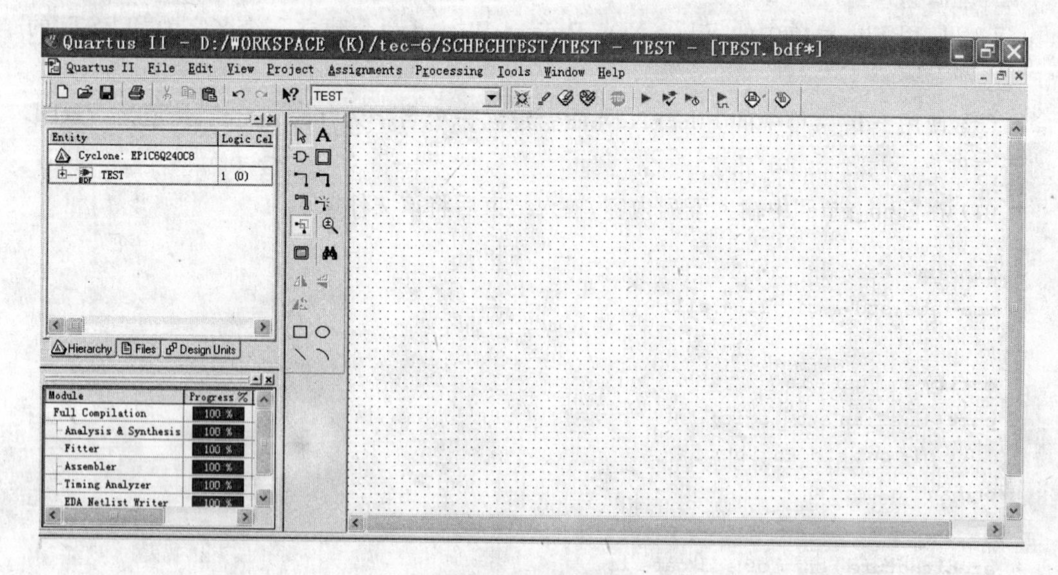

图 5.35 原理图编辑窗口

在图 5.35 中,带格子的空白区为原理图编辑区,原理图编辑区左边为工具棒,用于输入和编辑原理图。也可以使用菜单条输入和编辑原理图。

(10) 使用 Edit 菜单中的 Edit→Insert Symbol 命令插入 2 个“and_gate”。

图 5.36 是 Insert Symbol 命令菜单。

执行 Insert Symbol 命令后出现如图 5.37 所示的窗口,将窗口中的 Repeat-insert mode 可选操作置为选中方式(√),在窗口中选中 and_gate,然后单击 OK 按钮。

连续将 2 个 and_gate 放在原理图中希望的位置。右击结束这次的操作。

(11) 使用步骤(10),将 1 个 or_gate 放入原理图编辑区。放入后的原理图编辑区见图 5.38。

(12) 使用菜单命令或者工具条将 4 个 INPUT 类的 I/O 和 1 个 OUTPUT 类的 I/O 引脚放进原理图,并用信号线将相应端口信号或者 I/O 引脚连接在一起。连接后的原理图如图 5.39 所示。

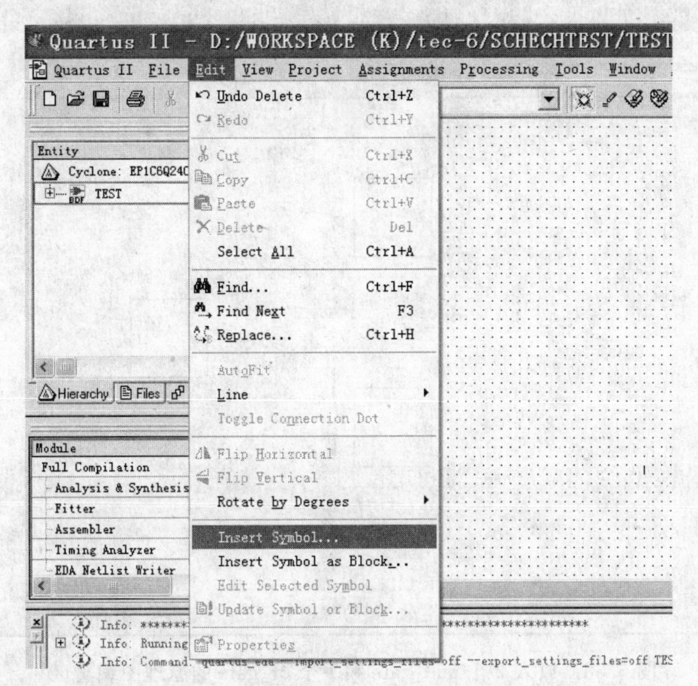

图 5.36 Insert Symbol 菜单命令

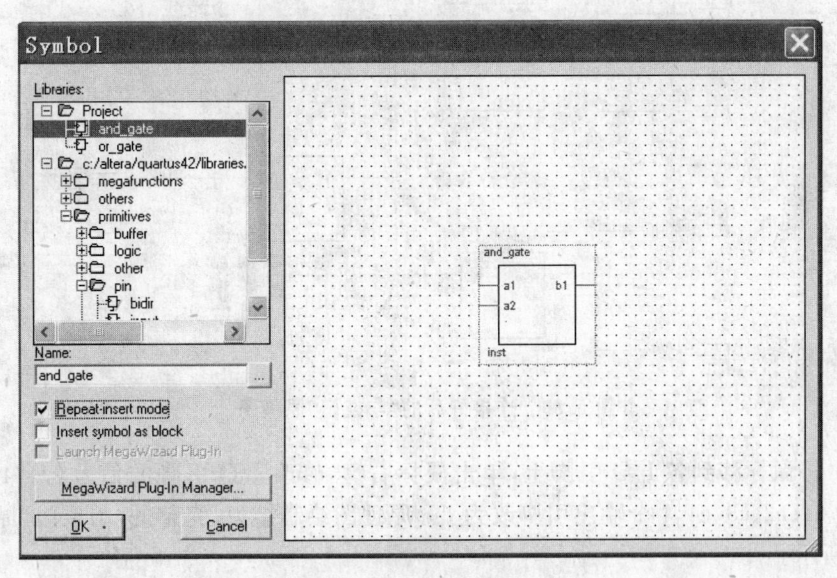

图 5.37 选择 Symbol(元件)窗口

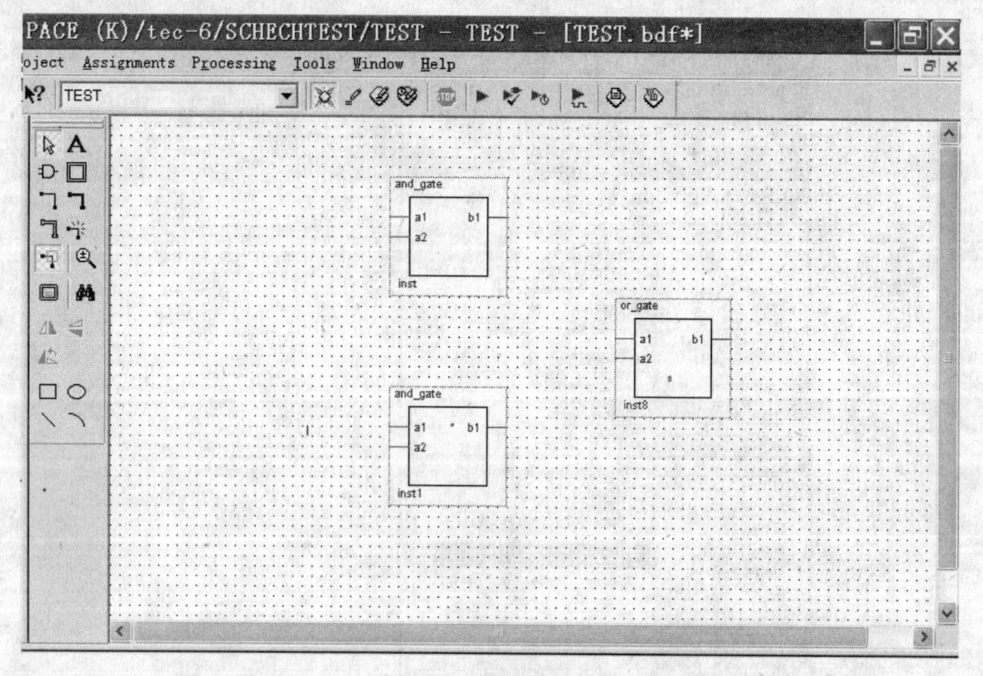

图 5.38 放入 2 个 and_gate 和 1 个 or_gate 的原理图编辑区

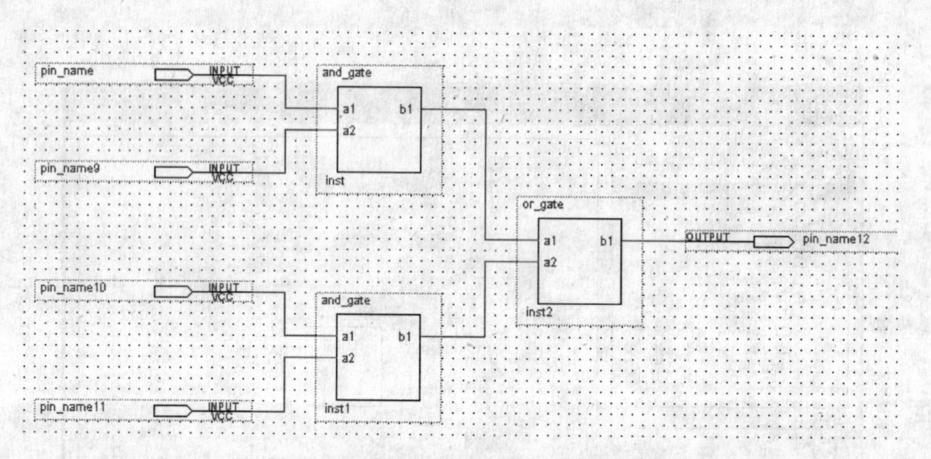

图 5.39 连接好后的“与或门”原理图

(13) 将鼠标移到各 I/O 引脚上,单击鼠标右键,修改 I/O 引脚的信号名。4 个输入引脚改为 c1、c2、c3、c4,1 个输出引脚改为 d。原理图绘制结束,完整的“与或门”原理图如图 5.40 所示。

从以上步骤可以看出,用原理图和 VHDL 进行层次结构设计的关键有两点。一是将 1 个用 VHDL 写成的设计实体变成一个原理图元件,二是在绘制原理图时将 VHDL 设计实体作为一个 Symbol 插入。

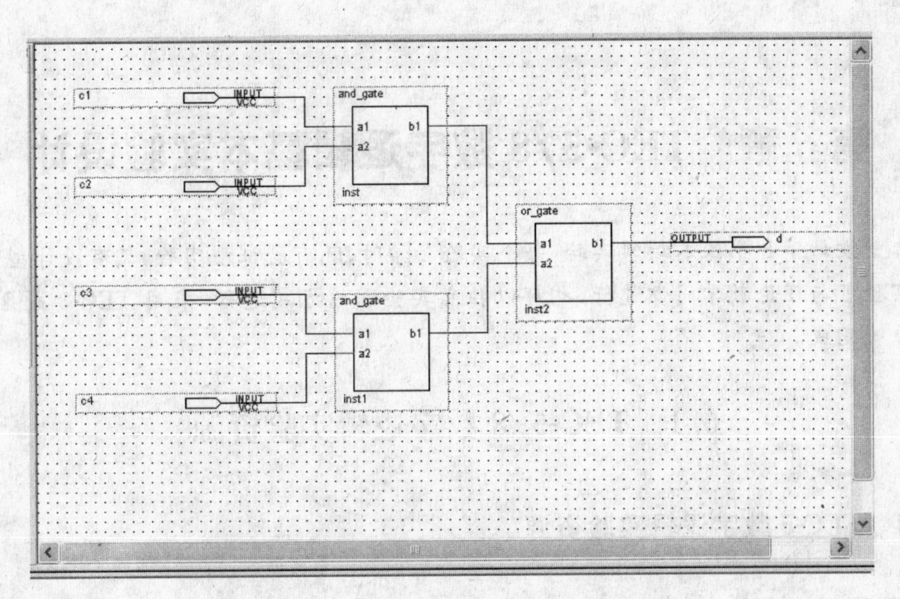

图 5.40　修改 I/O 引脚后的“与或门”原理图

第6章　TEC-5/8数字逻辑基本实验设计

本章设计了8个基本教学实验，每个实验2学时，既有验证型实验，又有设计型实验。这些实验可与理论教学同步进行，也可以独立实验课的方式进行，采用TEC-5或TEC-8实验系统完成。

6.1　TEC-5/8数字逻辑实验资源

6.1.1　TEC-5数字逻辑实验资源

TEC-5实验系统参见第2章图2.1。它能够满足数字逻辑课程的基本教学实验，也可以进行大型综合性设计实验。

1. 基本实验通用区

基本实验通用区位于TEC-5实验台的左上部。其中安排了6个14芯、2个16芯、2个20芯、1个28芯双列直插插座，供使用中、小规模IC器件做基本实验用途。

2. 大容量可编程逻辑器件

位于TEC-5实验台的左下部，使用了一片ispLSI 1032E-70PLCC 84器件，学生用来完成各种大型综合设计实验课题。

3. 开关和指示灯

TEC-5实验台的右下部有16个双位电平开关S0～S15，12个发光二极管L0～L11，用来进行二进制代码设置和显示用。其中每个开关和发光二极管上边都有对应的锁紧式插孔。开关上边的插孔用于信号输出：开关位置拨向上则输出逻辑1，开关位置拨向下则输出逻辑0。发光二极管插孔输入逻辑1时，对应二极管“亮”，发光二极管插孔输入逻辑0时，对应二极管“灭”。

4. 数码显示管和喇叭

TEC-5实验台的右上部有6个8421编码驱动的数码显示管，用来进行十进制显示。有1个喇叭，用来输出声音。这些声光资源可用来进行较复杂实验。

5. 时钟信号源与单脉冲按钮

TEC-5实验台提供500kHz、50kHz、5kHz三种时钟信号源，可以供实验者选择。

TEC-5实验台上有3个单脉冲按钮CLR、QD、PULSE，用于产生单脉冲。每个按钮上边有2个对应的锁紧插孔，一个输出正脉冲，一个输出负脉冲。

6. 一条扁平电缆

当进行大型综合设计实验时，需要通过扁平电缆将计算机的输出信号与大容量可编程器件isp 1032E的引脚连接，还需要将isp 1032E的输出与实验台上的时钟信号、显示部分等连接。

7. 电源

电源部分由1个模块电源、1个电源插座、1个电源开关和1个红色指示灯组成。电源模块通过四个螺钉安装在实验箱底部。它输出＋5V电压，最大负载电流3A，具有抗＋5V对地短路功能。

6.1.2 TEC-8数字逻辑实验资源

TEC-8实验系统参见第2章图2.2。它能够满足数字逻辑课程的实验要求，既可以进行基本实验，也可以进行大型综合性设计实验。

1. 基本实验通用区

基本实验通用区位于TEC-8实验台的左上部，里面安排了4个14芯、2个16芯、2个20芯、1个24芯、1个28芯双列直插插座，供使用中、小规模器件做基本实验用。另外在实验台的中下部还有1个500欧的电位器，当电位器的一端接＋5V、另一端接地后，旋转电位器可以改变电位器中间抽头的电压。它可以作为数字器件的输入电压，供测试器件的输入、输出特性使用。

2. 时钟信号发生器

它能产生7路时钟信号。这7路时钟的频率分别是1MHz、100kHZ、10kHz、1kHz、100Hz、10Hz、1Hz，占空比为50%。

其中1MHz信号就是TEC-8的主时钟MF；100kHz、10kHz信号可以通过短路子DZ3和DZ4进行2选1选择，产生信号CP1；1kHz、100Hz信号可以通过短路子DZ5和DZ6进行2选1选择，产生信号CP2；10Hz、1Hz信号可以通过短路子DZ7和DZ8进行2选1选择，产生信号CP3。

注意：短路子DZ3和DZ4不能同时短接；短路子DZ5和DZ6不能同时短接；短路子DZ7和DZ8不能同时短接。

时钟信号MF、CP1、CP2和CP3可通过插孔输出，或者通过扁平电缆连接到EPM7128的引脚。

3. 开关和指示灯

TEC-8 实验台上有 16 个双位开关 S0～S15，12 个发光二极管 L0～L11。这些开关和发光二极管上边都有对应的插孔。开关上边的插孔用于信号的输出，发光二极管上边的插孔用于信号的输入。当开关拨到朝上位置时，对应插孔输出 1；当开关拨到朝下位置时，对应插孔输出 0。插孔输入 1 时，对应发光二极管亮；当插孔输入 0 时，对应发光二极管灭。

4. 单脉冲按钮

TEC-8 实验台上有 3 个单脉冲按钮 CLR、QD、PULSE，用于产生单脉冲。每个按钮上边有 2 个对应的插孔，一个输出正脉冲，一个输出负脉冲。当按一次按钮时，对应的正脉冲插孔输出一个正脉冲，对应的负脉冲插孔输出一个负脉冲，脉宽等于按钮按下的时间。

5. 大型综合实验资源

为了进行大型综合设计实验，TEC-8 上安排了如下实验装置。

(1) 大型综合设计实验使用 EPM7128 器件作为主要器件。

(2) 6 个数码管及驱动电路。

(3) 喇叭及驱动电路。

(4) 12 个模拟交通指示灯及驱动电路。

(5) VGA 接口及驱动电路。

(6) 一条扁平电缆。

当进行大型综合设计实验时，有些实验需要通过扁平电缆将需要的信号和器件 EPM7128 的引脚连接。扁平电缆的一端接 34 芯插座 J6(J6 和 EPM7128 的引脚相连)；另一端分为三部分，第一部分接 16 芯插座 J8(J8 和开关 S15～S0 相连)；第二部分接 12 芯插座 J4(J4 和 12 个发光二极管 L11～L0 相连)或者接 12 芯插座 J1(J1 和数码管 LG2、LG1 的驱动相连)；第三部分接 6 芯插座 J5(J5 和时钟信号发生器产生的时钟信号以及正脉冲 QD、PULSE 相连)。

6.2 基本逻辑门和三态门实验

1. 实验类型

本实验类型为验证型。

2. 实验目的

(1) 掌握基本逻辑门和三态门的主要特性和参数的测试方法，加深对其物理意义的理解，建立数量级的概念。

(2) 掌握用三态门构成总线的特点和方法。
(3) 学会测量 TTL 门电路的延迟时间，了解它对电路的影响。
(4) 掌握数字逻辑电路所用的仪器设备，初步掌握示波器的使用。
(5) 熟悉 TTL 器件的外形、管脚、使用方法。

3. 实验设备环境

二输入四与非门	74LS00	两片
二输入四异或门	74LS86	一片
三态输出的四总线缓冲门	74LS125	一片
万用表或逻辑笔		一只
示波器		一台
TEC-5 实验系统		一台

4. 实验内容和要求

(1) 测试二输入四与非门 74LS00 一个与非门的输入和输出之间的逻辑关系。
(2) 测试二输入四异或门 74LS86 一个异或门的输入和输出之间的逻辑关系。
(3) TTL 与非门延迟时间 $\overline{t}_y$ 的测试。

按图 6.1 接线，将 100kHz 的脉冲信号与门 1 的输入端相连，同时用示波器的 CH1 通道观察输入端波形。门 4 的输出端接示波器的 CH2 通道。调节示波器，在屏上显示如图 6.2 所示的波形。读出 t_1 和 t_2，按式(6-1)计算出 TTL 与非门的每个门的平均延迟时间 $\overline{t}_y$。

$$\overline{t}_y = \frac{t_1 + t_2}{8} \tag{6-1}$$

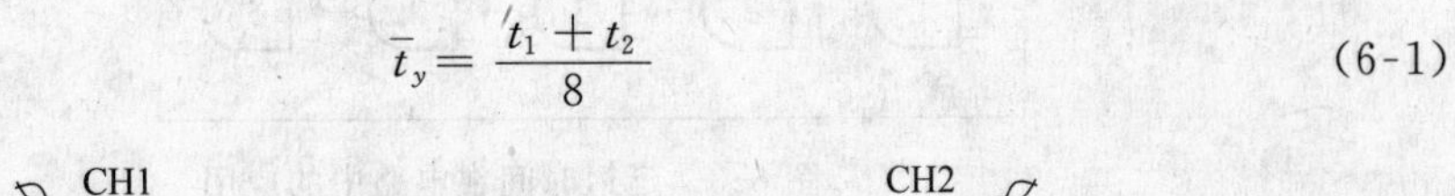
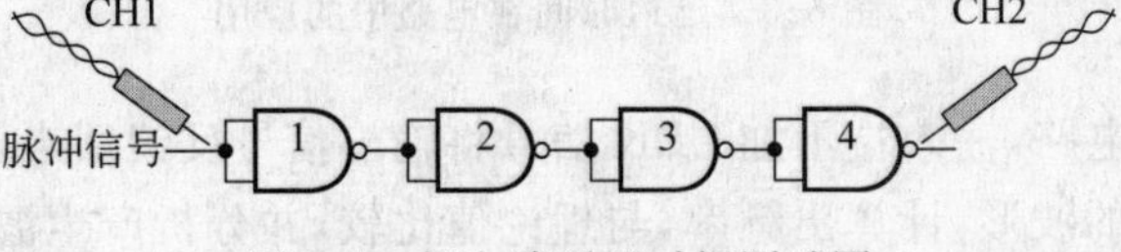

图 6.1　门电路延迟时间测试图

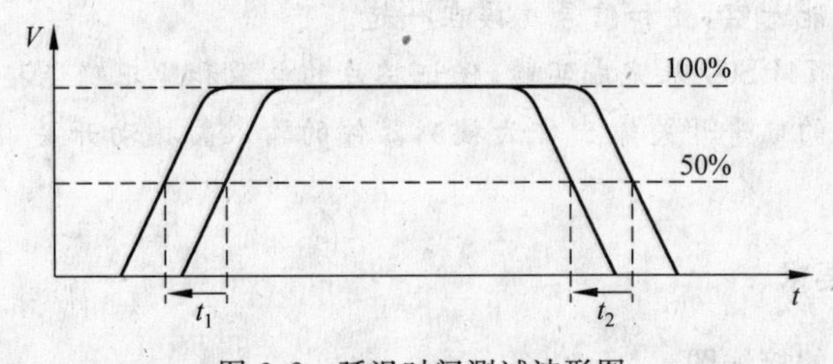

图 6.2　延迟时间测试波形图

5. 实验步骤

(1) 将被测器件插入实验台上的插座中。

(2) 将器件的电源与地引脚与实验台上的地(GND)与+5V连接。

(3) 用实验台上的电平开关输出作为被测器件的输入。拨动开关，则改变器件的输入电平。

(4) 将被测器件的输出引脚与实验台上的电平指示灯连接。指示灯亮表示输出电平为1，指示灯灭表示输出电平为0。

(5) 在进行TTL与非门延迟时间 $\bar{t}_y$ 的测试时使用一片74LS00即可。

(6) 74LS125三态门的输出负载为74LS00一个与非门输入端。74LS00同一个与非门的另一个输入端接低电平，测试74LS125三态门三态输出、高电平输出、低电平输出三种情况的电压值。同时测试74LS125三态输出时74LS00输出值。

(7) 74LS125三态门的输出负载为74LS00一个与非门输入端。74LS00同一个与非门的另一个输入端接高电平，测试74LS125三态门三态输出、高电平输出、低电平输出三种情况的电压值。同时测试74LS125三态输出时74LS00输出值。

(8) 用74LS125两个三态门构成一条总线。两个使能控制端一个为低电平，另一个为高电平。一个三态门的输入接5kHz信号，另一个三态门的输入接50kHz信号。用示波器观察三态门的输出。

6. 可研究与探索的问题

思考图6.3所示的电路，对其做理论上的分析，它是什么性质的电路？

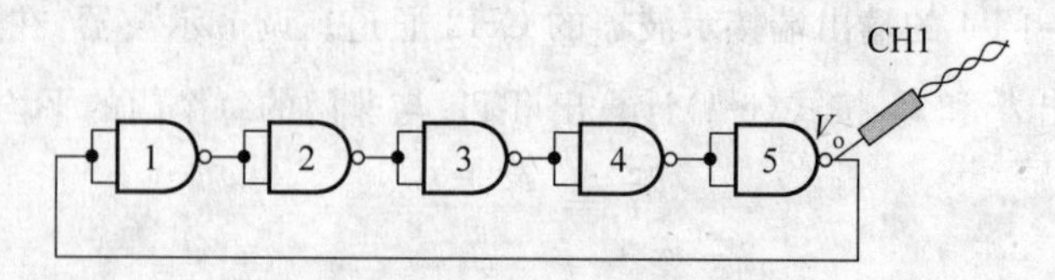

图6.3 延迟时间在电路中的应用

按图6.3接好电路，输入端不加CLK信号将输出信号反馈回来，形成一个闭环电路。用示波器测量输出的波形，计算出频率，与理论值比较，并分析产生波形的原因。

注意：

(1) 输入端不能悬空，要和信号端接在一起。

(2) 须用两片74LS00来完成实验，保证芯片的电源和地正确连接。

(3) 用实验台的电平开关输出作为被测器件的输入。拨动开关，则改变器件的输入电平。

7. 实验报告要求

(1) 画出实验的接线图。

(2) 写出每个实验的实验现象，记录实验结果。

(3) 整理好实验记录，画好有关波形，对实验内容中要求分析和说明的问题认真做答。

(4) 分析实验中三态门输出电压不同的原因。

6.3 数据选择器、译码器、全加器实验

1. 实验类型

本实验类型为验证型+设计型。

2. 实验目的

(1) 熟悉数据选择器的逻辑功能。

(2) 熟悉译码器的工作原理和使用方法。

(3) 设计应用译码器的电路,进一步加深对它的理解。

(4) 掌握全加器的实现方法。

(5) 学习用中规模集成电路的设计方法。

3. 实验设备环境

双4选1数据选择器	74LS153	一片
双2-4线译码器	74LS139	一片
八双向总线发送器/接收器	74LS245	一片
二输入四与非门	74LS00	二片
二输入四异或门	74LS86	二片
万用表或逻辑笔		一只
示波器		一台
TEC-5实验系统		一台

4. 实验原理(知识点)

数据选择器又称为多路开关,其功能相当于1个单刀多掷开关,可以从多个输入数据中选择其中1个输出。选择哪路数据输出由控制端输入的数据控制。

74LS139译码器的基本逻辑功能:在芯片的使能端有效时,数据输入B、A高有效,输出$\overline{Y}_0 \sim \overline{Y}_3$为低有效。例如当$BA=11$时,$\overline{Y}_3=0$,而其他输出均为高电平。

一个全加器具有三个输入(加数A_i,被加数B_i,低位的进位信号C_{i-1}),两个输出(和数S_i,向高位的进位信号C_i)。根据真值表可得到一位全加器的逻辑表达式:

$$S_i = A_i \oplus B_i \oplus C_i$$

$$C_i = A_iB_i + A_iC_{i-1} + B_iC_{i-1} = A_iB_i + (A_i \oplus B_i)C_{i-1}$$

5. 实验内容和要求

(1) 验证数据选择器的逻辑功能。

(2) 利用译码器设计数据分配器。

(3) 用与非门和异或门设计一位全加器。

(4) 用数码选择器设计一位全加器。

6. 实验步骤

(1) 测试74LS153中一个四选一数据选择器的逻辑功能。

① 4个数据输入引脚分别接实验台上的10MHz,1MHz,500kHz,100kHz脉冲源。

② 改变数据选择引脚A,B的电平和使能端G的电平,产生4种不同的组合。

③ 观察每种组合下数据选择器的输出波形。

(2) 用2-4线译码器设计一个8通道的数据分配器,框图如图6.4所示。

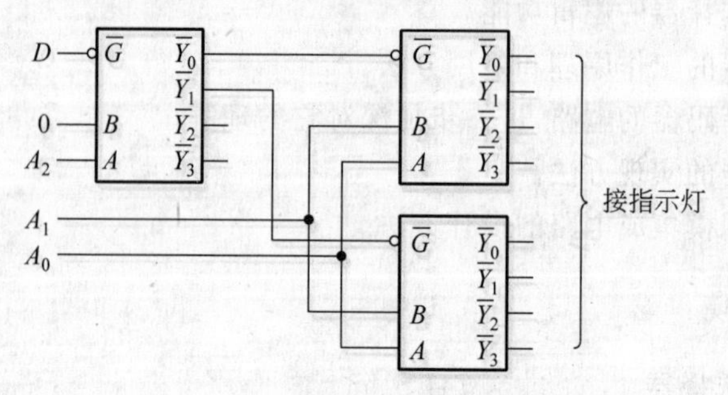

图6.4 数据分配器逻辑图

(3) 用与非门和异或门设计实现一位全加器,并验证其正确性。

要求:画出逻辑图,并标明连接线路的管脚号。

(4) 用数据选择器设计实现一位全加器,实现电路并验证其正确性。

设计电路时要合理选择地址变量,通过对函数的运算,确定各数据输入端的输入方程,画出逻辑图,标出连线管脚。

7. 实验报告要求

(1) 画出实验的接线图。

(2) 写出每个实验的实验现象和测试数据。

(3) 整理好实验记录,画好有关波形,对实验内容中要求分析和说明的问题认真做答。

6.4 触发器、移位寄存器实验

1. 实验类型

本实验类型为验证型+设计型。

2. 实验目的

(1) 掌握各类触发器的触发方式、逻辑功能及原理。

(2) 学会基本SR触发器的应用。

(3) 观察不同触发方式下的触发器的动态特性。

(4) 熟悉移位寄存器的电路结构及工作原理。
(5) 掌握中规模集成移位寄存器 74LS94 的逻辑功能及使用方法。
(6) 学习移位寄存器的应用。

3. 实验设备环境

二输入四与非门	74LS00	一片
双 JK 触发器	74LS73	一片
双 D 触发器	74LS74	两片
四位双向通用移位寄存器	74LS194	两片
万用表或逻辑笔		一只
示波器		一台
TEC-5 实验系统		一台

4. 实验内容和要求

(1) 验证 D 触发器功能。
(2) 设计基本 SR 触发器。
(3) 复习移位寄存器的工作原理。
(4) 熟悉移位寄存器 74LS194 的逻辑功能及外引线排列，学习其使用方法。
(5) 完成本实验要求的设计内容并画出有关的逻辑图和布线图。

5. 实验步骤

(1) 使用 74LS74 测试 D 触发器功能

观察 CLR(复位)、PR(置位)端接入高低电平对 D 触发器输出的影响。记录并分析当 D 引脚接 1MHz 脉冲源，CP 引脚接 10MHz 脉冲源时输入及输出的波形情况。

(2) 用 74LS00 与非门构成一个基本 SR 触发器

将 R 和 S 端接至开关，输出接至发光二极管。拨动开关，观察输出的情况。

(3) 移位寄存器

用两片 74LS74 双 D 触发器构成右移寄存器。按图 6.5 接线，将 4 个 D 触发器构成右移寄存器，然后存入 1011 四位数据。并记录于表格中。

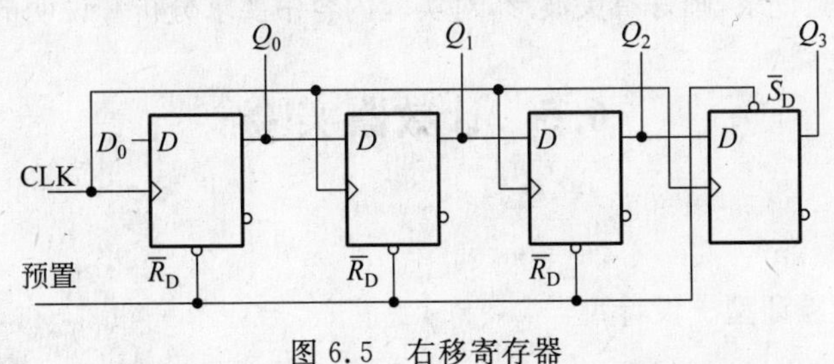

图 6.5 右移寄存器

(4) 将 D_0 与 Q_3 相连构成右移循环计数器，先将寄存器预置成 $Q_0Q_1Q_2Q_3=0001$，然后在 CLK 端输入单次脉冲，移位寄存器实现右移功能，根据输出端发光二极管的亮和暗观察寄存器的移位情况，并作记录。

(5) 双向移位寄存器 74LS194 的逻辑功能测试

移位寄存器能实现二进制数码的移位，它由触发器连接而成。具有左移、右移、保持、并行输入、输出及串行输入输出等多种功能的移位寄存器称为多功能双向移位寄存器。本实验采用的中规模集成电路 74LS194 就是多功能的四位双向移位寄存器。其外引线排列如图 6.6 所示。

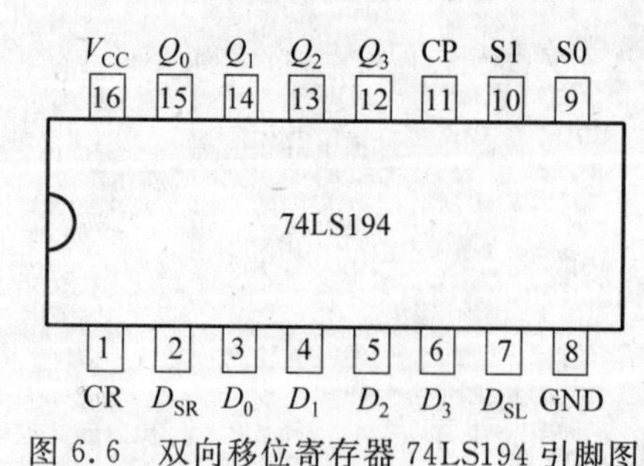

图 6.6 双向移位寄存器 74LS194 引脚图

设计验证电路与表格，输入端接逻辑开关，$D_0 \sim D_3$ 接数据开关，$Q_0 \sim Q_3$ 接发光二极管，验证 74LS194 寄存器的双向移位功能和其他逻辑功能。

(6) 串/并行转换器

用两片 74LS194 构成 7 位串/并行转换器线路，并验证其正确性。

① 串行输入、并行输出。

进行右移串入、并出实验，串入数码自定，自拟表格，记录之。

② 并行输入、串行输出。

进行右移并入、串出实验，并入数码自定，自拟表格，记录之。

要求：画出逻辑图，并标明连接线路的管脚号。

6. 可研究与探索的问题（选做）

(1) 用 D 触发器和 JK 触发器实现 $Q^{n+1} = \bar{Q}^n$。

(2) 在对 74LS194 进行送数后，若要使输出端改成另外的数码，是否一定要使寄存器清零？

(3) 若进行循环左移，串/并行转换器接线应如何改接？

7. 实验报告要求

(1) 画出实验的接线图。

(2) 写出每个实验的实验现象。

(3) 整理好实验记录，画好有关波形，对实验内容中要求分析和说明的问题认真做答。

6.5 计数器实验

1. 实验类型

本实验类型为验证型＋设计型。

2. 实验目的

(1) 熟悉中规模计数器的功能。

(2) 掌握中规模计数器构成任意进制计数器的方法。

3. 实验设备环境

二输入四与非门	74LS00	一片
异步计数器	74LS90	一片
同步二进制计数器	74LS163	两片
二-十进制七段显示译码	74LS148	一片
七段发光数码管	(在实验台上)	
万用表或逻辑笔		一只
示波器		一台
TEC-5 实验系统		一台

4. 实验原理(知识点)

中规模计数器具有可逆计数、预置功能、复位功能、时钟有效边沿可选择等功能。

5. 实验内容和要求

(1) 使用 74LS90 设计模 5 和模 8 计数器。

(2) 使用 74LS163 设计模 37 计数器。

6. 实验步骤

(1) 使用 74LS90 的复 0 及复 9 方案设计模 5 和模 8 计数器。

(2) 使用 74LS163 用复位或预置法设计模 37 计数器。

7. 可研究与探索的问题(选做)

设计一位十进制计数显示电路:使用中规模计数器 74LS163、二-十进制七段显示译码 74LS148 及七段发光二极管构成该电路。

8. 实验报告要求

(1) 画出实验的接线图。

(2) 写出每个实验的实验现象。

(3) 整理好实验记录,画好有关波形,对实验内容中要求分析和说明的问题认真做答。

6.6 四相时钟分配器实验

1. 实验类别

本实验类型为设计型。

2. 实验目的

(1) 学习译码器的使用。

(2) 学习设计、调试较为复杂的数字电路。

(3) 学会用示波器测量三个以上波形的时序关系。

3. 实验所用器件和设备

双JK触发器	74LS73	两片
双2-4线译码器	74LS139	一片
六反相器	74LS04	一片
示波器		一台
TEC-5 实验系统		一台

4. 实验内容

(1) 设计一个用上述器件构成的四相时钟分配器。要求的时序关系如图6.7所示。

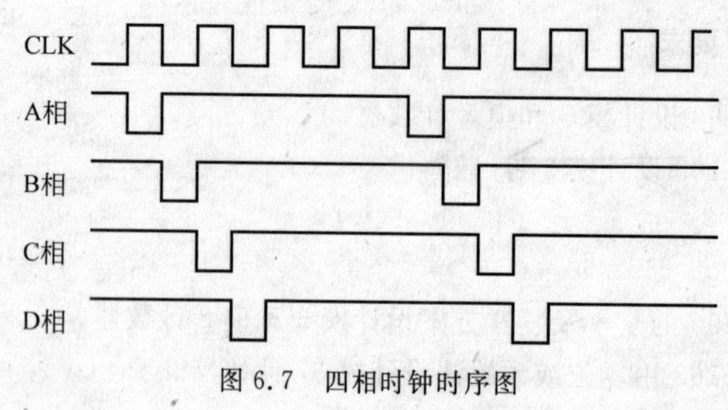

图6.7 四相时钟时序图

(2) 画出设计逻辑图。

(3) 在实验台上按逻辑图连接线路。示波器测量CLK、A相、B相、C相、D相的时序关系，画出时序图，检查是否满足要求。

5. 实验提示

(1) 双JK触发器74LS73引脚11是GND，引脚4是V_{CC}。

(2) 用74LS73构成一个四进制计数器。

(3) 计数器输出Q_0、Q_1作为译码器的输入。

(4) 用示波器测量多个信号的时序关系是以测量两个信号的时序关系为基础的。本实验中，可首先测量CLK和A相时钟的时序关系，然后测量其他相时钟和A相时钟的时序关系。

6. 实验报告要求

(1) 画出实验的逻辑图。

(2) 写出实验的步骤。写出每一步骤中出现的现象。如果出现错误，则写出解决方法。

(3) 画出下列波形图:

① CLK 和 A 相时钟。

② A 相时钟和 B 相时钟。

③ A 相时钟和 C 相时钟。

④ A 相时钟和 D 相时钟。

⑤ CLK、A 相时钟、B 相时钟、C 相时钟和 D 相时钟。

6.7 E^2PROM 实验

1. 实验类型

本实验类型为设计型。

2. 实验目的

(1) 掌握 E^2PROM 的工作原理。

(2) 熟悉 E^2PROM 器件的编程。

(3) 学会使用 E^2PROM 实现组合逻辑设计。

3. 实验所用器件和设备

E^2PROM	AT28C64	一片
TEC-5 实验系统		一台

4. 实验原理(知识点)

E^2PROM 是常用的电擦除存储器芯片。它主要用于固化程序、存储固定的数据。AT28C64 是一个 64K 位(8K×8 位)EPROM 芯片,其引脚图见图 6.8(a)。其中,A_{12}~A_0 是地址线,A_{12} 是高位,A_0 是低位;CE 为芯片允许端,低电平时允许芯片工作;OE 是输出允许端,低电平时读出数据;I/O_7~I/O_0 是数据线,I/O_0 是低位,I/O_7 是高位。当 CE 是低电平时,在 OE 上加低电平,则将 A_{10}~A_0 指定的单元中的 8 位数读出,放在数据线 O_7~O_0 上。当 OE 或者 CE 是高电平时,数据线 O_7~O_0 处于三态。图 6.8(b)是 AT28C64 读周期时序图。

5. 实验内容

(1) 用 AT28C64 设计一个 4 位二进制码(输入)到 8 位 BCD 码(输出)的转换器。

(2) 使用实验系统提供的 E^2PROM 编程器(或者其他编程器),将文件中的数据写入到 AT28C64 中。

(3) 插 AT28C64 到实验台上,接好片选 CE 信号、读出使能 OE 信号以及电源线、地线。输入接电平开关,输出接实验台数码管。

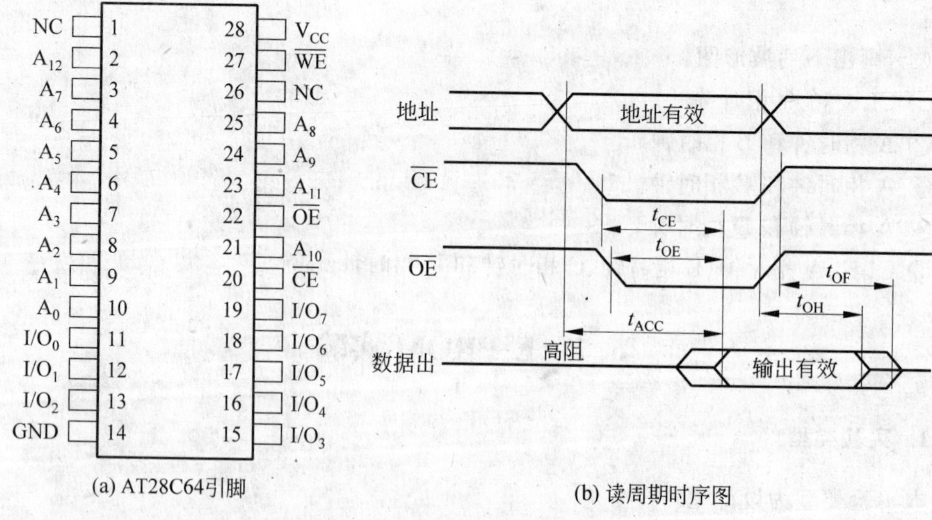

(a) AT28C64引脚　　(b) 读周期时序图

图 6.8　AT28C64 引脚及读周期时序图

（4）验证设计并记录。

6. 可研究与探索的问题（选做）

（1）用 AT28C64 设计一个 2 位输入 7 位输出的七段译码器。

（2）利用实验台电平开关以及单次脉冲，设计电路实现 AT28C64 的手动写入。

7. 实验报告要求

（1）写出 AT28C64 的写入（编程）步骤。

（2）写出实验内容（4）观测到的 $I/O_7 \sim I/O_0$ 的值，并予以说明。

6.8　可编程器件的原理图方式设计实验

1. 实验类型

本实验类型为设计型。

2. 实验目的

（1）熟悉和掌握 ispLEVER（或 Quartus Ⅱ）软件的使用方法。

（2）学习和掌握原理图设计逻辑电路。

（3）掌握可编程器件的使用和下载方法。

3. 实验设备环境

在系统可编程逻辑器件 ISP1032（或 EPM7128）　　一片

示波器　　一台

万用表或逻辑笔　　　　　　　　　　　　　一个
TEC-5 实验系统(或 TEC-8 实验系统)　　　　　一台

4. 实验内容和要求

(1) 设计提示:TEC-5 使用 ISP1032 器件和 ispLEVER 软件,TEC-8 使用 EPM7128 器件和 Quartus Ⅱ软件。

(2) 用可编程器件以 ispLEVER(或 Quartus Ⅱ)原理图输入方式实现模 7 计数器。

(3) 该计数器有清零端和时钟输入端,输出接数码管。

5. 实验步骤

(1) 启动 ispLEVER(或 Quartus Ⅱ),创建一个新的工程设计项目。

(2) 选择 ispLSI 1032(或 EPM7128)器件,添加原理图源文件(*.sch),如图 6.9 所示。

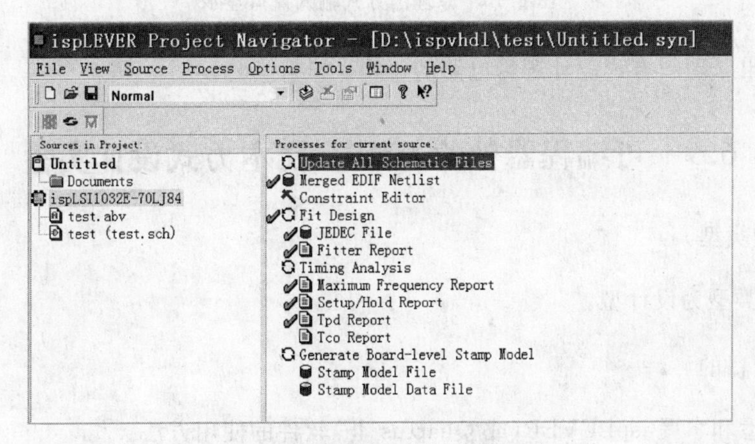

图 6.9　原理图方式输入主窗口

(3) 输入原理图,实现模 7 计数器,如图 6.10 所示。

(4) 在 ispLEVER Project Navigator 主窗口中选中左侧的 ispLSI1032E-80LJ70 器件,双击右侧的 Fit Design 栏,进行器件适配。该过程结束后会生成用于下载的 JEDEC 文件 *.jed。

(5) 用 ispVM System 将形成的 JEDEC 文件下载到芯片中。

6. 可研究与探索的问题

用可编程器件设计模 60 计数器。

7. 实验报告要求

(1) 给出设计原理图电路。

(2) 功能仿真波形文件。

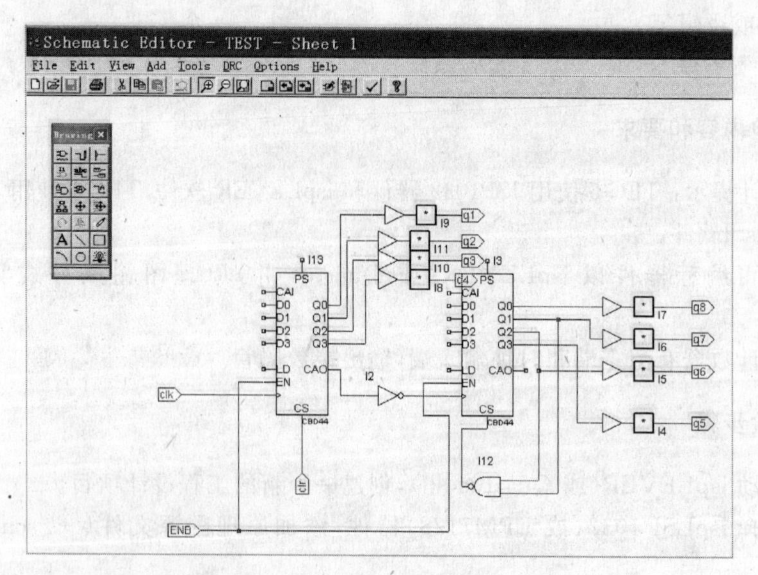

图 6.10 原理图方式输入窗口显示

(3) 写出原理图方式设计逻辑电路的心得。

6.9 可编程器件的 VHDL 文本方式设计实验

1. 实验类型

本实验类型为设计型。

2. 实验目的

(1) 熟悉和掌握 ispLEVER(或 Quartus Ⅱ)软件的使用方法。
(2) 学习使用 VHDL 设计简单逻辑电路。
(3) 掌握 ISP 器件的使用和下载方法。

3. 实验设备环境

在系统可编程逻辑器件 ISP1032(或 EPM7128) 一片
示波器 一台
万用表或逻辑笔 一只
TEC-5 实验系统(或 TEC-8 实验系统) 一台

4. 实验内容和要求

(1) 采用可编程器件,以 VHDL 语言设计实现十进制计数器和七段译码器。

(2) 设计提示：TEC-5 使用 ISP1032 器件和 ispLEVER 软件,TEC-8 使用 EPM7128 器件和 Quartus Ⅱ软件。

5. VHDL 设计输入的操作步骤

(1) 在 ispLEVER Project Navigator 主窗口中,选择 File=>New Project 菜单建立一个新的工程文件,此时弹出如图 6.11 所示的对话框,在该对话框中的 Project Type 栏中,工程文件的类型选择 Schematic/VHDL。

(2) 在 ispLEVER Project Navigator 主窗口中,选择 Source=>New 菜单。在弹出的 New Source 对话框中,选择 VHDL Module 类型。此时,软件会产生一个如图 6.12 所示的 New VHDL Source 对话框,按 OK 钮后,进入文本编辑器——Text Editor 编辑 VHDL 文件。

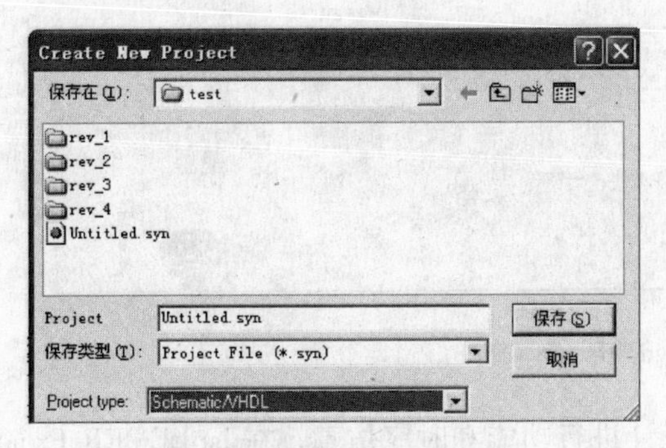

图 6.11 建新工程文件对话框

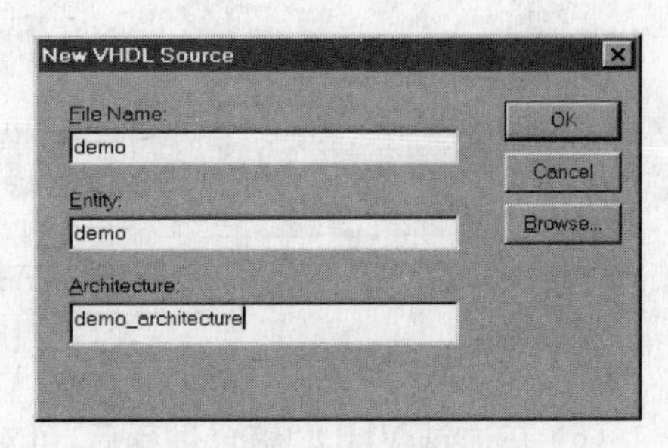

图 6.12 建立 VHDL 代码对话框

(3) 在 Text Editor 中输入 VHDL 设计,并存盘。

(4) 此时,在 ispLEVER Project Navigator 主窗口中左侧的源程序区中,demo.vhd 文件被自动调入。单击源程序区中的 ispLSI1032E-80LJ70 栏,此时的主窗口如图 6.13 所示。

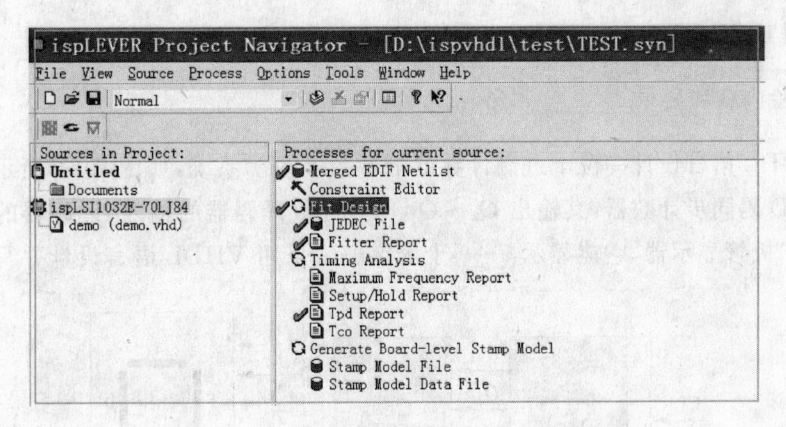

图 6.13 工程主窗口

(5) 选择菜单 Tools=>Synplicity Synplify Synthesis 产生如图 6.14 所示窗口。选 Add 调入 demo.vhd,然后对 demo.vhd 文件进行编译、综合。若整个编译、综合过程出错,双击上述 Synplify 窗口中 Source Files 栏中的 demo.vhd 文件进行修改并存盘,然后单击 RUN 按钮重新编译。

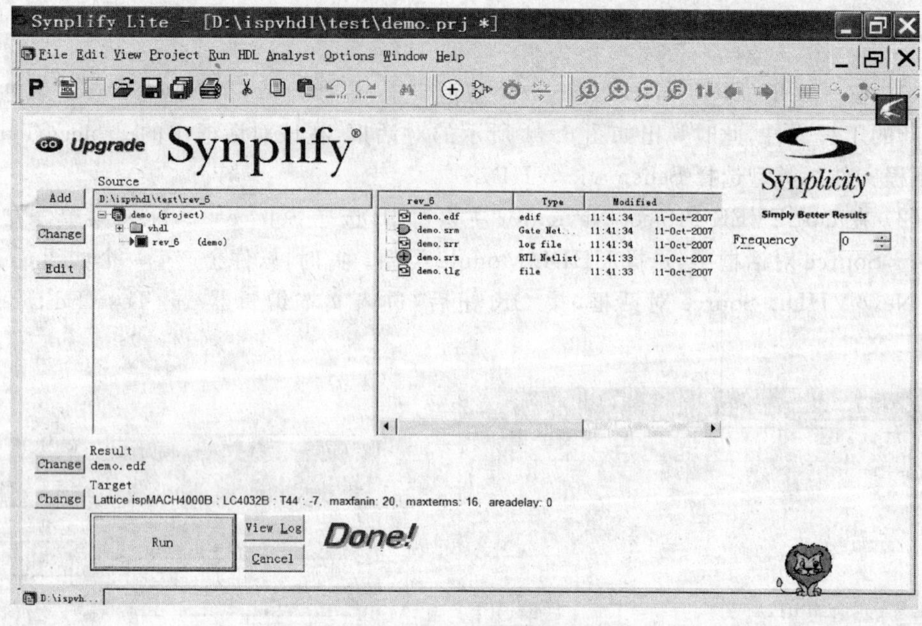

图 6.14 Synplify 编译窗口

(6) 在通过 VHDL 综合过程后,可对设计进行功能和时序仿真。在 ispLEVER Project Navigator 主窗口中按 Source=>New 菜单,产生并编辑测试向量文件 demo.abv,进行功能仿真。在 Waveform Viewer 窗口中观测信号波形。

(7) 在 ispLEVER Project Navigator 主窗口中选中左侧的 ispLSI1032E-80LJ70 器件,双击右侧的 Fit Design 栏,进行器件适配。该过程结束后会生成用于下载的 JEDEC 文件 demo.jed。

(8) 用 ispVM System 将形成的 JEDEC 文件下载到芯片中。

6. 实验内容和要求

用 VHDL 语言设计一位十进制计数器七段数字显示系统,如图 6.15 所示。计数器是 8421BCD 码同步计数器,其输出 $Q_3 \sim Q_0$ 作为七段译码器的输入,译码器的输出送到七段发光二极管显示器,它能显示 0~9 十个字符。采用 VHDL 语言设计并写出完整的

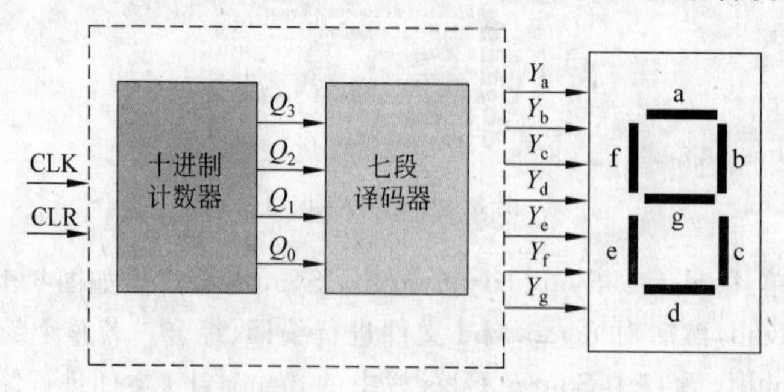

图 6.15 十进制计数器七段数字显示系统

设计源程序,并在实验台的数码管上进行演示。

7. 实验报告要求

(1) 写出实验的 VHDL 设计源程序。
(2) 写出实验现象、调试中的问题和讨论。
(3) 写出 VHDL 语言设计逻辑电路的心得。

第7章　TEC-5数字逻辑综合实验设计

四个课程综合设计是较大型的综合性必做研究课题，涉及数字系统级层次，采用ISP可编程器件实现，集中安排学生在小学期2周时间内独立完成。

7.1　简易频率计设计

1. 实验目的

(1) 掌握较复杂逻辑的设计和调试。
(2) 掌握用VHDL语言设计数字逻辑电路。
(3) 掌握ispLEVER软件的使用方法。
(4) 掌握ISP器件的使用。
(5) 了解频率计的初步知识。

2. 实验所用器件和设备

TEC-5实验系统	一台
PC计算机	一台
示波器	一台
万用表或逻辑笔	一只

3. 实验内容

设计一个简易频率计，用于测量1MHz以下数字脉冲信号的频率。闸门只有1s一挡。测量结果在数码管上显示出来。不测信号脉宽。用一片ISP芯片实现此设计，并在试验台上完成调试。建议设计采用VHDL语言编写。

4. 实验提示

(1) 频率计的基本工作原理如下：首先产生一系列准确闸门信号，例如1ms，0.1s和1s等。然后用这些闸门信号控制一个计数器对被测脉冲信号进行计数，最后将结果显示出来。如果闸门信号是1s，那么1s内计数的结果就是被测信号的频率。如果闸门信号是1ms，那么计数结果是被测信号频率的千分之一，或者说结果是以kHz为单位的频率值。

(2) 频率计中，最原始的时基信号准确度一定要高。建议用实验台上的5kHz时钟信号做原始时基信号。

(3) 1s的闸门信号，由5kHz时钟经5k分频后，再经2分频产生。这样产生的闸门信号脉宽是1s，占空比是50%。在2s的时间内，1s用于计数，1s用于显示结果。

(4) 用于被测信号计数的计数器应采用十进制。测得的结果可直接送实验台上的6个数码管显示。每次对被测信号计数前,计数器应被清零。

5. 实验报告要求

(1) 用VHDL语言写出频率计设计方案,注释要详细。

(2) 写出调试过程中发生的问题、解决办法,验收结果。

(3) 简要写出测量数字信号脉宽的方法。

7.2 交通灯控制器设计

1. 实验目的

(1) 学习采用状态机方法设计时序逻辑电路。

(2) 掌握ispLEVER软件的使用方法。

(3) 掌握用VHDL语言实现有限状态机。

(4) 掌握ISP器件的使用。

2. 实验所用器件和设备

TEC-5实验系统	一台
PC计算机	一台
示波器	一台
万用表或逻辑笔	一只

3. 实验内容

以实验台上的4个红色电平指示灯、4个绿色电平指示灯和4个黄色电平指示灯模仿路口的东、西、南、北4个方向的红、绿、黄交通灯。控制这些交通灯,使它们按下列规律亮、灭。

(1) 初始状态为4个方向的红灯全亮,时间1s。

(2) 东、西方向绿灯亮,南、北方向红灯亮。东、西方向通车,时间5s。

(3) 东、西方向黄灯闪烁,南、北方向红灯亮,时间2s。

(4) 东、西方向红灯亮,南、北方向绿灯亮。南、北方向通车,时间5s。

(5) 东、西方向红灯亮,南、北方向黄灯闪烁,时间2s。

(6) 返回(2),继续运行。

(7) 如果发生紧急事件,例如救护车、警车通过,则按下单脉冲按钮,使得东、西、南、北四个方向红灯亮。紧急事件结束后,松开单脉冲按钮,恢复到被打断的状态继续运行。

4. 实验提示

(1) 熟悉掌握使用枚举类型数据格式结合CASE语句实现状态机设计。

(2) 这是一个典型的时序状态机,一共有6个大的状态。由于各个状态停留时间不同,但都是秒的倍数。可以考虑设计当前状态与下一状态两个枚举型数据,每秒刷新旧状态值,各个状态的 timeout 时对下一状态赋值。

(3) 黄灯闪烁可通过连续亮 0.2s、灭 0.2s 实现。

(4) 选择实验台上的 5kHz 频率时钟,作为设计中分频的初始时钟。

(5) 紧急事件发生时,要注意保存必要的信息,以备紧急事件结束后,恢复到原状态继续运行使用。

5. 实验报告要求

(1) 写出交通灯设计方案,注释要详细。

(2) 写出调试过程中发生的问题、解决办法,验收结果。

(3) 简要叙述状态机设计的特点。

7.3 电子钟设计

1. 实验目的

(1) 掌握较复杂的逻辑设计和调试。

(2) 学习用原理图+VHDL 语言设计逻辑电路。

(3) 学习数字电路模块层次设计。

(4) 掌握 ispLEVER 软件的使用方法。

(5) 熟悉 ISP 器件的使用。

2. 实验所用器件和设备

TEC-5 实验系统	一台
PC 计算机	一台
示波器	一台
万用表或逻辑笔	一只

3. 实验内容

(1) 设计并用 ISP1032 实现一个电子钟。电子钟具有下述功能:

① 实验台上的6个数码管显示时、分、秒。

② 能使电子钟复位(清零)。

③ 能启动或者停止电子钟运行。

④ 在电子钟停止运行状态下,能够修改时、分、秒的值。

⑤ 具有报时功能,整点时喇叭鸣叫。

(2) 要求整个设计分为若干模块。顶层模块用原理图设计,底层模块用 VHDL 语言设计。

(3) 在实验台上调试设计。

4. 实验报告要求

(1) 采用原理图和 VHDL 语言描述整个设计。
(2) 写出调试中出现的问题、解决办法，验收结果。
(3) 写出模块层次设计的体会。
(4) 比较原理图和 VHDL 文本语言设计的特点。

7.4 药片装瓶系统设计

1. 实验目的

(1) 掌握较复杂的逻辑设计和调试。
(2) 用 VHDL 语言，或原理图＋VHDL 语言来设计数字系统。
(3) 学习数字系统设计方法。
(4) 掌握 ispLEVER 软件的使用方法。
(5) 熟悉 ISP 器件的使用。

2. 实验所用器件和设备

TEC-5 实验系统	一台
PC 计算机	一台
示波器	一台
万用表或逻辑笔	一只

3. 实验内容

结合《数字逻辑》(第五版)第六章中介绍的药片装瓶系统设计实例，采用 VHDL 设计，并用 isp1032E 大容量器件实现如图 7.1 所示的药片装瓶系统。

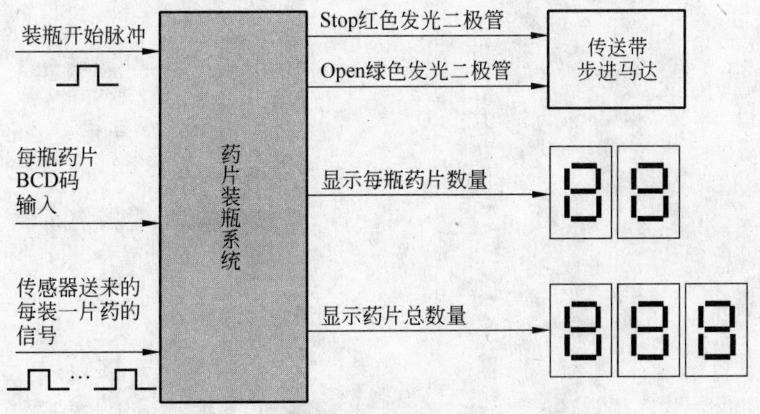

图 7.1 药片装瓶系统

(1) 实验台上的5个数码管作为显示系统,显示每瓶药片及总药片的数量。

(2) 用实验台的红绿发光二极管来模拟对机电装置系统的输出,绿色灯亮表示启动机电装置,装瓶进行中;红色灯亮指示装瓶完成,机电装置关闭。

(3) 输入子系统为包括BCD码每瓶装药数输入与装瓶开始脉冲输入,设计要求每瓶最大药片数50粒,最多装18瓶。

(4) 启动装瓶开始脉冲后,如果输入数量超出最大装瓶数或者为零,要求显示系统出现告警指示。

(5) 漏斗感应器送来的药片装瓶信号用2s信号模拟,可以用实验台提供的5kHz的时钟分频产生。

(6) 在实验台上调试设计。

4. 实验报告要求

(1) 用原理图和VHDL语言描述整个设计。

(2) 写出设计调试中出现的问题、解决办法、验收结果。

(3) 写出模块层次设计的体会。

第 8 章 TEC-8 数字逻辑综合实验设计

4 个课程设计实验是较大型综合型必做研究课题，涉及数字系统级层次，采用 ISP 器件实现。集中安排学生在小学期 2 周时间内独立完成。

8.1 设计指导思想

1. 有若干大型综合实验可供选择

综合实验是数字逻辑实验中很重要的一部分。通过综合实验，学生可以综合利用本课程中所学的理论知识解决较为复杂的问题，锻炼较大型课题的设计能力，培养创新意识、独立查找和阅读资料的能力。

为了进行综合实验，TEC-8 上提供了如下实验元件：

(1) 综合实验使用 EPM7128 器件作为主要器件。

(2) 6 个数码管及驱动电路。

(3) 喇叭及驱动电路。

(4) 12 个模拟交通灯及其驱动电路。

(5) VGA 接口及驱动电路。

之所以安排较多的综合实验，是考虑实验的可选性。有多种实验可供教师和学生选择，免得出现千篇一律的结果，避免实验中的抄袭行为。

2. 将主要精力放在培养学生综合运用所学知识的能力上

考虑到在数字逻辑基本实验中，学生已经进行了信号线的连接训练。通过基本实验，学生对数字逻辑的基本理论和概念已经了解。因此 TEC-8 的数字逻辑综合实验设计目标之一是尽量减少实验中的接线工作量，将实验重点转向培养学生的设计能力、分析问题、解决问题的能力。接线的方式由单根连接导线改成了扁平电缆，即由一次连接一个信号改成了一次连接一组信号。扁平电缆的一端接 34 芯插座 J6(J6 和 EPM7128 的引脚相连)；另一端分为三部分，第一部分接 16 芯插座 J8(J8 和开关 S15～S0 相连)；第二部分接 12 芯插座 J4(J4 和 12 个发光二极管 L11～L0 相连)或者接 12 芯插座 J1(J1 和数码管 LG2、LG1 的驱动相连)；第三部分接 6 芯插座 J5(J5 和时钟信号发生器产生的时钟信号以及正脉冲 QD、PULSE 相连)。

3. EPM7128 器件的信号引脚位置不能任意更改

由于在这些大型综合实验中，对一个信号在不同器件上的对应引脚没有采用单根连接线连接的方式，二是采用排线方式一次连接若干信号。因此导致了一个问题，即实验时各信号在各器件上的引脚是固定的、不可随意改变的。初看起来这限制了学生设计实验方案的灵和性,是一大缺点,其实不然。ISP器件的一大优点就是将它装配在印制板上后,可以随时改变设计方案,通过编译、下载等步骤对印制板上的ISP器件编程,改变或者提高性能。在印制板上装配的ISP器件,各信号在器件引脚上的位置自然是固定的,否则就需要重做印制板才能工作。ISP器件的这个优点给我们设计综合实验提供了灵感。在做综合实验时,将需要的信号在EPM7128引脚的位置固定。由于在可编程器件集成开发环境中,各信号和器件引脚的对应关系都是在最后一步分配的,因此这种限制丝毫不影响学生设计实验方案时的灵和性。

8.2 简易电子琴设计

1. 实验目的

(1) 掌握简易电子音响的基本原理。
(2) 通过简易电子的设计掌握数字系统的设计方法。
(3) 掌握EDA软件QuartusⅡ的基本使用方法。
(4) 掌握用VHDL语言设计复杂数字电路的方法。
(5) 了解电子音响的基本知识。

2. 实验所用器件和设备

PC计算机	一台
EMP7128器件	一片
TEC-8实验系统	一台
双踪示波器	一台
万用表	一个
逻辑笔	一支

3. 实验内容

设计一个简易电子琴,TEC-8实验系统上的8个开关S1～S8代表8个琴键。其中S8代表i。当S1～S8中的某个开关拨到向上位置时,发出对应的音阶,拨到向下位置时,停止发声。任何时候,只允许S1～S8中的一个开关处于向上位置。

4. 实验原理

(1) 简易电子音响

电子音响是当今一个很时髦的物品,操作简单,声音动听。大家都知道一个基本的物理原理:振动发声。无论是何种声音,都是通过振动产生的。例如刮风时由于空气的振动产生了风声,用木棍敲击铜钟时,铜钟振动产生钟声。在TEC-8实验台上,通过喇叭的纸盆振动发声,只要控制纸盆的振动频率,就能控制声音的音调;只要控制纸盆振动的长短,就能控制声音的节拍；只要控制振动的幅度，就能控制声音的强度。本实验只控制声音的音调和节拍。

(2) 小喇叭及其驱动电路

TEC-8实验台上的喇叭及其驱动电路如图8.1所示。

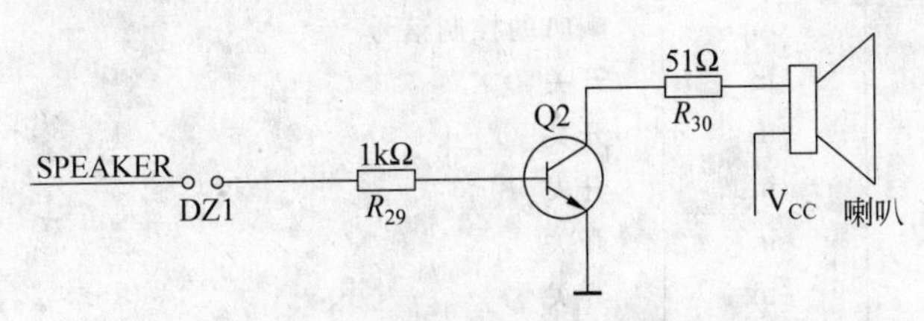

图8.1 喇叭及其驱动电路

图8.1中，当短路子DZ1断开时，喇叭不受控制，因此不发声。喇叭的阻抗为8欧姆，R_{30}是防止喇叭烧毁的限流电阻。R_{29}是晶体三极管Q2的基极电阻，当控制信号SPEAKER为高电平时，Q2饱和，电流流过喇叭；当控制信号SPEAKER为低电平时，Q2截止，没有电流流过喇叭。控制了电流流过喇叭的频率，就控制了喇叭纸盆振动的频率。本实验中，我们使用方波信号SPEAKER控制喇叭纸盆的振动。方波信号虽然不是正弦波，但它的基波是正弦波，而且频率同方波频率一致。基波在控制喇叭振动中起主要作用。喇叭的纸盆振动也不可能突变，因此用方波信号控制喇叭纸盆的振动也能产生出清晰的声音。

(3) 音阶的频率

每个音阶对应1个固定的频率，本实验中用到的C调的音符和对应频率见表8.1。

表8.1 C调的部分音符对应频率表

音　调	1	2	3	4	5	6	7	i
频率/Hz	262	294	330	349	392	440	494	523

5. 设计提示

(1) 进行分频时，用于分频的主频率一定要准。建议利用TEC-8实验系统上的时钟信号MF，对其进行分频，产生出表8.1中的8个音频信号。分频时可能得不到准确的音阶频率。可选离其最近的一个频率。

(2) EPM7128引脚信号

喇叭控制信号SPEAKER由TEC-8实验台的EPM7128器件产生。本实验中，使用下列信号，对应EPM7128的引脚如表8.2所示。

上述信号中的MF、S8～S1，EMP7128的引脚并没有直接和时钟、开关连接，它们是通过一条扁平电缆连接的，因此做实验时，需将扁平电缆的34芯端插到插座J6中，将6芯端插到插座J5中，将16芯端插到插座J8中。**注意：扁平电缆进行插接或者拔出必须在关电源后进行**。另外，做实验时，应将短路子DZ1短接，以使喇叭受到控制；实验完成后，应将短路子DZ1断开。

表8.2 相应的EPM7128引脚

信号名	引脚号	信号方向	信号意义
MF	55	in	由实验台上的石英晶体振荡器产生的频率1MHz的时钟
CLR#	1	in	按一次复位按钮CLR后，产生的复位信号低电平有效
SPEAKER	52	out	喇叭的控制信号
S1	81	in	开关
S2	80	in	开关
S3	79	in	开关
S4	77	in	开关
S5	76	in	开关
S6	75	in	开关
S7	74	in	开关
S8	73	in	开关

(3) 音阶分频程序示例

音阶1的频率是262Hz，音调i的频率是523Hz，如果直接用1MHz的主时钟信号分频，则产生262Hz的信号需要对1MHz信号进行3816(十六进制0EE8)分频，产生523Hz的信号需要对1MHz的信号进行1912(十六进制778)分频。这样产生262Hz信号的分频器需要12个宏单元，产生523Hz信号的分频器需要11个宏单元，占用资源太多。为了节省资源，首先对1MHz信号进行10分频得到100kHz信号，作为分频的基准，其他音调的信号由100kHz信号通过分频产生。

驱动喇叭发声的信号SPEAKER应当是占空比为50%的方波。

对100kHz信号进行分频产生261Hz的设计程序如下：

```
pl:process(clr,f100k,f1_t,f1)
   begin
       if clr='0' then
          f1_t <=x"00";
          f1 <='0';
       elsif f100k'event and f100k='1' then
          if f1_t=x"be" then                --十六进制be相当于190,因此是
                                            --进行191分频
             f1_t<=x"00";
             f1 <=not f1;                   --2分频
          else
             f1_t <=f1_t+'1';
             f1 <=f1;
          end if;
       end if;
 end process;
```

上面的程序首先对100kHz信号进行了191分频得到信号f1_t，然后对f1_t进行2分频得到信号f1。f1实际频率为261.7Hz。

6. 实验报告要求

(1) 写出简易电子琴设计方案,注释要详细。

(2) 写出调试过程中发生的问题,解决办法,验收结果。

8.3 简易频率计设计

1. 实验目的

(1) 掌握频率计的基本原理。

(2) 通过简易频率计的设计掌握数字逻辑系统的设计方法。

(3) 掌握 EDA 软件 QuartusⅡ的基本使用方法。

(4) 掌握用 VHDL 语言设计复杂数字电路的方法。

2. 实验所用器件和设备

PC 计算机	一台
EMP7128 器件	一片
TEC-8 实验系统	一台
双踪示波器	一台
万用表	一个
逻辑笔	一支

3. 实验内容

设计 1 个频率计,用于测量 1MHz 以下的数字脉冲信号的频率。被测信号选用实验台上时钟发生器产生的各时钟信号。闸门时间只有 1 秒一档。测量信号频率时计数时间为 1 秒,静态显示时间为 1 秒。计数过程中对计数器的值进行显示。

4. 实验原理

频率计是一种常用的仪器,用于测量一个信号的频率或者周期。与示波器相比,它测量频率更加准确、直观。

一个频率计总体上分为两部分:第一部分以被测信号作为计数时钟进行计数,第二部分将计数结果显示出来。频率的显示方法有两种,一种是用数码管显示,一种是用液晶显示屏显示。本实验采用的是数码管显示方法。数码管是常用的显示数字的器件,1 个数码管内部有若干个单独控制的发光二极管。根据用途不同,常用的有日字形或者米字形两类,日字形用于显示 10 个数字 0～9,米字形用于显示更为复杂的符号。无论是日字形数码管还是米字形数码管,又分为共阳极和共阴极两种。顾名思义,共阳极数码管中各发光二极管使用公共的阳极(正极),共阴极数码管中各发光二极管使用公共的阴极(负极)。TEC-8 实验台上配置了 6 个日字形共阳极数码管,最多显示 6 位十进制数。LG1 显示个位数，LG2 显示十位数，LG3 显示百位数，LG4 显示千位数，LG5 显示万位数，LG6 显示十万位数。6 个数码管中，对 LG1 采用使用 8 位数据直接驱动各发光二极管的方法，对 LG6～LG2 采用 8-4-2-1 编码的方式驱动。一个日字形数码管由 8 个单独控制的发光二极管构成，8 个发光二极管分别命名为 a、b、c、d、e、f、g 和 dp，其中 dp 代表小数点，各发光二极管的驱动方式见图 8.2。

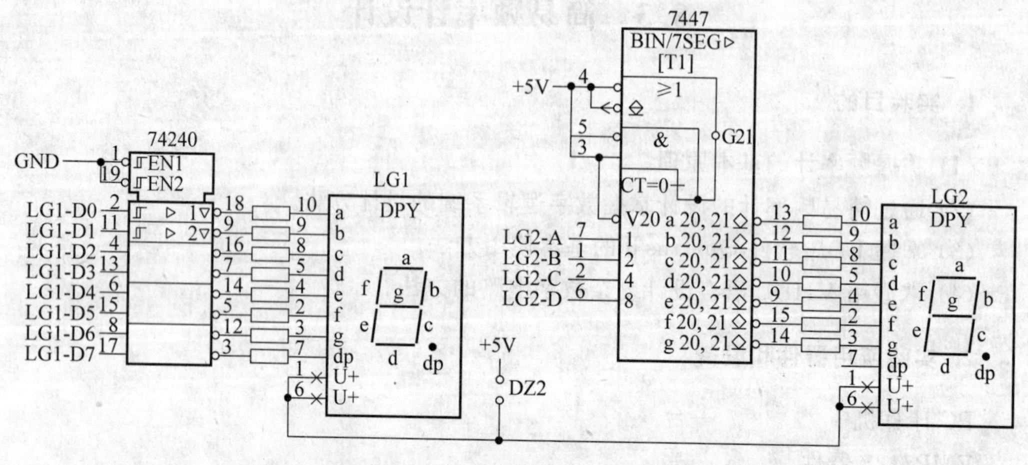

图 8.2　TEC-8 实验台上数码管的驱动

频率计中，被测信号作为计数时钟进行计数时需要一个时间闸门，只有在这个时间闸门允许的时间段内才能进行计数。例如时间闸门可以是 0.001 秒、0.01 秒、0.1 秒、1 秒、10 秒等。如果时间闸门选用 1 秒，那么对被测信号计数得到的数就是该信号的实际频率；如果时间闸门选用 0.001 秒，那么以被测信号作为计数时钟进行计数得到的计数器的值是被测信号实际频率的千分之一；如果时间闸门选用 10 秒，那么计数器的值是被测信号实际频率的 10 倍。对于选用 10 秒的时间闸门而言，在显示频率的时候，要将小数点放在最低位之前，这样可以得到 0.1Hz 的分辨率。对于选用 0.001 秒的时间闸门，显示的是 kHz 而不是 Hz，用米字形数码管显示 kHz 也不难。不过 TEC-8 实验台上的数码管不能显示“k”字符。在本实验中，只显示频率的数字，不显示单位。

时间闸门要求很高的精度，精度至少要在 10^{-5} 以上。因此产生时间闸门信号时一定用到高精度石英晶体振荡器。如果石英晶体振荡器的频率是 1MHz，对其进行 1000 分频，能得到 0.001 秒的时间闸门，对其进行 1 000 000 分频，得到 1 秒的时间闸门。

由于人眼不能分辨眼花缭乱的显示，因此需要在计数器停止计数后需要一段较长的时间显示频率。例如可以用 1 秒时间计数，用 1 秒时间显示计数值。还有的做法是计数过程中随时显示，计数结束后用 1 秒时间显示计数结果。需要注意的是在时间闸门中计数前，首先要使计数器复位为 0，以保证计数值准确。这个计数器复位工作通常在按下复位按钮后进行一次，保证第一次计数准确；在显示用的每个时间段的最后通过内部产生的复位信号进行 1 次复位计数器工作，为下次计数做好准备。

影响频率计计数能力的主要是计数器的速度。如果一个计数器的计数速度不高，就无法对高频信号计数，测出的频率是不真实的。本实验中不考虑这个问题。

5. 设计提示

(1) 被测信号选择

被测信号为时钟发生器产生的时钟信号。由于有6个时钟信号复用3个输出端,其选择方式如下:

CP1　短路子DZ3短接选中100kHz信号;
　　短路子DZ4短接选中10kHz信号。**DZ3和DZ4不允许同时短接**。

CP2　短路子DZ5短接选中1kHz信号;
　　短路子DZ6短接选中100Hz信号。**DZ5和DZ6不允许同时短接**。

CP3　短路子DZ7短接选中10Hz信号;
　　段路子DZ8短接选中1Hz信号。**DZ7和DZ8不允许同时短接**。

当扁平电缆连接好后,将同时会有4路被测信号MF、CP1、CP2、CP3同时被送往EPM7128器件。建议用模式开关SWB、SWA选择被测信号。可参考下列选择原则:

SWB	SWA	被测信号
0	0	MF
0	1	CP1
1	0	CP2
1	1	CP3

(2) EPM7128引脚信号

本实验中使用下列信号,对应EPM7128的引脚如表8.3所示。

表8.3　相应的EPM7128引脚

信号名	引脚号	信号方向	信号意义
MF	55	in	主时钟及被测信号
CP1	56	in	被测信号,频率为100kHz或10kHz
CP2	57	in	被测信号,频率为1kHz或100Hz
CP3	58	in	被测信号,频率为10Hz
CLR#	1	in	复位信号,低电平有效
SWA	4	in	选择被测信号
SWB	5	in	选择被测信号
LG1-D0	44	out	数码管LG1的驱动信号
LG1-D1	45	out	数码管LG1的驱动信号
LG1-D2	46	out	数码管LG1的驱动信号
LG1-D3	48	out	数码管LG1的驱动信号
LG1-D4	49	out	数码管LG1的驱动信号
LG1-D5	50	out	数码管LG1的驱动信号
LG1-D6	51	out	数码管LG1的驱动信号
LG1-D7	52	out	数码管LG1的驱动信号
LG2-A	37	out	数码管LG2的驱动信号
LG2-B	39	out	数码管LG2的驱动信号
LG2-C	40	out	数码管LG2的驱动信号
LG2-D	41	out	数码管LG2的驱动信号

续表

信号名	引脚号	信号方向	信号意义
LG3-A	35	out	数码管 LG3 的驱动信号
LG2-B	36	out	数码管 LG3 的驱动信号
LG3-C	17	out	数码管 LG3 的驱动信号
LG3-D	18	out	数码管 LG3 的驱动信号
LG4-A	30	out	数码管 LG4 的驱动信号
LG4-B	31	out	数码管 LG4 的驱动信号
LG4-C	33	out	数码管 LG4 的驱动信号
LG4-D	34	out	数码管 LG4 的驱动信号
LG5-A	25	out	数码管 LG5 的驱动信号
LG5-B	27	out	数码管 LG5 的驱动信号
LG5-C	28	out	数码管 LG5 的驱动信号
LG5-D	29	out	数码管 LG5 的驱动信号
LG6-A	20	out	数码管 LG6 的驱动信号
LG6-B	21	out	数码管 LG6 的驱动信号
LG6-C	22	out	数码管 LG6 的驱动信号
LG6-D	24	out	数码管 LG6 的驱动信号

对于上述信号中的 MF、CP1、CP2、CP3、LG1-D7～LG1-D0 需要用扁平电缆将 EPM7128 的引脚和 TEC-8 实验台上的对应信号进行连接。将扁平电缆的 34 芯端插到插座 J6 上,将扁平电缆的 12 芯端插到插座 J1 上,将扁平电缆的 6 芯端插到插座 J5 上。**注意:扁平电缆进行插接或者拔出必须在关电源后进行**。另外,做实验时,应将短路子 DZ2 短接,以使数码管正极接到+5V 上;实验结束后,将短路子 DZ2 断开。

(3) 设计中的典型程序示例

① 异步十进制计数器

对被测信号的频率进行计数的计数器必须是十进制的计数器而不能是十六进制的计数器。一个典型的异步十进制计数器具有如下形式:

```
library ieee;
use ieee.std_logic_1164.all;
use ieee.std_logic_arith.all;
use ieee.std_logic_unsigned.all;

entity counter10A is port
    (clr:in std_logic;
     clk:in std_logic;
     enable:in std_logic;
     c_out:out std_logic;
     cnt:buffer std_logic_vector(3 downto 0));
end counter10A;
```

```
architecture behav of counter10A is
begin
process(clr,clk,cnt,enable)
    begin
        if clr='0' then
            cnt<="0000";
            c_out<='0';
        elsif clk'event and clk='1' then
            if enable='1' then
                if cnt="1001" then
                    cnt<="0000";
                    c_out<='1';
                else
                    cnt<=cnt+'1';
                    c_out<='0';
                end if;
            end if;
        end if;
    end process;
end behav;
```

在上面的程序中，当复位信号 clr 为 0 时，十进制计数器 cnt 复位为“0000”，进位信号 c_out 复位为 0。enable 信号是时间闸门，clk 是被测信号。在 enable 信号为 1 时，允许在时钟信号 clk 上升沿计数。当计数到“1001”(十进制 9)时，下一个时钟脉冲 clk 的上升沿重新回到“0000”(十进制 0)，周而复始计数。信号 c_out 只有在 cnt10 的值为“0000”的时间段内为 1。在异步计数器中，低位计数器产生的 c_out 作为高位计数器的时钟信号。

② 十进制计数器数码管的驱动

十进制计数器的输出除了个位之外，其他十进制位的 4 位二进制输出直接与数码管的驱动电路连接。十进制计数器的个位由于相应的数码管是按每个发光二极管驱动，因此必须进行转换。转换使用 case 语句，例如：

```
library ieee;
use ieee.std_logic_1164.all;

entity display is port
    (counter1:in std_logic_vector(3 downto 0);
     a,b,c,d,e,f,g,h:out std_logic);
end display;

architecture behave of display is
signal s_out:std_logic_vector(7 downto 0);
begin
a<=s_out(0);
b<=s_out(1);
```

```
c<=s_out(2);
d<=s_out(3);
e<=s_out(4);
f<=s_out(5);
g<=s_out(6);
h<=s_out(7);

process(counter1)
begin
    case counter1 is
        when"0000"=>                         --显示数字 0
            s_out<= "00111111";
        when"0001"=>                         --显示数字 1
            s_out<="00000110";
        when"0010"=>                         --显示数字 2
            s_out<="01011011";
        when"0011"=>                         --显示数字 3
            s_out<="01001111";
        when"0100"=>                         --显示数字 4
            s_out<="01100110";
        when"0101"=>                         --显示数字 5
            s_out<="01101101";
        when"0110"=>                         --显示数字 6
            s_out<="01111110";
        when"0111"=>                         --显示数字 7
            s_out<="00000111";
        when"1000"=>                         --显示数字 8
            s_out<="01111111";
        when"1001"=>                         --显示数字 9
            s_out<="01101111";
        when others=>
            s_out<="00000000";
    end case;
end process;
end behave;
```

6. 实验报告要求

(1) 写出简易频率计设计方案,注释要详细。
(2) 写出调试过程中发生的问题,解决办法,验收结果。
(3) 简要写出测量数字脉冲脉宽的方法。

8.4 交通灯控制器设计

1. 实验目的

(1) 学习状态机设计。

(2) 掌握数字逻辑系统的设计方法。

(3) 掌握 EDA 软件 QuartusⅡ的基本使用方法。

(4) 掌握用 VHDL 语言设计复杂数字电路的方法。

2. 实验所用器件和设备

PC 计算机	一台
EMP7128S 器件	一片
TEC-8 实验系统	一台
双踪示波器	一台
万用表	一个
逻辑笔	一支

3. 实验内容

模拟十字路口交通灯的运行情况,完成下列功能。

(1) 按下复位按钮 CLR 后,进入(2)。

(2) 南、北方向的 2 个绿灯亮,允许车辆通行;东、西方向的 2 个红灯亮,禁止车辆通行。时间 10 秒。

(3) 南、北的 2 个黄灯闪烁,已经过了停车线的车辆继续通行,没有过停车线的车辆停止通行;东、西方向的 2 个红灯亮,禁止车辆通行。时间 2 秒。

(4) 南、北方向 2 个红灯亮,禁止车辆通行;东、西方向 2 个绿灯亮,允许车辆通行。时间 10 秒。

(5) 南、北方向 2 个红灯亮,禁止车辆通行;东、西 2 个黄灯闪烁,已经过了停车线的车辆继续通行,没有过停车线的车辆停止通行。时间 2 秒。

(6) 返回(2),继续运行。

(7) 如果在(2)状态情况下,按一次紧急按钮 QD,立即结束(2)状态,进入(3)状态,以使东、西方向车辆尽快通行。如果在(4)状态情况下,按一次紧急按钮,立即结束(4)状态,进入(5)状态,以使南、北方向车辆尽快通行。

4. 实验原理

交通灯控制是一种常见的控制,几乎在每个十字路口上都可以看到交通灯。本实验通过南北和东西 2 个方向上的 12 个指示灯(4 个黄灯、4 个红灯、4 个绿灯)模拟路口的交通灯控制情况。TEC-8 实验台上的交通灯电路如图 8.3 所示。

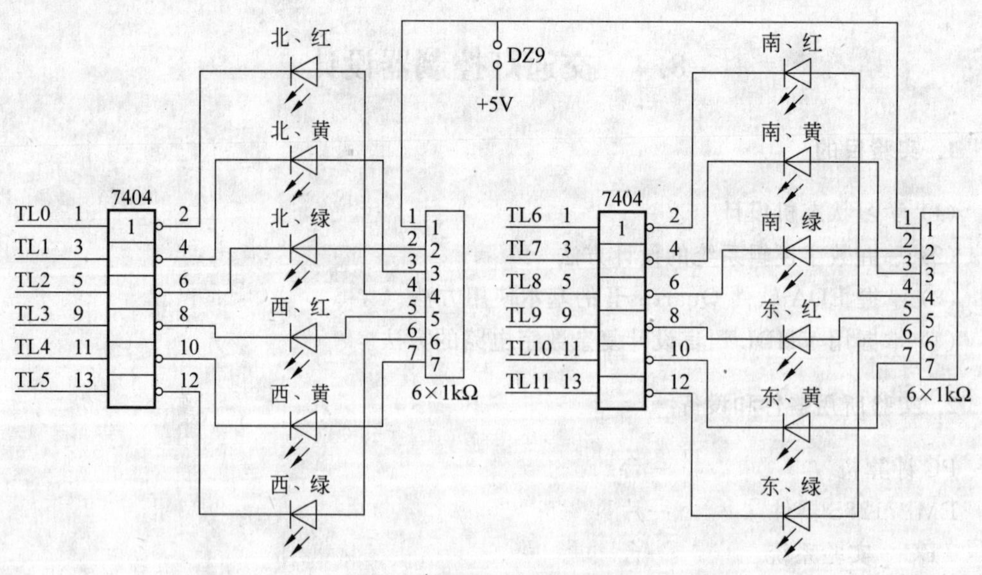

图 8.3　交通灯实验电路图

12 个发光二极管代表 12 个交通灯。2 个 7 引脚的排电阻向 12 个发光二极管提供电流。排电阻的引脚 1 为公共端，它和排电阻其他引脚之间的电阻值为 1kΩ。当短路子 DZ9 断开时，两个排电阻的引脚 1 悬空；当短路子 DZ3 短接时，两个排电阻的引脚 1 接＋5V，通过排电阻给 12 个发光二极管供电。控制信号 TL0～TL11 分别控制各发光二极管的负极。由于 2 个 7404 器件对控制信号 TL0～TL11 反相后接到发光二极管的负极，因此当 TL0～TL11 中的某一个信号为 1 时，对应的发光二极管有电流流过而被点亮。只要对信号 TL0～TL11 进行合适的控制，就能使 12 个发光二极管按要求亮、灭。

5. 设计提示

(1) EPM7128 器件引脚信号

本实验中使用的信号对应的 EPM7128 引脚如表 8.4 所示。

表 8.4　相应的 EPM7128 引脚

信号名	引脚号	信号方向	信号意义
MF	55	in	由实验台上的石英晶体振荡器产生的频率 1MHz 的时钟
CLR#	1	in	复位信号，低电平有效
QD	60	in	按下启动按钮 QD 后产生的 QD 脉冲，作为紧急情况使用
TL0	20	out	控制北方红灯
TL1	21	out	控制北方黄灯
TL2	22	out	控制北方绿灯
TL3	24	out	控制西方红灯
TL4	25	out	控制西方黄灯
TL5	27	out	控制西方绿灯

续表

信 号 名	引 脚 号	信 号 方 向	信 号 意 义
TL6	28	out	控制南方红灯
TL7	29	out	控制南方黄灯
TL8	30	out	控制南方绿灯
TL9	31	out	控制东方红灯
TL10	33	out	控制东方黄灯
TL11	34	out	控制东方绿灯

由于信号 MF、QD 的 EPM7128 引脚和实验台上的相应信号没有直接连接，因此在实验时首先要将扁平电缆的 34 芯端插到插座 J6 上，将扁平电缆的 6 芯端插到插座J5 上。**注意：扁平电缆进行插接或者拔出必须在关电源后进行。**

(2) 状态机示例程序

本实验是典型的状态机设计。首先从 1MHz 的 MF 时钟信号经过 5 次 10 分频产生 0.1 秒的计数时钟，用以对计数器计数，用计数器的值控制状态机状态之间的转换。当按下一次 QD 按钮时，直接修改计数器的值，使状态转换提前产生。

本实验中有的状态机有 4 个状态，分别对应实验内容中的(2)～(5)。状态机的示例程序如下：

```
state_p:process(clr,clk)
    begin
        if clr='0' then
            state<="00";
        elsif clk'event and clk='1' then          --clk为0.1秒的时钟信号
            state<=next_state;
        end if;
    end process;

state_trans:process(clk,state,count)
    begin
        case state is
            when"00"=>                              --0状态
                if count="1100011" then             --10秒到了吗
                    next_state<="01";               --转到1状态
                else
                    next_state<="00";               --继续0状态
                end if;

        when"01"=>                                  --1状态
            if count="1110111" then                 --12秒到了吗
                next_state<="11";                   --转到2状态
            else
                next_state<="01";                   --继续1状态
```

```
        end if;
    when"11"=>                              --2状态
        if count="1100011" then             --10秒到了吗
            next_state<="10";               --转到3状态
        else
            next_state<="11";               --继续2状态
        end if;
    when"10"=>                              --3状态
        if count="1110111" then             --12秒到了吗
            next_state<="00";               --转到0状态
        else
            next_state<="10";               --继续3状态
        end if;
  end case;
end process;
```

上述的状态机由2个PROCESS语句构成。第1个PROCESS语句给出了状态机中每0.1秒用next_state代替state;第2个PROCESS语句根据时间控制next_state的产生。

(3) 黄灯闪烁可通过连续亮0.2秒、灭0.2秒实现。

(4) 本实验中短路子DZ9需要短接。实验完毕后,短路子DZ9断开。

6. 实验报告要求

(1) 写出交通灯控制器设计方案,注释要详细。

(2) 写出调试过程中发生的问题,解决办法,验收结果。

(3) 简要写出状态机设计的特点。

8.5 在VGA接口显示器显示指定图形设计

1. 实验目的

(1) 学习VGA接口的工作原理和在显示器上显示某种特定图形的方法。

(2) 掌握数字逻辑系统的设计方法。

(3) 掌握EDA软件QuartusⅡ的基本使用方法。

(4) 掌握用VHDL语言设计复杂数字电路的方法。

2. 实验所用器件和设备

PC计算机 一台
EMP7128S器件 一片
TEC-8实验系统 一台

双踪示波器　　　　　　一台
万用表　　　　　　　　一个
逻辑笔　　　　　　　　一支

3. 实验内容

(1) 在VGA接口显示器上显示出下列图形

横彩条、竖彩条、彩色方格和全屏同一彩色。其中横彩条要包括黑、黄、红、品红、绿、青、黄、白8种颜色,每种颜色彩条宽度基本相等。同样竖彩条也要包括黑、黄、红、品红、绿、青、黄、白8种颜色,每种颜色彩条宽度基本相等。

(2) 内部设置一个2位的模式计数器

当CLR#为低电平时,模式计数器复位为00,当QD的上升沿到来后,模式计数器加1。当模式计数器为00时,显示横彩条;当模式计数器为01时,显示竖彩条;当模式计数器为10时,显示彩色方格;当模式计数器为11时,显示同一种颜色。

4. 实验原理

(1) VGA接口

VGA彩色显示器(640×480/60Hz)显示过程中所必需的信号,除R、G、B三基色信号外,行同步HS和场同步VS也是非常重要的两个信号。在显示器显示过程中,HS和VS的极性可正可负,显示器内可自动转换为正极性逻辑。

现以正极性为例,说明CRT的工作过程:R、G、B为正极性信号,即高电平有效。当VS=0,HS=0,CRT显示的内容为亮的过程,即正向扫描过程约为26μs,当一行扫描完毕,行同步HS=1,约需6μs;其间,CRT扫描产生消隐,电子束回到CRT左边下一行的起始位置(X=0,Y=1);当扫描完480行后,CRT的场同步VS=1,产生场同步使扫描线回到CRT的第一行第一列(X=0,Y=0)处(约为两个行周期),HS和VS的时序如图8.4所示。

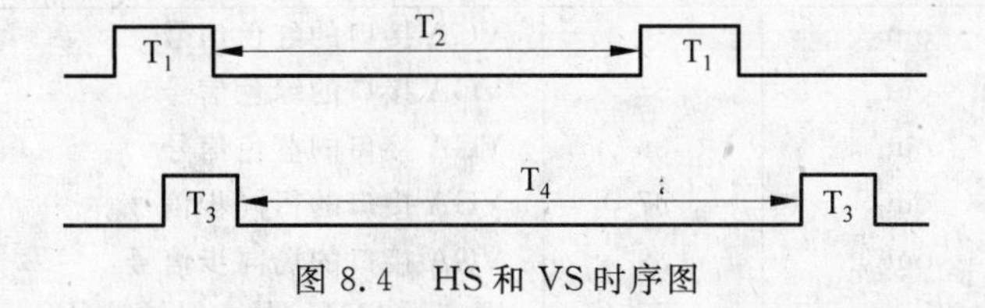

图8.4　HS和VS时序图

在图8.4中,T_1为行同步消隐(约为6μs);T_2为行显示时间(约为26μs);T_3为场同步消隐(两行周期);T_4为场显示时间(480行周期)。

表8.5是各种颜色的编码表。

表8.5　颜色编码表

颜　色	黑	黄	红	品　红	绿	青	黄	白
R	0	0	0	0	1	1	1	1
G	0	0	1	1	0	0	1	1
B	0	1	0	1	0	1	0	1

(2) VGA 接口驱动

TEC-8 实验系统中，对 VGA 接口的驱动如图 8.5 所示。

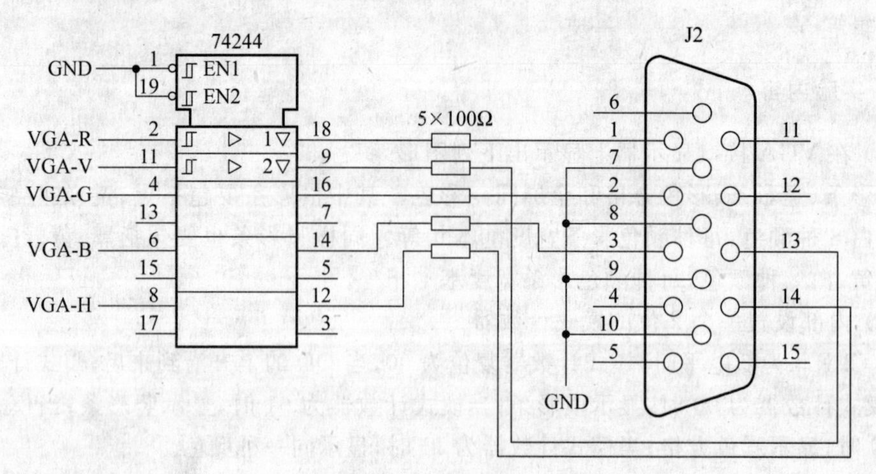

图 8.5　VGA 接口驱动电路

图 8.5 中，J2 是一个 15 芯的插座，与个人计算机 PC 上的显示器插座相同。VGA 接口的控制信号 VGA-R（红）、VGA-G（绿）、VGA-B（蓝）、VGA-H（行同步）、VGA-V（场同步）经 74244 驱动后通过 100 欧姆电阻送往插座 J2。

5. 设计提示

(1) EPM7128S 器件引脚信号

本实验中使用的信号对应的 EPM7128S 引脚如表 8.6 所示。

表 8.6　相应的 EPM7128S 引脚

信 号 名	信 号 方 向	引 脚 号	信 号 说 明
VGA-R	out	34	VGA 接口的红色信号
VGA-G	out	35	VGA 接口的绿色信号
VGA-B	out	36	VGA 接口的蓝色信号
VGA-H	out	37	VGA 接口的行同步信号
VGA-V	out	39	VGA 接口的场同步信号
MF	in	55	频率为 1MHz 的主时钟信号
QD	in	60	模式计数器时钟，按 QD 按钮后产生，高电平有效
CLR#	in	1	复位信号，按 CLR 按钮后产生，低电平有效

由于信号 MF、QD 的 EPM7128 引脚和实验台上的相应信号没有直接连接，因此在实验时首先要将扁平电缆的 34 芯端插到插座 J6 上，将扁平电缆的 6 芯端插到插座 J5 上。**注意：扁平电缆进行插接或者拔出必须在关电源后进行。**

(2) 实验时需要根据显示器的参数调整时间长度

主时钟 MF 的频率是 1MHz，因此很容易通过分频的办法产生 26μs 和 6μs 左右的时间长度。由于每台显示器参数上略有差别，实验时需要根据显示器的参数调整时间长度。

(3) 可以使用行同步脉冲作为行计数器的计数时钟

(4) 竖彩条实现方法

把 26μs 时间段分为 8 个小时间段,在每个小时间段内向 VGA 接口输出一个固定的 VGA-R、VGA-G、VGA-B 值,就会在显示器上显示出希望的竖彩条。

(5) 横彩条实现方法

将 480 行分为 8 部分,在每一部分向 VGA 接口输出一个固定的 VGA-R、VGA-G、VGA-B 值,就会在显示器上显示出希望的横彩条。

(6) 颜色方格实现方法

将竖彩条和横彩条异或,可得到颜色方格。

6. 实验报告要求

(1) 写出显示器显示指定图形设计方案,注释要详细。

(2) 写出调试过程中发生的问题,解决方法,验收结果。

第 9 章　TEC-5 计算机组成原理基本实验设计

设计了 5 个基本教学实验，每个实验 3～4 学时，既有原理型实验，又有分析型和设计型实验。实验设计的理念是由易到难，先部件，后 CPU，建立清晰的处理机整机概念。

9.1　TEC-5 实验系统平台

TEC-5 数字逻辑与计算机组成实验系统（简称 TEC-5 实验系统）参见图 2.1，该系统可用于**数字逻辑**、**计算机组成原理**、**计算机组成与系统结构**三门课程的教学实验。也可用于数字系统的研究开发，为提高学生的动手能力和创新能力，提供了一个良好的舞台。

1. TEC-5 实验系统技术特点

(1) 采用单板式结构，计算机模型采用 8 位字长，简单而实用。模型机由运算器、存储器、控制器、通用电路区、控制台五部分组成。各部分之间采用锁紧导线连接。

(2) 指令系统采用 4 位操作码，可容纳 16 条指令，已实现了加、减、逻辑与、存数、取数、条件转移、I/O 输出、停机 8 条指令，指令功能非常典型。另有 8 条指令备用。

(3) 采用双端口存储器作为内存，实现了数据总线和指令总线的双总线体制，体现了当代 CPU 的设计思想。

(4) 运算器中 ALU 由 2 片 74181 实现。4 个通用寄存器由 1 片 ispLSI1016 组成，设计新颖。

(5) 控制器采用微程序控制器和硬连线控制器两种类型，体现了当代计算机控制器设计技术的完备性。

(6) 控制存储器中的微代码可以通过 PC 下载，省去了 E^2PROM 芯片的专用编程器。

(7) 通用区提供了一片大容量在系统可编程器件 ispLSI，用于学生设计硬连线控制器、运算器、存储器、CPU 等复杂逻辑部件，进行综合设计课题。

(8) 操作控制台包含 8 个数据开关，用于置数功能；16 个双位开关，用于置信号电平；还有复位和启动二个单脉冲发生器，有单拍、单步二个开关。控制台有 5 种操作功能：写存储器，读存储器，写寄存器，读寄存器，启动程序运行。

(9) 除上述大容量可编程器件、16 个电平开关、2 个单脉冲按钮外，还有 12 个指示灯，11 个双列直插插座，6 个 8421 编码驱动的数码显示管和 1 个喇叭。还提供 500kHz、50kHz、5kHz 时钟信号源。

2. TEC-5 实验系统的组成

(1) 电源

电源部分由一个模块电源、一个电源插座、一个电源开关和一个红色指示灯组成。电源模块通过四个螺钉安装在实验箱底部。它输出+5V电压，最大负载电流3A，具有抗+5V对地短路功能。电源插座用于接交流220V，插座内装有保险丝。电源开关用于接通或者断开交流220V，当电源模块输出+5V时，红色指示灯点亮。

(2) 时序信号

时序发生器产生计算机模型所需的时序和数字逻辑实验所需的时钟。时序电路由一个500kHz晶体振荡器、2片GAL22V10(U63和U65)、一片74LS390(U64)组成。根据本机设计，执行一条微指令需要4个节拍脉冲 T_1、T_2、T_3、T_4，执行一条机器指令需要三个节拍电位 W_1、W_2、W_3，因此本机的基本时序信号如图9.1所示。

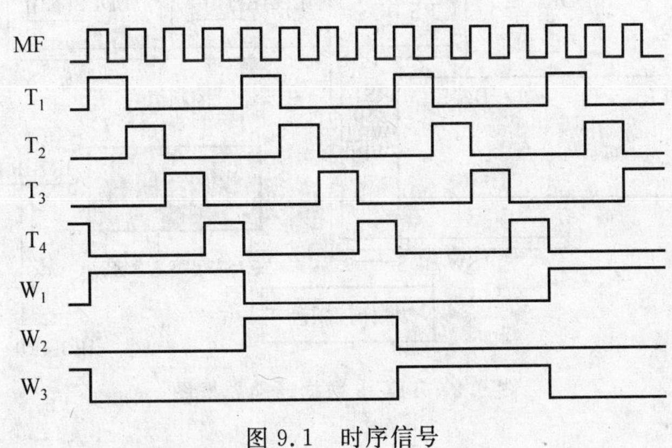

图9.1 时序信号

图9.1中，MF是晶振产生的500kHz基本时钟，T_1、T_2、T_3、T_4 是数据通路和控制器中各寄存器的节拍脉冲信号，印制板上已将它们和相关的寄存器相连。既供微程序控制器使用，也供硬连线控制器使用，W_1、W_2、W_3 只供硬连线控制器做节拍电位信号使用。另外，供数字逻辑实验使用的时钟50kHz和5kHz，由MF经一片74LS390分频后产生。

(3) 数据通路

TEC-5的数据通路采用了数据总线和指令总线双总线形式。它使用了大规模在系统可编程器件作为寄存器堆，设计简单明了。

图9.2为数据通路总框图，它由运算器、双端口存储器、操作控制器、操作控制台、数据总线DBUS与指令总线IBUS五大部分组成。

9.2 TEC-5实验系统的模块结构

9.2.1 教学实验设计的基本理念

教学实验设计的理念是原理性实验+分析性实验+设计性实验，采用模块组合方式，先易后难，先部件，后CPU，以建立清晰的整机概念为主要目标。

具体实施方案是：

(1) 与操作控制台模块连接，进行运算器模块实验；

(2) 与操作控制台模块连接，进行存储器模块实验；

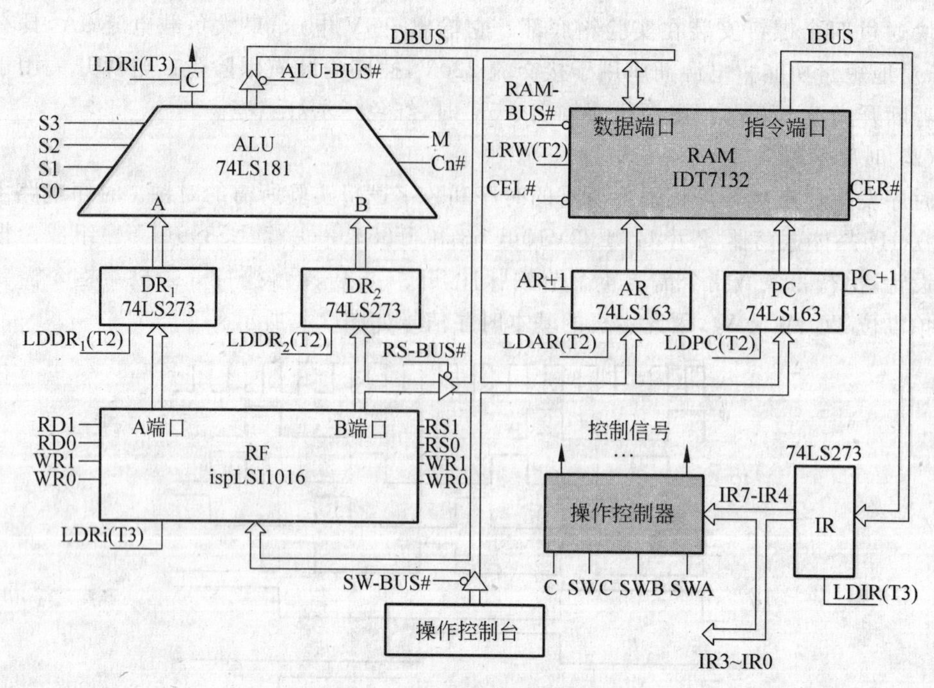

图 9.2 TEC-5 数据通路总框图

(3) 运算器模块与存储器模块相连接,进行数据通路实验;

(4) 进行微程序控制器实验;

(5) 上述四大模块通过数据总线 DBUS 和指令总线 IBUS 连接,组成一个完整的处理机系统,进行指令周期实验。

9.2.2 运算器模块

运算器模块包括 ALU、数据暂存器 DR_1 和 DR_2、通用寄存器堆 RF 三部分。

ALU 由两片 74LS181(U55 和 U60)组成,其中 U60 进行低 4 位运算,U55 进行高 4 位运算。在控制信号 M、S3~S0 控制下,ALU 的输入数据 A、B 进行各种算术、逻辑运算。有关 74181 运算的具体操作,请见教科书。当打入控制信号 LDRi=1 时,在 T_3 的上升沿由寄存器 C(U57A)保存运算产生的进位标志信号。

操作数暂存器 DR_1 和 DR_2 DR_1(U47)和 DR_2(U48)是运算操作数寄存器,用做数据缓冲寄存器。DR_1 和 ALU 的 A 口相连,DR_2 和 ALU 的 B 口相连。DR_1 和 DR_2 各由一片 74LS273 构成。当打入信号 $LDDR_1/LDDR_2=1$ 时,在 T_2 上升沿,DR_1/DR_2 接收来自通用寄存器堆 A/B 输出端口的数据。

双端口通用寄存器堆 RF 双端口通用寄存器堆 RF 由一片 ispLSI1016(U54)构成,其中包含 4 个 8 位寄存器(R0、R1、R2、R3)。它有三个控制端口:两个控制读操作,一个控制写操作,三个端口可以同时操作。由控制信号 RD1、RD0 选中的寄存器的数据从 A 端口读出;由控制信号 RS1、RS0 选中的寄存器的数据从 B 端口读出;控制信号 WR1、

WR0 选择要写入的寄存器。LDRi 控制写操作，当打入信号 LDRi=1 时，在 T_3 上升沿将数据总线 DBUS 上的数据写入由 WR1、WR0 选中的通用寄存器。

从 RF 的 A 端口读出的数据直接送 DR_1。由 B 端口读出的数据除了直接送 DR_2 之外，还可以送到数据总线 DBUS 上。当 RS_BUS#=0 时，允许 B 端口数据送 DBUS。

数据通路微操作控制信号见表 9.1 所示。

表 9.1 控制信号表

信号名称	说明
S3,S2,S1,S0	选择 ALU 的运算类型
M	选择 ALU 的运算模式：M=0，算术运算；M=1，逻辑运算
Cn#	ALU 最低位的+1 信号，为 0 时，ALU 最低位有进位
LR/W#	当 LR/W#=1 且 CEL#=0 时，对双端口存储器左端口进行读操作 当 LR/W#=0 且 CEL#=0 时，在 T2 节拍对左端口进行写操作
CEL#	双端口存储器左端口使能信号。为 0 时允许对左端口读、写
CER#	双端口存储器右端口使能信号。为 0 时将指令送往指令总线 IBUS
RAM_BUS#	存储器数据送数据总线 DBUS 信号。为 0 时将双端口存储器左端口数据送 DBUS
ALU_BUS#	ALU 输出三态门使能信号，为 0 时将 ALU 运算结果送 DBUS
RS_BUS#	通用寄存器右端口三态门使能信号。为 0 时将 RF 的 B 端口数据送 DBUS
SW-BUS#	控制台输出三态门使能信号。为 0 时将控制台开关 SW7～SW0 数据送 DBUS
LDRi	双端口寄存器堆写入信号。为 1 时将数据总线上的数据在 T_3 的上升沿写入由 WR1、WR0 指定的寄存器
$LDDR_2$	对操作数寄存器 DR_2 进行加载控制信号。为 1 时在 T_2 的上升沿将由 RS1、RS0 指定的寄存器中的数据打入 DR_2
$LDDR_1$	对操作数寄存器 DR_1 进行加载的控制信号。为 1 时在 T_2 的上升沿将由 RD1、RD0 指定的寄存器中的数据打入 DR_1
LDAR#	对地址寄存器 AR 进行加载的控制信号。为 0 时在 T_2 的上升沿将数据总线上的数据打入地址寄存器 AR
AR+1	对 AR 进行加 1 操作的电位控制信号。为 1 时在 T_2 的上升沿使 AR 的值加 1
LDPC#	对程序计数器 PC 进行加载的控制信号。为 0 时在 T_2 的上升沿将数据总线上的数据打入程序计数器 PC
PC+1	对 PC 进行加 1 操作的电位控制信号。为 1 时在 T_2 的上升沿使 PC 的值加 1
LDIR	对指令寄存器进行加载的控制信号。为 1 时在 T_3 的上升沿将指令总线 IBUS 上的数据打入指令寄存器 IR
TJ	停机命令，关闭时序信号

9.2.3 操作控制台模块

操作控制台由若干拨动开关、按钮开关和指示灯组成，用于设置控制台指令，人工控制数据通路,设置数据代码信号,显示数据代码信号,显示相关数据等功能。

(1) 数据开关 SW7~SW0

八位数据开关,通过 U26(74LS244)接到数据通路部分的数据总线 DBUS 上,用于向数据通路中的寄存器和存储器置数。当 SW_BUS#=0 时,SW7~SW0 的数据送往数据总线 DBUS。开关拨到上面位置时输出 1,开关拨到下面位置时输出 0。SW7 对应 DBUS 最高位,SW0 对应 DBUS 最低位。

(2) 模拟数据通路控制信号开关 K15~K0

拨动开关,拨到上面位置输出 1,拨到下面位置输出 0。实验中用于模拟数据通路部分所需的电平控制信号。例如,将 K1 与 $LDDR_1$ 相连,则 K1 拨到上面位置时,表示 $LDDR_1$ 为 1。这些开关在《数字逻辑》实验时也作为电平输入开关。

(3) 数据总线指示灯 DBUS

八个发光二极管(高 4 位为红,低 4 位为绿),指示 DBUS 上数据。灯亮表示 1。

(4) 指令总线指示灯 IBUS

八个发光二极管(高 4 位为红,低 4 位为绿),指示 IBUS 上数据。灯亮表示 1。

(5) 地址指示灯 AR

八个发光二极管(高 4 位为红,低 4 位为绿),指示双端口存储器的左端口地址寄存器内容。灯亮表示 1。

(6) 程序计数器指示灯 PC

八个发光二极管(高 4 位为红,低 4 位为绿),指示双端口存储器的右端口地址寄存器内容。灯亮表示 1。

(7) 32 位微命令指示灯 CM31~CM0

32 个红色发光二极管,显示从控制存储器读出的微命令的内容。

(8) 其他指示灯 C,BUSYL#,BUSYR#

C 是进位标志指示灯。BUSYL#,BUSYR#分别是 RAM 左右端口忙指示灯。

(9) 微动开关 CLR#,QD

按一次 CLR#开关,产生一个负的单脉冲 CLR#、正的单脉冲 CLR。CLR#对全机进行复位。CLR#到时序电路和控制器的连接已经在印制板上实现,控制存储器和数据通路部分不使用 CLR#。按一次 QD 按钮,产生一个正的启动脉冲 QD 和负的单脉冲 QD#。QD 使机器运行。QD 到时序电路的连接已在印制板上实现。

(10) 单拍,单步开关 DP,DB

DP(单拍)、DB(单步)是两种特殊的非连续工作方式。当 DP=1 时,计算机处于单拍工作方式,按一次 QD 按钮,只发送一组时序信号 T1~T4,执行一条微指令。DB 方式只是对硬连线控制器适用,当 DB=1 时,按一次 QD 按钮,发送一组 W1~W3,执行一条机器指令。注意:这两个开关任何时刻只能有一个置 1。当 DP=0 且 DB=0 时,TEC-5 处于连续工作方式,按 QD 按钮,TEC-5 连续执行双端口 RAM 中存储的程序。

(11) 控制台操作开关 SWC、SWB、SWA

三个专用开关 SWC、SWB、SWA 定义了 TEC-5 实验系统的 5 条控制台指令的功能。控制台操作开关 SWC、SWB、SWA 主要用于 CPU 组成与机器指令执行实验。五条控制台指令的定义如表9.2的描述。

表9.2 操作控制台工作方式

SWC	SWB	SWA	操 作
0	0	0	启动程序(PR)
0	0	1	写存储器(WRM)
0	1	0	读存储器(RRM)
0	1	1	写寄存器(WRF)
1	0	0	读寄存器(RRF)

在按复位按钮CLR#后,TEC-5复位,根据SWC、SWB、SWA状态来选择工作方式。在控制台工作方式下,必须使用DP=0,DB=0。

启动程序(PR) 按下复位按钮CLR#后,微地址寄存器清零。这时,置SWC=0、SWB=0、SWA=0,用数据开关SW7~SW0设置RAM中的程序首地址,按QD按钮后,启动程序执行。

写存储器(WRM) 按下复位按钮CLR#后,置SWC=0、SWB=0、SWA=1。

① 在SW7~SW0中置好存储器地址,按QD按钮将此地址打入AR。

② 在SW7~SW0置好数据,按QD,将数据写入AR指定的存储器单元,这时AR加1。

③ 返回②。依次进行下去,直到按复位键CLR#为止。这样就实现了对RAM的连续手动写入。这个控制台操作的主要作用是向RAM中写入自己编写的程序和数据。

读存储器(RRM) 按下复位按钮CLR#后,置SWC=0、SWB=1、SWA=0。

① 在SW7~SW0中置好存储器地址,按QD按钮将此地址打入AR,RAM将此地址单元的内容读至DBUS显示。

② 按QD按钮,这时AR加1,RAM将新地址的内容读至DBUS显示。

③ 返回②。依次进行下去,直到按复位键CLR#为止。这样就实现了对RAM的连续读出显示。这个控制台操作的主要作用是检查写入RAM的程序和数据是否正确。在程序执行后检查程序执行的结果(在存储器中的部分)是否正确。

寄存器写操作(WRF) 按下复位按钮CLR#后,置SWC=0、SWB=1、SWA=1。

① 首先在SW7~SW0置好存储器地址,按QD按钮,则将此地址打入AR寄存器和PC寄存器。

② 在SW1、SW0置好寄存器选择信号WR1、WR0,按QD按钮,通过双端口存储器的右端口将WR1、WR0(即SW1、SW0)送到指令寄存器IR的低2位。

③ 在SW7~SW0中置好要写入寄存器的数据;按QD按钮,将数据写入由WR1、WR0指定的寄存器。

④ 返回到②继续执行,直到按复位按钮CLR#。这个控制台操作主要在程序运行前,向相关的通用寄存器中置入初始数据。

寄存器读操作(WRF) 按下复位按钮CLR#后,置SWC=1、SWB=0、SWA=0。

① 首先在SW7~SW0置好存储器地址,按QD按钮,则将此地址打入AR寄存器和PC寄存器。

② 在SW3、SW2置好寄存器选择信号RS1、RS0,按QD按钮,通过双端口寄存器的右端口将RS1、RS0(即SW3、SW2)送到指令寄存器IR的第3、2位。RS1、RS0选中的寄存器的数据读出到DBUS上显示出来。

③ 返回②继续下去,直到按复位键CLR#为止。这个控制台操作的主要作用是在程序执行前检查写入寄存器堆中的数据是否正确,在程序执行后检查程序执行的结果(在寄

存器堆中的部分)是否正确。

9.2.4 存储器模块

存储器包括双端口 RAM、地址寄存器 AR、程序计数器 PC 三部分及其互连总线。

1. 双端口存储器 RAM

该部分由一片 IDT7132(U44)芯片构成。IDT7132 是 2048 字节的双端口 SRAM,本实验系统实际使用 256 字节。IDT7132 的两个端口可以同时进行读、写操作。在本实验系统中,RAM 左端口连接数据总线 DBUS,可进行读、写操作;右端口连接指令总线 IBUS,指令寄存器 IR,作为只读端口使用。IDT7132 有 6 个控制引脚。CEL#、LR/W#、OEL#控制左端口读、写操作:CER#、RR/W#、OER#控制右端口的读写操作。CEL#为左端口选择引脚,低电平有效;当 CEL#=1 时,禁止对左端口的读、写操作。LR/W#控制对左端口的读写,当 CEL#=0 且 LR/W#=1 时,左端口进行读操作:当 CEL#=0 且 LR/W#=0 且 T_2 为高时,左端口进行写操作。OEL#的作用等同于三态门,当 CEL#=0 且 OEL#=0 时,允许左端口读出的数据送到数据总线 DBUS 上;当 OEL#=1 时,禁止左端口的数据放到 DBUS。为便于理解,在以后的实验中,我们将 OEL#引脚称为 RAM_BUS#。控制右端口的三个引脚与左端口的三个引脚完全类似,不过只使用了读操作,在实验板上已将 RR/W#固定接高电平,OER#固定接地,当 CER#=0 时,右端口读出的数据(更确切的说法是指令)放到指令总线 IBUS 上,然后当 LDIR=1 时在 T_3 的上升沿打入指令寄存器 IR。所有数据/指令的写入都使用左端口,右端口作为指令端口,不需要进行数据的写入。

左端口读出的数据放在数据总线 DBUS 上,由数据总线指示灯 DBUS7~DBUS0 显示。右端口读出的指令放在指令总线 IBUS 上,由指令总线指示灯 IBUS7~IBUS0 显示。

2. 地址寄存器 AR 和程序计数器 PC

存储器左端口的地址寄存器 AR(U53、U59)和右端口的地址寄存器 PC(U52、U45)都使用两片 74LS163,具有地址递增的功能。PC 是程序计数器,提供双端口存储器右端口地址,U52 是低 4 位,U45 是高 4 位,具有加载数据和加 1 功能。AR 是地址寄存器,提供双端口存储器左端口地址,U53 是低 4 位,U59 是高 4 位,具有加载数据和加 1 功能。AR 中的地址用地址 AR 指示灯 AR7~AR0 显示,PC 中的地址用程序计数器 PC 指示灯 PC7~PC0 显示。

当打入控制信号 LDAR#=0 时,AR 在 T_2 时从 DBUS 接收来自 SW7~SW0 的地址;当 AR+1=高电平时,在 T_2 的上升沿存储器地址加 1。注意:LDAR#和 AR+1 两个控制信号不能同时有效。在下一个时钟周期,令 CEL#=0,LR/W#=0,则在 T_2 节拍进行写操作,将 SW7~SW0 设置的数据经 DBUS 写入存储器。

当打入控制信号 LDPC#=0 时,PC 在 T_2 时从 DBUS 接收来自 SW7~SW0 的地址,作为程序的启动地址;当一条机器指令开始执行时,取指以后,PC+1=高电平,程序计数器给出下一条指令的地址。注意:LDPC#和PC+1两个控制信号不能同时有效。

9.2.5 控制器模块

图9.2所示的数据通路图中,控制器包括指令总线IBUS,指令寄存器IR、操作控制器三部分。操作控制器可采用微程序控制器,也可采用硬连线控制器。本实验系统中采用微程序控制器。课程设计时,学生利用大容量可编程器件自己设计硬连线控制器。也可利用E^2PROM设计备用指令系统的微程序控制器。

1. 指令寄存器IR

指令寄存器IR是一片74LS273(U46)。当打入信号LDIR=1时,在T_3的上升沿,它从双端口存储器的右端口接收指令。指令的操作码部分IR7~IR4送往控制器译码,产生数据通路的控制信号。指令的操作数部分送往寄存器堆RF,选择参与运算的寄存器。IR1、IR0与RD1、RD0连接,选择目标操作数寄存器;IR3、IR2与RS1、RS0连接,选择源操作数寄存器。IR1、IR0也与WR1、WR0连接,以便将运算结果送往目标操作数寄存器。

本实验系统设计了8条机器指令,均为单字长(8位)指令。指令功能及格式如表9.3所示。其中的×代表随意值;RS1、RS0是寄存器堆B端口读出的源选择信号;RD1、RD0是寄存器堆A端口读出的目标选择信号,WR1、WR0是写入的寄存器的选择信号。在实验中,需要将IR3~IR0这些操作数选择信号与RF对应引脚连接好。

表9.3 机器指令系统

名 称	助 记 符	功 能	指令格式		
			IR7 IR6 IR5 IR4	IR3 IR2	IR1 IR0
加法	ADD Rd,Rs	Rd+Rs→Rd	0 0 0 0	RS1、RS0	RD1 RD0
减法	SUB Rd,Rs	Rd−Rs→Rd	0 0 0 1	RS1、RS0	RD1、RD0
逻辑与	AND Rd,Rs	Rd & Rs→Rd	0 0 1 0	RS1、RS0	RD1、RD0
存数	STA Rd,[Rs]	Rd→[Rs]	0 0 1 1	RS1、RS0	RD1、RD0
取数	LDA Rd,[Rs]	[Rs]→Rd	0 1 0 0	RS1、RS0	RD1、RD0
条件转移	JC R3	若C=1则R3→PC	0 1 0 1	1 1	× ×
停机	STP	暂停执行	0 1 1 0	× ×	× ×
输出	OUT Rs	Rs→DBUS	0 1 1 1	RS1、RS0	× ×

2. 微指令格式与控制存储器

微指令格式采用水平型,微指令字长31位,其中顺序控制部分9位:判别字段3位,后继微地址6位。操作控制字段22位,即有22个微命令。

控制存储器由4片E^2PROM(U54,U55,U56,U57)构成。使用HN58C65芯片，存储容量为8KB,本实验系统只使用了64个存储单元。图9.3表示微程序控制器框图。

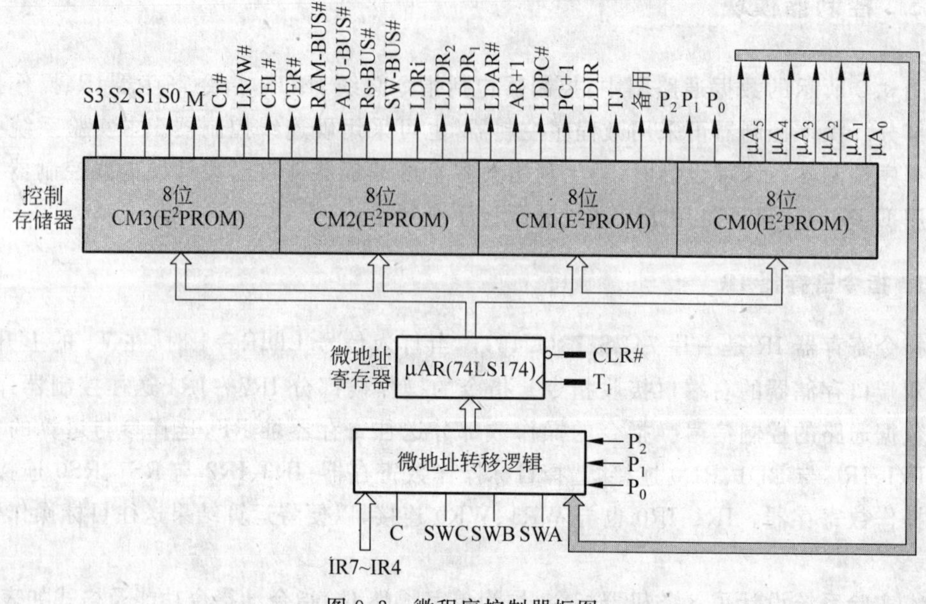

图9.3 微程序控制器框图

判别标志位P_0和控制台操作开关SWC、SWB、SWA一起确定控制台指令微程序的分支，完成不同的控制台操作。P_1与指令操作码(IR的高4位)一起确定机器指令微程序的分支，转向各种指令的不同微程序流程。P_2与进位标志C一起确定条件转移指令。

操作控制字段22位，采用直接表示法，控制数据通路的操作。控制信号名带#者为低电平有效。

由于HN58C65芯片是电擦除编程的E^2PROM,因此可以实现不用将CM0～CM3从插座上取出就能实现对其编程的目的。为此TEC-5实验系统中使用1片单片机芯片89S52(U39)和一些附加电路实现了不用拔出CM0～CM3就能对其编程，从而改写这些E^2PROM中微代码的目的。89S52中包含一个监控程序，它负责通过串行口和PC机通信，向PC机发出提示信息、接收命令和数据，并根据接收到的命令(0,1,2,3)决定将随后收到的64个数据写入指定的E^2PROM。命令0、1、2、3指定写那个器件，0对应CM0、1对应CM1,2对应CM2,3对应CM3。64B的数据将写入指定E^2PROM的前64个单元(地址00H～3FH)。

3. E^2PROM两种工作方式

TEC-5系统中的E^2PROM有两种工作方式，一种叫**正常**工作方式，一种叫**编程**工作方式。当编程开关(在U39 89S52的下面)拨到“正常”位置时，TEC-5可以正常做实验，CM0～CM3只受控制器的控制，它里面的微代码正常读出，供数据通路使用。当编程开关拨到“编程”位置时，CM0～CM3只受单片机89S52的控制，用来对4片E^2PROM编程。在编程状态下，不进行正常实验，而是改写 E^2PROM 内容。出厂时编程开关处于**正常状态**。

注意：做计算机组成原理实验时**编程开关**一定要处于“正常”位置。

4. 编程软件——串口调试助手 2.2 简介

在 PC 机上运行的和 TEC-5 通信的编程软件是串口调试助手。下面对该软件做一些简单介绍。通过双击出厂时提供的该软件的图标，即出现该软件的界面。图 9.4 是该软件的界面。

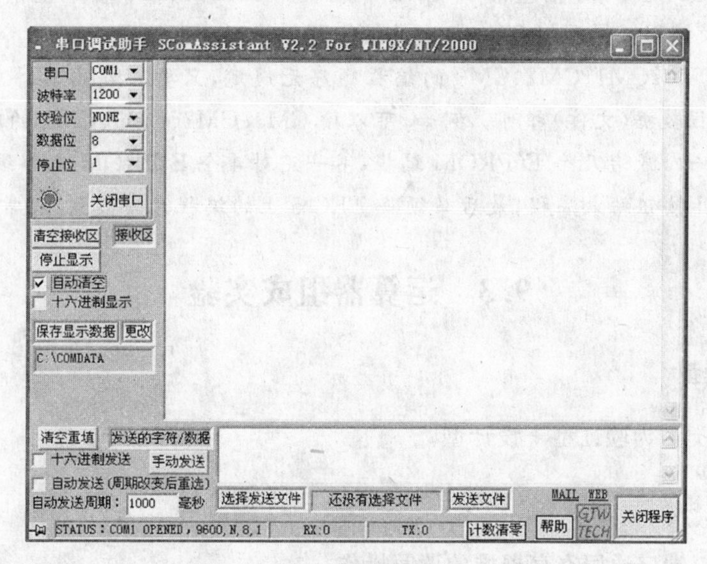

图 9.4 编程软件界面

此软件很简单，一看就知道怎么用，这里简述需要注意的地方。

首先，串口需要设置。如果机器就一个串口，那就不用管了，要是有 1 个以上的串口，那就看看此时通信用的是哪一个了。**串口的设置要和 PC 机上使用的编程下载串口一致**。

其次，波特率等参数要保证和 89S52 里的下载软件中的一致。即波特率为 1200 波特，数据位 8 位，无校验位，停止位 1 位。**这些参数设置不正确将无法通信**。

再次，窗口下部空白区为 PC 数据发送窗口，其上面较大的空白区为 PC 数据接收窗口。最后，需要时刻注意按钮“关闭串口”的状态。

5. CM0～CM3 的下载步骤

(1) 在 TEC-5 关闭电源的情况下，用出厂时提供的 RS232 串口线将 TEC-5 实验仪的串口与主机的串口连接起来。TEC-5 上的编程开关拨到编程位置，将串口调试助手程序打开，设置好参数，打开实验台电源，按一下复位键 Reset。

(2) 软件的接收区此时会显示“WAITING FOR COMMAND...”，请在数据发送区写入 0，按“手动发送”按钮，将命令 0 发送给 89S52，表示通知它要写 CM0 文件了。

(3) 数据接收区会出现“PLEASE CHOOSE A CM FILE”,请通过按钮“选择发送文件”选择要写入CM0的二进制文件,文件必须是BIN格式,长度为64B。然后单击“发送文件”按钮将文件发往89S52。89S52接收数据并对CM0编程,然后它读出CM0的数据和从PC接收的数据进行比较,不管正确与否,89S52都向PC发出结果的信息,在串口调试助手软件数据接收窗口显示出来。

(4) 等待文件发送完毕的提示(注意看软件最底下的状态行和数据接收区),请注意看数据接收区的命令提示,重复(2)、(3)步骤,分别输入命令1、2、3,同时,应分别选择CM1、CM2、CM3文件,对相应的E^2PROM编程。CM1、CM2、CM3全部编程完后,按Reset按钮结束编程。最后将TEC-5上的编程开关拨到正常位置。

注意:对CM0、CM1、CM2、CM3的编程顺序无规定,只要在发出器件号后紧跟着发送该器件的编程数据(文件)即可。例如,可以按CM3、CM2、CM0、CM1的顺序编程。编程也可以只对一个或者几个E^2PROM编程,不一定对4个E^2PROM全部编程,只要编程结束后按Reset按钮结束编程,最后必须将TEC-5上的编程开关拨到“正常”位置。

9.3 运算器组成实验

1. 实验类型

本实验的类型为验证型+设计型。

2. 实验目的

(1) 熟悉双端口通用寄存器堆的读写操作。

(2) 熟悉运算器的数据传送通路。

(3) 验证运算器74LS181的算术逻辑功能。

(4) 按给定数据,设计指定的算术、逻辑运算。

3. 实验设备

(1) TEC-5实验系统　　一台

(2) 双踪示波器　　一台

(3) 逻辑测试笔　　一支

4. 实验电路

图9.5示出了本实验所用的运算器数据通路图。参与运算的数据首先通过实验台操作板上的八个二进制数据开关SW7～SW0来设置,然后输入到双端口通用寄存器堆RF中。

RF(U54)由一个ispLSI1016实现,功能上相当于四个8位通用寄存器,用于保存参与运算的数据,运算后的结果也要送到RF中保存。双端口寄存器堆模块的控制信号中,RS1、RS0用于选择从B端口(右端口)读出的通用寄存器,RD1、RD0用于选择从A端口

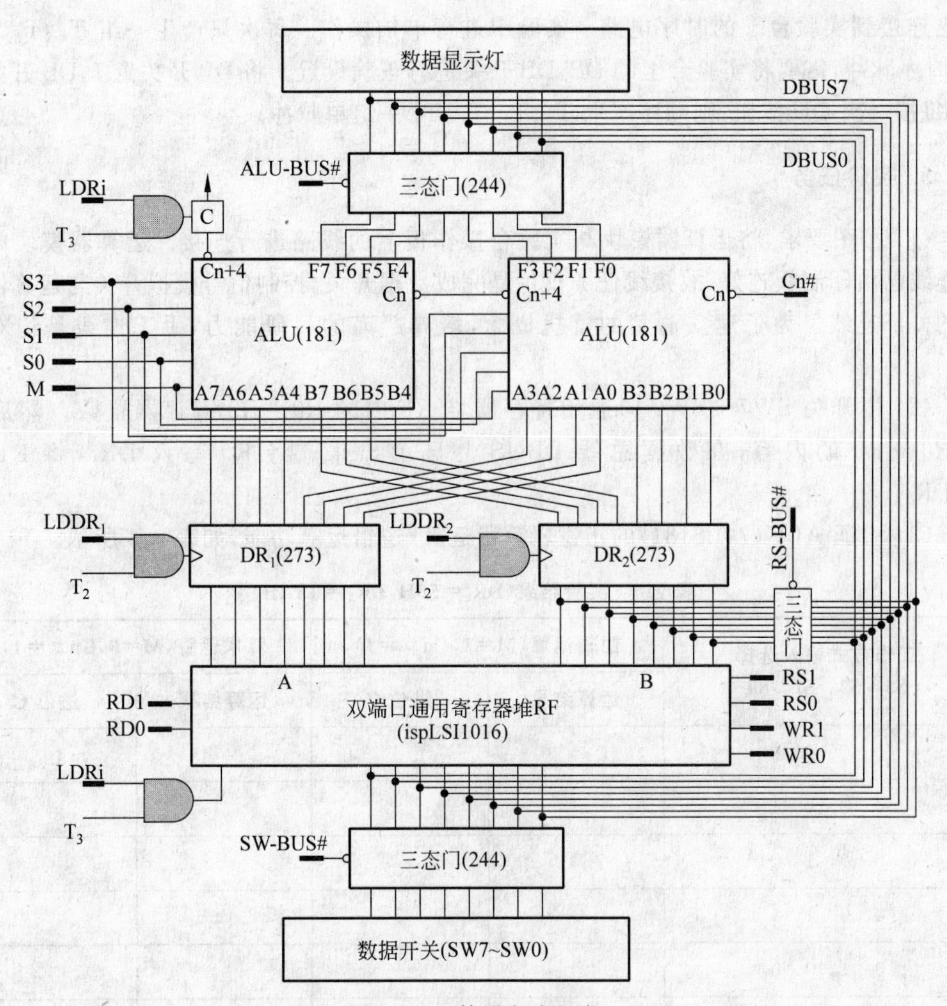

图 9.5 运算器实验电路

(左端口)读出的通用寄存器。而 WR1、WR0 用于选择写入的通用寄存器。LDRi 是写入控制信号,当 LDRi=1 时,数据总线 DBUS 上的数据在 T_3 写入由 WR1、WR0 指定的通用寄存器。RF 的 A、B 端口分别与操作数暂存器 DR_1、DR_2 相连;另外,RF 的 B 端口通过一个三态门连接到数据总线 DBUS 上,因而 RF 中的数据可以直接通过 B 端口送到 DBUS 上。

DR_1(U47)和 DR_2(U48)各由 1 片 74LS273 构成,用于暂存参与运算的数据。DR_1 接 ALU 的 A 输入端口,DR_2 接 ALU 的 B 输入端口。ALU(U55、U60)由两片 74LS181 构成,ALU 的输出通过一个三态门(74LS244)发送到数据总线 DBUS 上。

实验台上的八个发光二极管 DBUS7～DBUS0 显示灯接在 DBUS 上,可以显示输入数据或运算结果。另有一个指示灯 C 显示运算器进位标志信号状态。

图 9.5 中尾巴上带粗短线标记的信号都是控制信号,其中 S3、S2、S1、S0、M、Cn＃、$LDDR_1$,$LDDR_2$,ALU_BUS＃、SW_BUS＃、LDRi,RS1、RS0,RD1,RD0、WR1、WR0 都是电位信号,在本次实验中用拨动开关 K0～K15 来模拟;T_2、T_3 为时序脉冲信号,印制板

上已连接到实验台上的时序电路。实验中进行单拍操作。每次只产生一组 T_1、T_2、T_3、T_4 时序脉冲,需要将实验台上的DP、DB开关进行正确设置。将DP开关置1,DB开关置0。每按一次QD按钮,则顺序产生 T_1、T_2、T_3、T_4 一组单脉冲。

5. 实验任务

(1) 按图要求,将运算器模块与实验台操作板上的线路进行连接。运算器模块内部的连线已由印制板连好,故接线任务仅仅是完成数据开关、控制信号模拟开关与运算器模块的外部连线。为了建立清楚的整机概念,培养严谨的科研能力,手工连线是绝对必要的。

(2) 用开关SW7~SW0向通用寄存器堆RF内的R0~R3寄存器置数。然后读出R0~R3的内容,在数据总线DBUS上显示出来。将R0写入 DR_1,将R1写入 DR_2。

(3) 验证ALU(74LS181)的正逻辑算术运算/逻辑运算功能,如表9.4所示。

表9.4 实验结果(DR_1=55H,DR_2=0AAH)

工作方式输入选择 S3 S2 S1 S0	逻辑运算(M=1,Cn#=1)		算术运算(M=0,Cn#=1)	
	运算结果	进位C	运算结果	进位C
0 0 0 0				
0 0 0 1				
0 0 1 0				
0 0 1 1				
0 1 0 0				
0 1 0 1				
0 1 1 0				
0 1 1 1				
1 0 0 0				
1 0 0 1				
1 0 1 0				
1 0 1 1				
1 1 0 0				
1 1 0 1				
1 1 1 0				
1 1 1 1				

令 DR_1＝55H，DR_2＝0AAH，Cn＃＝1。在 M＝0 和 M＝1 两种情况下，令 S3～S0 的值从 0000B 变到 1111B，用表 9.4 记录实验结果。实验结果包括进位 C，它可由指示灯显示。

注意：进位 C 是运算器 ALU 最高位进位 C_{n+4} 的反，即有进位为 1，无进位为 0。

(4) 测试进位延迟、求和延迟时间。

为了测出最坏情况下的进位延迟时间，可先在 DR_1 中置全 1，DR_2 中置全 0，ALU 的功能操作指定为加法操作，在 Cn＃上接入时钟源连续方波输出脉冲。这样，当 Cn＃＝0 时，执行 A 加 B 加 Cn＃后，最高进位 C_{n+8}＃为 0；当 Cn＃＝1 时，C_{n+8}＃则为 1。因而可以用双踪示波器测出 Cn＃和 C_{n+8}＃之间 1 到 0 的负跳变延时，此延时即为最坏情况下的进位延迟时间。

求和延迟时间是指信号从 ALU 的 Ai 端或 Bi 端输入，到求和输出端 Fi 经三态门输出至 BUS 总线上电平稳定所需要的时间。可以采用测试进位延迟的方法进行测量。

6. 可研究和探索的问题

如何实现两片 ALU(74LS181)之间的快速进位？请通过通用区来设计实现，并测试最低位到最高位的进位延迟时间。

7. 实验要求

(1) 做好实验预习，掌握运算器的数据传输通路及其功能特性，并熟悉实验中所用模拟开关的作用和使用方法。

(2) 写出实验报告，内容：

① 实验目的；

② 完成实验任务的数据表格，比较实验任务中的理论分析值与实验结果值；

③ 画出进位延迟和求和延迟时间波形图及其测量值；

④ 可研究讨论的其他问题。

9.4 双端口存储器实验

1. 实验类型

本实验类型为验证型＋设计型。

2. 实验目的

(1) 了解双端口静态存储器 IDT7132 的工作特性及其使用方法。

(2) 了解半导体存储器怎样存储和读取数据。

(3) 了解双端口存储器怎样并行读写，并分析冲突产生情况。

3. 实验设备

(1) TEC-5实验系统　　　　一台

(2) 双踪示波器　　　　一台

(3) 逻辑测试笔　　　　一支

4. 实验电路

图9.6示出了双端口存储器的实验电路。这里使用一片IDT7132(2048×8位),两个端口的地址输入$A_8 \sim A_{10}$引脚接地,因此实际使用的存储容量为256B。左端口的数据输出端接数据总线DBUS,右端口的数据输出接指令总线IBUS。

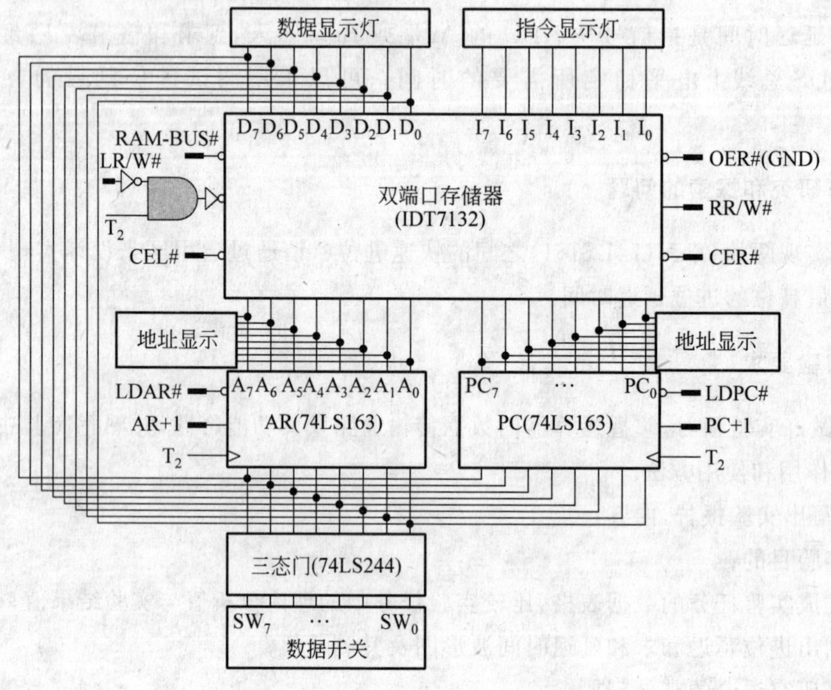

图9.6　双端口存储器实验电路图

IDT7132有6个控制引脚:CEL#、LR/W#、OEL#、CER#、RR/W#、OER#。CEL#、LR/W、OEL#控制左端口读写操作;CER#、RR/W、OER#控制右端口的读写操作。CEL#为左端口选择引脚,低电平有效;当CEL#=1时,禁止对左端口的读写操作。LR/W#控制对左端口的读写。当LR/W#=1时,左端口进行读操作;当LR/W#=0时,左端口进行写操作。OEL#的作用等同于三态门,当OEL#=0时,允许左端口读出的数据送到数据总线DBUS上;当OEL#=1时,禁止左端口的数据放到DBUS。因此,为便于理解,在以后的实验中,我们将OEL#引脚称为RAM_BUS#。控制右端口的三个引脚与左端口的三个完全类似,这里不再赘述。有两点需要说明:

(1) 右端口读出的数据(更确切的说是指令)放到指令总线IBUS上,而不是数据总线DBUS,然后送到指令寄存器IR。

(2) 所有数据/指令的写入都使用左端口,右端口作为指令端口,不需要进行数据的写入,因此我们将右端口处理成一个只读端口,已将 RR/W＃固定接高电平,OER＃固定接地。这两点请同学认真理解。

存储器左端口的地址寄存器 AR 和右端口的地址寄存器 PC 都是 2 片 74LS163,具有地址递增的功能。同时,PC 在以后的实验当中也起到程序计数器的作用。左右端口的数据和左右端口的地址都有特定的显示灯显示。存储器地址和写入数据都由实验台操作板上的二进制开关分时给出。

当 LDAR＃＝0 时,AR 在 T_2 时从 DBUS 接收来自 SW7～SW0 的地址;当 AR＋1＝1 时,在 T_2 的上升沿存储器地址加 1,LDAR＃和 AR＋1 不能同时有效。在下一个时钟周期,令 CEL＃＝0,LR/W＃＝0,则在 T_2 的上升沿开始进行写操作,将 SW7～SW0 设置的数据经 DBUS 写入存储器。

5. 实验任务

(1) 按电路图要求,将有关控制信号和二进制开关对应接好,仔细检查后,接通电源。

(2) 将二进制数码开关 SW7～SW0(SW0 为最低位)设置为 00H,将其作为存储器地址置入 AR;然后将二进制开关的 00H 作为数据写入 RAM 中。用这个方法,向存储器的 10H、20H、30H、40H 单元依次写入 10H、20H、30H、40H。

(3) 使用存储器的左端口,依次将第(2)步存入的 5 个数据读出,观察各单元中存入的数据是否正确。记录数据。注意:禁止两个或两个以上的数据源同时向数据总线上发送数据!在本实验中,当存储器进行读出操作时,务必将 SW_BUS＃的三态门关闭。而当向 AR 送入数据时,双端口存储器也不能被选中。

(4) 通过存储器的右端口,将第(2)步存入的 5 个数据读出,观察结果是否与第(3)步结果相同。记录数据。

(5) 双端口存储器的并行读写和访问冲突。

将 CEL＃、CER＃同时置为 0,使存储器的左右端口同时被选中。当 AR 和 PC 的地址不相同时,没有访问冲突;地址相同时,由于都是读操作,也不会冲突。如果左右端口地址相同,且一个进行读操作,一个进行写操作。就会发生冲突。检测冲突的方法:观察两个端口的"忙"信号输出指示灯 BUSYL＃和 BUSYR＃。BUSYL＃/BUSYR＃灯亮(为 0)时,不一定发生冲突,但发生冲突时,BUSYL＃/BUSYR＃必定亮。

6. 可探索和研究的问题

(1) 写入脉冲宽度若连续可调,RAM 是否能够保持正常写入?

(2) 如何测试 RAM 的读出时间,请设计测试方案。

(3) 如何利用通用区来设计一个测试电路,自动判别写/读数据的正确性?

7. 实验要求

(1) 做好实验预习,掌握 IDT7132 双端口存储器的功能特性及使用方法。

(2) 写出实验报告,内容:

① 实验目的。

② 实验任务的数据表格,检测结果。

③ 可讨论的其他问题。

9.5 数据通路实验

1. 实验类型

本实验类型为验证型+分析型+设计型。

2. 实验目的

(1) 进一步熟悉计算机的数据通路。

(2) 将双端口通用寄存器堆和双端口存储器模块连接,构成新的数据通路。

(3) 掌握数字逻辑电路中故障的一般规律,以及排除故障的一般原则和方法。

(4) 锻炼分析问题与解决问题的能力,在出现故障的情况下,独立分析故障现象并排除故障。

3. 实验设备

(1) TEC-5 实验系统　　一台

(2) 双踪示波器　　一台

(3) 逻辑测试笔　　一支

4. 实验电路

数据通路实验电路如图 9.7 所示。它是将双端口存储器模块和双端口通用寄存器堆模块连接在一起形成的。存储器的指令端口(右端口)不参与本次实验。通用寄存器堆连接运算器模块,本次实验涉及其中的 DR_1。

由于双端口存储器是三态输出,因而可以直接连接到 DBUS 上。此外,DBUS 还连接着通用寄存器堆。这样,写入存储器的数据由通用寄存器提供,从 RAM 中读出的数据也可以放到通用寄存器堆中保存。

本实验的各模块在以前的实验中都已介绍,请参阅前面相关章节。注意实验中的控制信号与模拟它们的二进制开关 K0~K15 的连接。

5. 故障的分析与排除

数字电路中难免要出现这样或那样的故障。有了故障迅速加以诊断并排除,使电路能正常运行,这是实际工作中经常遇到的事。因此,学会分析电路故障,提高排除故障的能力,是很有必要的。

就数字电路的故障性质而言,大体有两大类:一类是设计错误造成的故障;另一类是元件损坏或性能不良造成的。

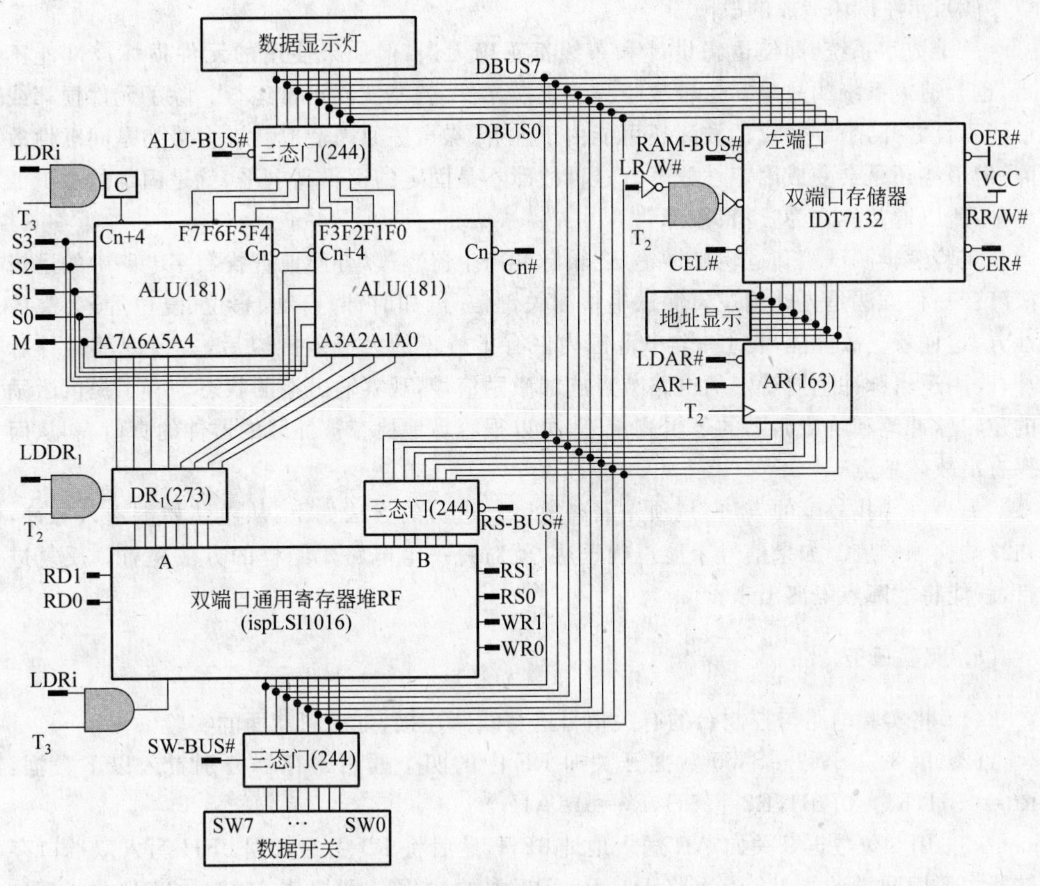

图 9.7 数据通路实验电路图

(1) 设计错误造成的故障

常见的设计错误有逻辑设计错误和布线错误。

对于布线错误，只要能仔细进行检查就可以排除。要较快地判断出布线错误的位置，可以通过对某个预知特性点的观察检测出来。例如，该点的信号不是预期的特性，则可以往前一级查找。常见的布线错误是漏线和布错线。漏线的情况往往是输入端未连线或浮空。浮空输入可用三状态逻辑测试笔或电压表检测出来。

对于设计错误，需要在设计中加以留心和克服。首先要遵循的一个原则是：为使系统可靠工作，从系统的初始状态开始，应该把线路置于信号的稳定电平上，而不是置于信号的前沿或后沿；其次没有出口的悬空状态是不允许存在的；另外设计中应当避免静态和动态的竞争冒险；最后，为便于维修，设计应考虑把系统设计成具有单步工作的能力。

常见的设计错误包括对于中小规模集成电路中不用的输入端的接法。对一个不用的输入端常忘了接，因而输入端相当于接了有效的逻辑“1”电平。建议将所有不用的“与”门输入端统一接到一个逻辑“1”电平上，将所有不用的“或”门输入端统一接到一个逻辑“0”电平上。计数器不计数和寄存器不寄存信息的问题常常就是由不用的输入端进来的干扰信号引起的。

(2) 元件损坏造成的故障

一个数字系统,即使逻辑设计和布线都正确无误,但如果使用的元件损坏或性能不良,也会造成系统的故障。这种故障只要更换元件,就能恢复正常运行。除了元件损坏或性能不良之外,数字系统的故障还可能由于虚焊、噪声等原因造成。许多最初是间歇性故障,但最终还是会变成固定性故障。这种故障不是固定的逻辑高电平,就是固定的逻辑低电平,所以通常称之为"逻辑故障"。

实验逻辑测试笔和逻辑脉冲笔(逻辑脉冲产生器)可以方便地查找数字电路中的逻辑故障。一种方法是先使用逻辑测试笔检测关键信号(如时钟、启动、移位、复位等)丢失的地方,这样就把故障隔离到一个小范围内。有了故障的大概范围以后,去掉内部时钟脉冲,改用逻辑脉冲笔向特定的电路节点施加激励信号,观察输出端的状态。有了提供激励的逻辑脉冲笔和响应激励的逻辑测试笔,可以很容易地检查被怀疑的器件的真值表,从而探查出故障地点。

另一种寻找故障的方法,是预先隔离故障。进行的方法如下:从电路始端送入脉冲,在终端检测响应。如果信号未能正确送达,就对每一串电路用同样的方法检查。反复进行,就能将故障点隔离出来。

6. 实验任务

(1) 将实验电路与控制台的有关信号进行线路连接,方法同前面的实验。

(2) 用8位SW7~SW0数据开关向RF中的四个通用寄存器分别置入以下数据:R0=0FH,R1=0F0H,R2=55H,R3=0AAH。

(3) 用8位数据开关向AR送入地址0FH,然后将R0中的数据0FH写入双端口存储器中。用同样的方法,依次将R1、R2、R3中的数据分别置入RAM的0F0H,55H,0AAH单元。

(4) 分别将RAM的0AAH单元数据写入R0,55H单元数据写入R1,0F0H单元数据写R2,0FH单元数据写入R3。然后将R0~R3中的数据读出,验证数据的正确性,并记录数据。

7. 可探索和研究的问题

图9.2所示的数据通路中,为什么设置DR_1和DR_2两个暂存器?如果将它们取掉,运算器能否正常工作?

8. 实验要求

(1) 做好实验预习,掌握实验电路的数据通路特点和通用寄存器堆的功能特性。

(2) 写出实验报告,内容:

① 实验目的。

② 详细的实验步骤,记录实验数据。

③ 其他值得讨论的问题。

9.6 微程序控制器实验

1. 实验类型

本实验类型为验证型＋设计型。

2. 实验目的

(1) 掌握时序产生器的组成原理。

(2) 掌握微程序控制器的组成原理。

3. 实验设备

(1) TEC-5实验系统　　一台

(2) 双踪示波器　　一台

(3) 逻辑测试笔　　一支

4. 实验电路

(1) 时序发生器

本实验所用的时序电路见图9.8。电路由一个500kHz晶振、2片GAL22V10、一片74LS390组成，可产生两级等间隔时序信号T_1～T_4、W_1～W_3，其中一个W由一轮T_1～T_4组成，相当于一个微指令周期或硬连线控制器的一拍，而一轮W_1～W_3，可以执行硬连线控制器的一条机器指令。另外，供数字逻辑实验使用的时钟由MF经一片74LS390分频后产生。

产生时序信号即节拍脉冲信号T_1～T_4的功能集成在图中左边的一片GAL22V10中，另外它还产生节拍信号W_1～W_3的控制器时钟CLK1。该芯片的逻辑功能用硬件描述语言设计实现。

节拍电位信号W_1～W_3只在硬连线控制器中使用，产生W信号的功能集成在右边一片GAL22V10中，也用硬件描述语言设计实现。

左边GAL的时钟输入MF是晶振的输出，频率为500kHz。T_1～T_4的脉宽为2μs。CLR＃＝0将系统复位，此时时序停在T_4、W_3，微程序地址为000000。建议每次实验台加电后，先按CLR＃复位一次。实验台上CLR＃到时序电路的连接已连好。

对时序发生器TJ输入引脚的连接要慎重，当不需要暂停微程序的运行时，将它接地；如果需要的话，将它与微程序控制器的输出微命令TJ相连。QD(启动)是单脉冲信号，在GAL中用时钟MF对它进行了同步。DB(单步)、DP(单拍)是来自实验台的二进制开关模拟信号。当TJ＝0、DB＝0、DP＝0时，一旦按下QD键，时序信号T_1～T_4周而复始地发送出去，此时机器处于连续运行状态。当DP＝1、TJ＝0、DP＝0时，按下QD键，机器将处于单拍运行状态，此时只发送一组T_1、T_2、T_3、T_4时序信号就停机，此时机器时序停在T_4。利用单拍方式，每次只读出一条微指令，因而可以观察微指令

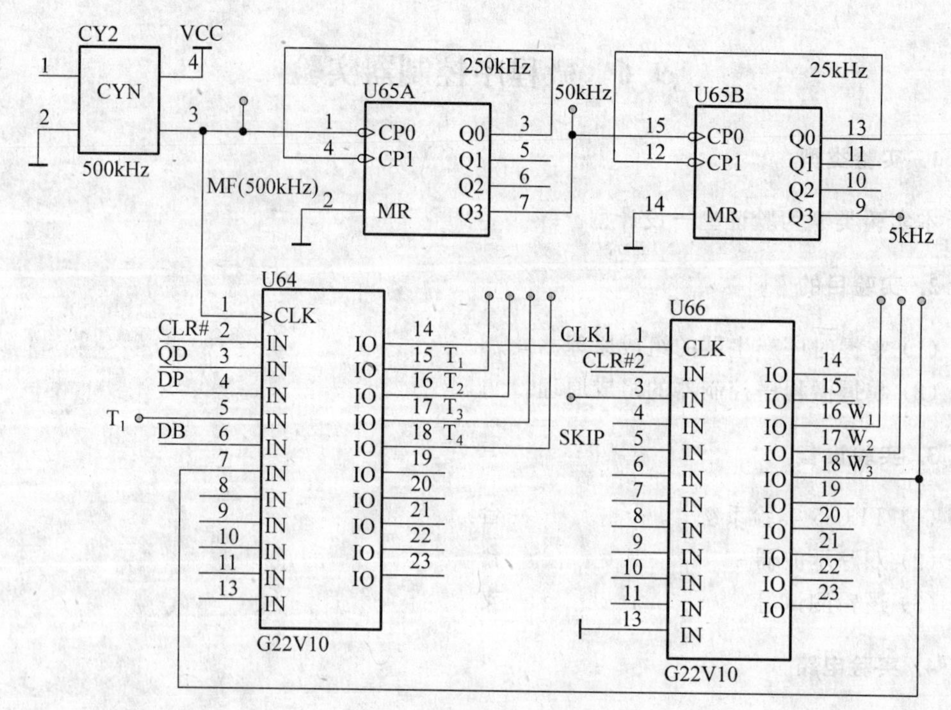

图 9.8 时序信号发生器

代码以及当前的执行结果。当机器连续运行时,如果 TJ=1,也会使机器中断运行,时序停止在 T_4。

DB、SKIP、CLK1 信号以及 $W_1 \sim W_3$ 节拍电位信号都是针对硬连线控制器的。硬连线控制器执行一条机器指令需要一组 $W_1 \sim W_3$ 时序信号。CLK1 是产生 W 信号的控制时钟,由左边一片 GAL 产生。DB 信号就是控制每次发送一组 $W_1 \sim W_3$ 后停机。执行某些机器指令不需要一组完整的 W 信号,SKIP 信号就是用来跳过指令剩余的 W 节拍信号的。

(2) 微指令格式

根据机器指令功能和数据通路总框图的所有控制信号,采用的微指令格式如图 9.9 所示。微命令字长 32 位,顺序字段 9 位(判别字段 $P_2 \sim P_0$,后继微地址 $\mu A_5 \sim \mu A_0$),控制字段 23 位,微命令进行直接控制。

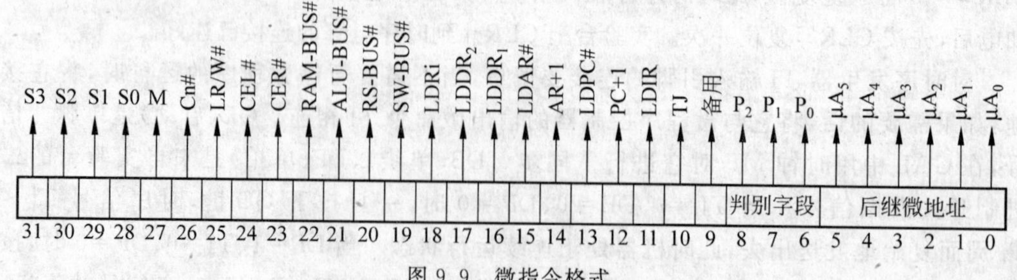

图 9.9 微指令格式

(3) 微程序控制器的组成

微程序控制器逻辑框图如图 9.10 所示。

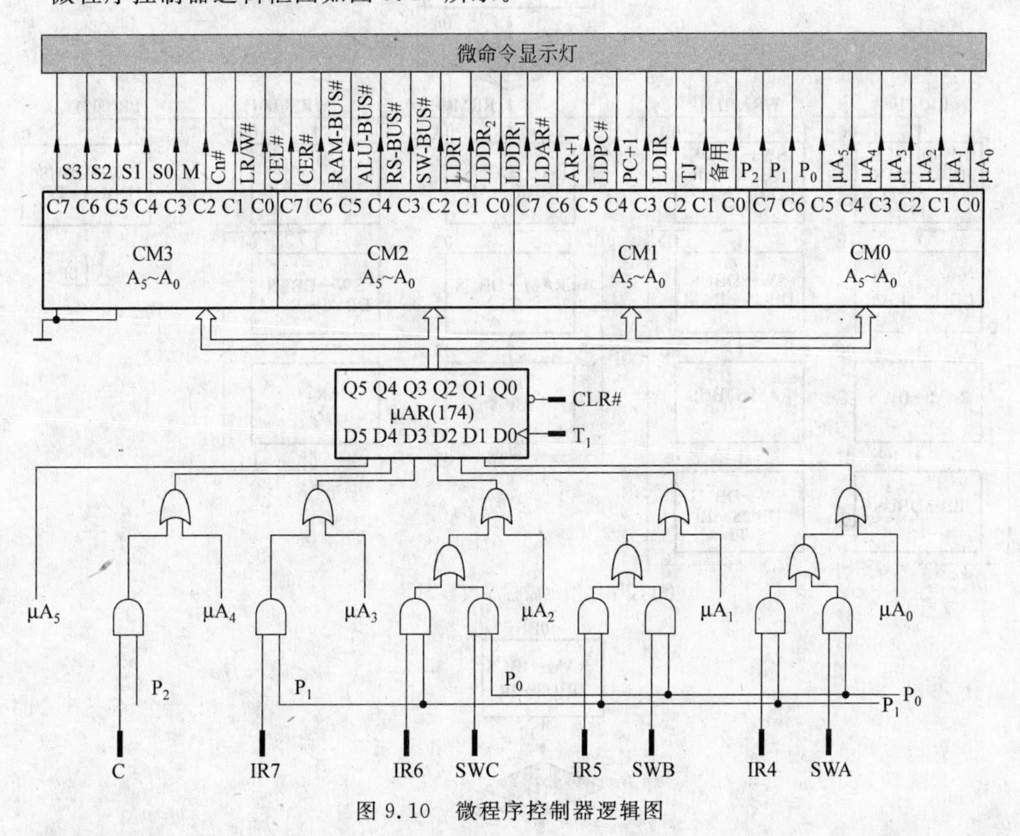

图 9.10 微程序控制器逻辑图

控制存储器(CM3～CM0):4 片 E^2PROM(HN58C65 8K×8 位),地址输入 A12～A0,实验中仅用 A5～A0,高位地址线 A12～A6 接地,实际的存储空间为 64 条微指令。

微地址寄存器(μAR):6D 触发器 74LS174,异步清零。

两级与或逻辑构成微地址转移逻辑,用于产生下一微指令地址。

在每一个 T_1 的上升沿,新的微指令地址置入微地址寄存器,控存随即输出微指令的控制信号。

微地址转移逻辑中,SWC、SWB、SWA 为控制台指令的定义开关,区分控制台指令对应的微程序流程。C 为进位标志信号,IR7～IR4 为机器指令操作码字段,区分不同机器指令对应的微程序流程。

(4) 机器指令与微程序

TEC-5 使用 8 条机器指令,如表 9.3 所示,均为单字长(8 位)指令。指令的高 4 位 IR7～IR4 是操作码,提供给微程序控制器用做地址转移,低 4 位提供给数据通路。

8 条指令的微程序流程图如图 9.11 所示。每条微指令可按前述的微指令格式转换成二进制代码,然后写入微程序控制器的控制存储器中。

根据微程序流程图和微指令格式,可编译出微指令代码表,如图 9.12 所示,微地址用十六进制编码。

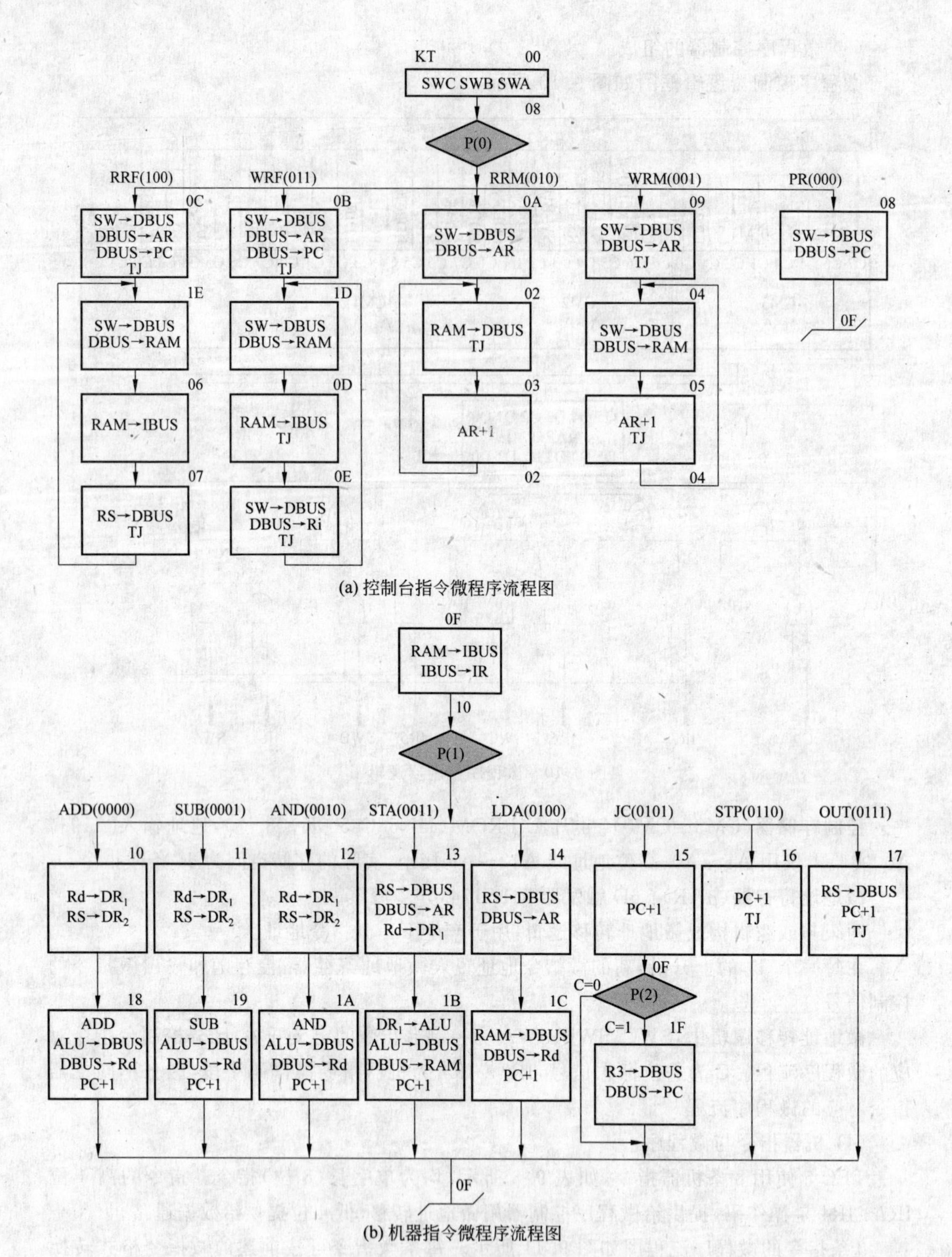

(a) 控制台指令微程序流程图

(b) 机器指令微程序流程图

图 9.11 微程序流程图

当前微地址	微指令名称	31	30	29	28	27	26	25	24	23	22	21	20	19	18	17	16	15	14	13	12	11	10	9	8	7	6	5~0
		S3	S2	S1	S0	M	Cn#	LR/W#	CEL#	CER#	RAM-BUS#	ALU-BUS#	RS-BUS#	SW-BUS#	LDRi	$LDDR_2$	$LDDR_1$	LDAR#	AR+1	LDPC#	PC+1	LDIR	TJ	备用	判别字段			下址字段
																									P(2)	P(1)	P(0)	
00	KT																										1	08
0C	RRF													1				1		1			1					1E
1E									1					1														06
06										1												1						07
07													1										1					1E
0B	WRF													1				1		1			1					1D
1D									1					1														0D
0D										1												1	1					0E
0E														1	1								1					1D
0A	RRM													1				1										02
02								1	1		1												1					03
03																			1									02
09	WRM													1				1					1					04
04									1					1														05
05																			1				1					04
08	PR													1						1								0F
0F										1												1				1		10
10	ADD															1	1											18
18		1	0	0	1	0						1			1						1							0F
11	SUB															1	1											19
19		0	1	1	0	0	1					1			1						1							0F
12	AND															1	1											1A
1A		1	0	1	1	1						1			1						1							0F
13	STA												1				1	1										1B
1B		0	0	0	0	0			1			1									1							0F
14	LDA												1					1										1C
1C								1	1		1				1						1							0F
15	JC																				1				1			0F
1F													1							1								0F
16	STP																				1		1					0F
17	OUT												1								1		1					0F

图 9.12 微程序代码表

为了向RAM和寄存器堆中装入程序和数据、检查写入是否正确，并能启动程序执行，设计了以下五条控制台指令，如表9.2所示。

5. 实验任务

(1) 按实验要求，连接实验台的电平开关K0～K15、时钟信号源和微程序控制器。仔细检查后，接通电源。

注意：本次实验只做微程序控制器本身的实验，故微程序控制器输出的微命令信号与执行部件(数据通路)的连线不连接。

(2) 观察时序信号。用双踪示波器观察MF、T_1～T_4、W_1～W_3信号。比较相位关系，画出波形图，并标注出测量所得的脉冲宽度。观察时置DP=0，DB=0。先按CLR#按钮复位，再按QD按钮，启动时序发生器。

(3) 熟悉微指令格式的定义和微程序代码表。

(4) 设置SWC、SWB、SWA状态，用单拍(DP)方式执行控制台操作微程序，观察判别字段P_0和微地址指示灯的显示，跟踪微指令的执行情况，并与微程序流程图和代码表数据对照。

(5) 理解0FH微指令的功能和P_1测试的状态条件(IR7～IR4)，设置IR7～IR4的不同状态，观察不同机器指令对应微程序的微命令信号，特别是微地址转移的实现，并与微程序流程图和代码表数据对照。

6. 可探索和研究的问题

采用字段编制方式，设计新的微指令格式，并重新设计8条机器指令的微程序，并代码化，经指导教师允许，可写入E^2PROM，进行调试。

7. 实验要求

(1) 做好实验预习，掌握微程序控制器和时序发生器的工作原理。
(2) 根据实验任务所提要求，在预习时完成表格填写、数据和理论分析。
(3) 写出实验报告，内容：
① 实验目的。
② 时序波形图和测量值。
③ 记录数据表格。

9.7 CPU组成与指令周期实验

1. 实验类型

本实验类型为验证型+分析型+设计型。

2. 实验目的

(1) 将微程序控制器同执行部件(整个数据通路)联机，组成一台模型计算机。

(2) 用微程序控制器控制模型计算机的数据通路。

(3) 通过 TEC-5 执行由 8 条机器指令组成的简单程序，掌握机器指令与微指令的关系，牢固建立计算机的整机概念。

3. 实验设备

(1) TEC-5 实验系统　　一台
(2) 双踪示波器　　一台
(3) 逻辑测试笔　　一支

4. 实验电路

本次实验将前面几个实验中的所有电路包括运算器、存储器、通用寄存器堆、微程序控制器等模块组合在一起，构成一台简单的 CPU 和处理机。数据通路的控制由微程序控制器完成。由微程序解释机器指令的执行过程，从内存取出一条机器指令到执行指令结束的一个指令周期，是由微程序来完成的，即一条机器指令对应一个微程序序列。

5. 实验任务

(1) 对机器指令组成的简单程序进行译码，按指令格式手工汇编成二进制机器代码。

(2) 参考前面实验的电路图完成控制台、时序部件、数据通路和微程序控制器之间连线，如图 9.13 所示。

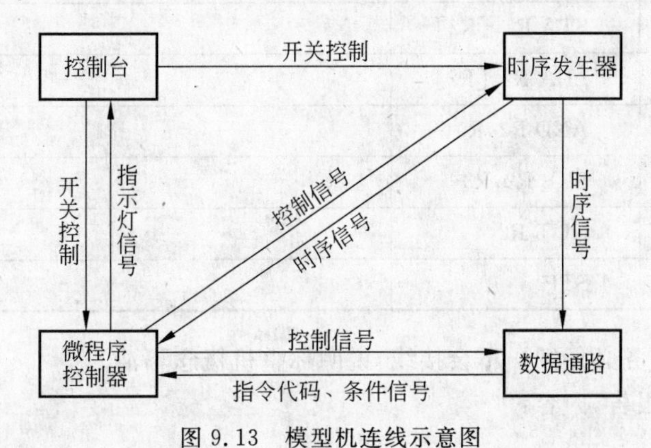

图 9.13　模型机连线示意图

注意：通用寄存器堆的输入信号 RD1、RD0、RS1、RS0、WR1、WR0 与指令操作码 IR3～IR0 的连线。

(3) 将程序机器代码利用控制台指令写入内存。根据程序的需要设置通用寄存器堆中相关寄存器的数据。要求使用两组数据，执行程序指令时产生进位或不产生进位，以观察同一程序的不同执行流程。

第一组数据：

预置寄存器 R0＝35H，R1＝43H，R2＝10H，R3＝07H；存储器存储单元内容：[10H]＝55H。

第二组数据：

预置寄存器 R0＝86H，R1＝88H，R2＝10H，R3＝07H；存储器存储单元[10H]＝55H。

(4) 单拍方式执行一遍程序，记录相关寄存器和存储器存储单元数据，与理论值比较分析。

(5) 连续方式再次执行一遍程序，记录相关寄存器和存储器存储单元数据，与理论值比较分析。

6. 可探索和研究的问题

利用 TEC-5 实验系统提供的资源，设计实现任务(5)中的程序中断。

7. 实验要求

(1) 做好实验预习。

(2) 根据实验任务所提要求，在预习时完成相关表格(参见表 9.5)填写、数据和理论分析，以便与实验值对照，而不至于忙乱出错。

表 9.5 预习完成简单汇编程序的机器代码表

内 存 地 址	机 器 指 令	机器代码(十六进制表示)
00H	ADD R1，R0	
01H	JC R3	
02H	STA R1，[R2]	
03H	LDA R2，[R2]	
04H	AND R2，R0	
05H	SUB R2，R3	
06H	OUT R2	
07H	STP	

(3) 接线较多，务必仔细。不会接线，说明你整机概念不清。

(4) 写出实验报告，内容：

① 实验目的。

② 记录程序数据表格。

③ 分析程序执行过程中出现的异常情况和值得讨论的其他问题。

④ 通过这个实验，你建立了清晰的整机概念吗？如果没有，你必须重做。

第10章　TEC-5计算机组成原理综合实验设计

本章安排的4个课程综合设计都是大型的综合性研究课题，采用大容量的ISP可编程器件实现，集中安排在小学期2周时间内独立完成。经验证明：课程综合设计是理论与实践相统一，培养学生研究能力的有效途径，受到历届学生欢迎。学生根据自己情况选择其中1～2个课题，其中使用硬连线控制器的CPU设计必做。

10.1　使用硬连线控制器的CPU设计

1. 教学目的

(1) 融会贯通计算机组成原理课程各章教学内容，通过知识的综合运用，加深对CPU各模块工作原理及相互联系的认识。

(2) 掌握硬连线控制器的设计方法。

(3) 学习运用大容量可编程器件开发技术，掌握设计和调试的基本步骤和方法，体会ISP技术的优点。

(4) 培养科学研究能力，取得设计与调试的实践经验。

2. 实验设备

TEC-5实验系统	一台
PC计算机	一台
双踪示波器	一台
直流万用表	一个
逻辑测试笔	一支

3. 设计与调试任务

(1) 按给定的数据格式和指令系统，利用大容量ISP可编程器件，设计一台硬连线控制器组成的处理机。

(2) 根据设计，在TEC-5实验系统中进行调试。

(3) 在调试成功的基础上，整理出设计图纸和其他文件，包括：

① 总框图(数据通路)；

② 硬连线控制器逻辑模块图；

③ 硬连线控制器指令周期流程图；

④ 控制器模块的VHDL语言源程序；

⑤ 设计说明书；

⑥ 调试总结。

4. 设计提示

(1) 指令系统和数据通路

采用教学实验用模型计算机相同的指令系统,即表9.3所示的机器指令系统,数据通路见图9.2。

(2) 硬连线控制器的基本原理

本课题的核心问题在于硬连线控制器的设计,因为控制器的大部分线路都在ISP芯片内部。因此设计方案的优劣,不取决于使用器件的多少,主要取决于设计思路和质量。

硬连线控制器的基本原理是,每个微操作控制信号S是一系列输入量的逻辑函数,即用组合逻辑电路来实现:

$$S = f(Im, Mi, T_k, Bj)$$

其中Im是机器指令操作码译码器的输出信号,Mi是节拍电位信号,T_k节拍脉冲信号,Bj是状态条件判断信号。

在TEC-5实验系统中,节拍脉冲信号T_k(T_1~T_4)已经直接输送给数据通路;因机器指令系统比较简单,操作码只有4位,省去操作码译码器,用Im直接作为操作码译码器输出,即指令寄存器的IR7~IR4信号。Mi是时序模块的节拍电位信号,例如W_3~W_1。Bj的信号包括来自数据通路中运算器ALU的进位信号C;来自控制台的开关信号SWC、SWB、SWA;其他信号。其中C、SWC、SWA和SWB信号在微程序控制器中同样存在。

每个控制信号都是上述输入信号的逻辑表达式,因此可以用组合逻辑构造电路。只要对所有控制信号都设计出逻辑函数表达式,这个硬连线控制器的方案也就确定了。

(3) 指令周期流程图设计

设计微程序控制器使用流程图,设计硬连线控制器同样使用流程图。微程序控制器的控制信号以微指令周期为时间单位,硬连线控制器以节拍电位(CPU周期)为时间单位,两者本质上是一样的,1个节拍电位时间和1个微指令周期都是从节拍脉冲T_1的上升沿到T_4的下降沿的一段时间。在微程序控制器流程图中,1个执行框代表1个微指令周期,而在硬连线控制流程图中,1个执行框就代表1个节拍电位时间。

(4) 执行一条机器指令的节拍电位数

在本实验中,选用3个节拍电位对大多数指令就够用,所以节拍电位发生器产生3个电位信号(W_1~W_3)。

对于所需节拍电位时间较多的指令如何处理?采用的方法有两种:一是时序电路产生较多的节拍。二是将一条机器指令的执行化为占用两条(或者更多)机器指令的节拍,例如执行一条指令可以占用W_1、W_2、W_3、W_1、W_2、W_3六个节拍。为了区分一条指令的两个不同阶段,可用某些特殊的寄存器标志将其区分,例如,FLAG=0时,表示该指令执行第一个W_1、W_2、W_3;FLAG=1时,表示该指令执行第二个W_1、W_2、W_3。上文中提到的Bj包括其他信号,FLAG就可以认为是一个其他信号。由于有些控制台指令(例如读寄存器 RRF)只需要4拍,占用2条机器指令周期(6拍)则浪费了时间。为了减少浪费,在时序电路中加入了一个控制信号 SKIP 的输入,该信号的作用是使节拍发生器在任意状态下直接跳到最后1拍(W_3)。这样,设计控制流程时,在所需节拍较少的指令流程适当的位置使 SKIP 控制信号有效,多余的节拍就可以跳过,从而提高了性能。

在硬连线控制器中,控制台指令的流程图设计与机器指令的流程图设计相类似。图10.1画出了硬连线控制器的指令周期参考流程图。

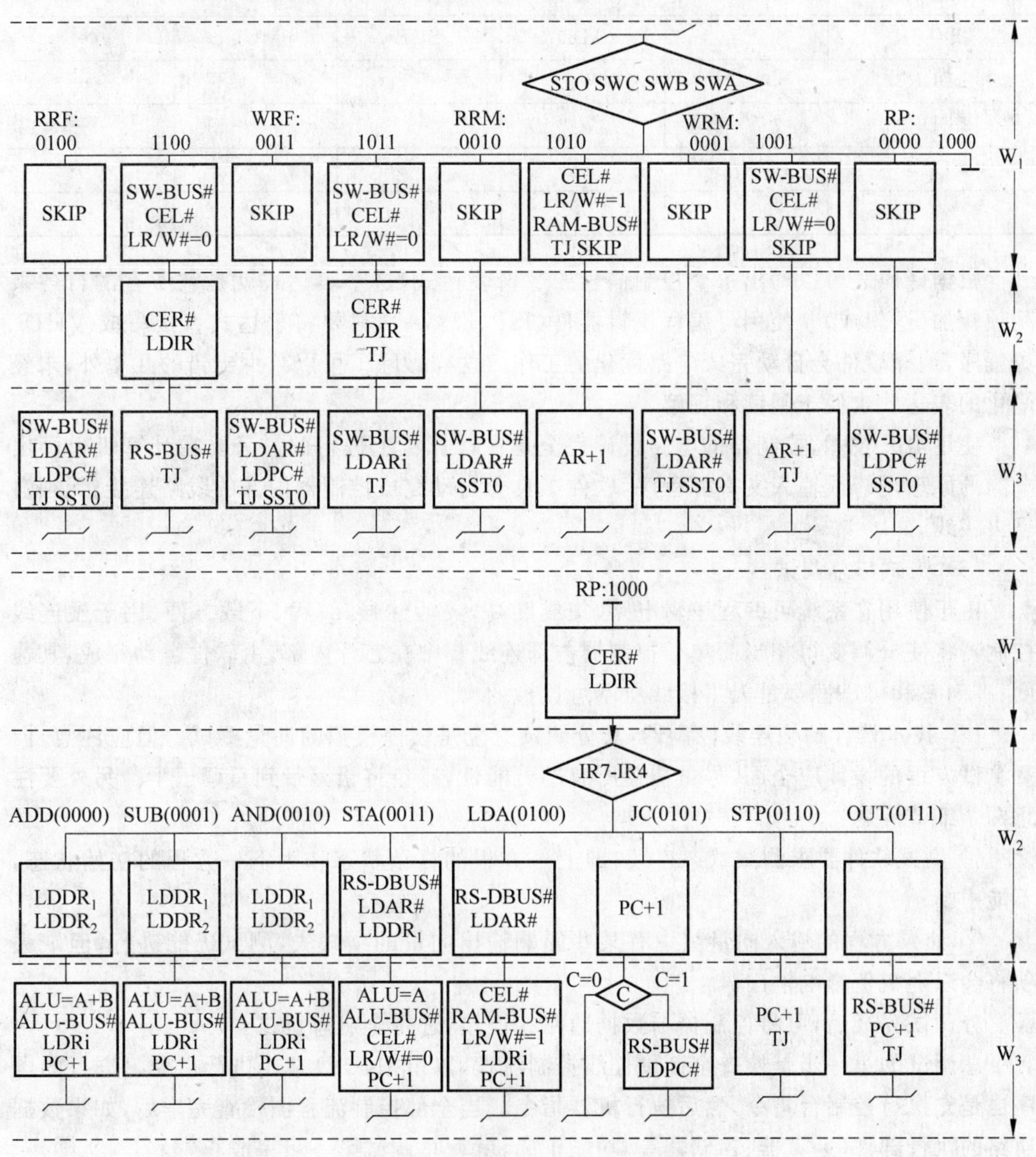

图10.1 硬连线控制器参考流程图

(5) 组合逻辑译码表

设计出了硬连线指令流程图后,就可以据此设计出译码逻辑电路。先根据流程图列出译码表,作为逻辑设计的依据。与微程序表的设计相似,译码表的内容也包括横向设计和纵向设计。流程图中横向为一拍(W_1、W_2、W_3 等),纵向为一条指令,而译码逻辑是针对每一个控制信号的,因此在译码表中,横向变成了一个信号。表10.1是译码表的一般格式,每行中的内容表示某个控制信号在各指令中有效的条件,主要是节拍电位和节拍脉冲信号指令操作码译码器输出、执行结果标志信号等。

表10.1 组合逻辑译码表的一般格式

状态 ST	KRD	PR			
指令 IR		ADD	SUB	MUL	……
LDDR1		W_2			……
LDDR2		W_2			……
CEL#	W_1				……
⋮					⋮

根据译码表可以写出每个控制信号的逻辑表达式,这个表达式就是它所在的行各乘积项相加(逻辑或)。使用可编程逻辑器件(ISP、FPGA),只要将表达式直接写成VHDL源程序,编译软件会自动完成电路优化的工作。这样做除了可以减少出错的几率外,未经简化的表达式也便于阅读和理解。

使用ISP技术,控制器的电路设计完全是在计算机上进行的。只要在计算机上画出电路的原理图。或输入文本源程序,软件工具会自动完成控制器内部的线路连接,无须自己去接线。

(6) 调试与总调试

由于使用在系统可编程逻辑电路,集成度高,灵活性强,编程、下载方便、用于硬连线控制器将使分调变得相当简单。控制器内部连线集中在芯片内部,由软件自动完成,其速度、准确率和可靠性都是人工接线所不可比拟的。

ISP技术设计的硬连线控制器,其分调试完全是软件模拟的向量测试。但应注意,向量测试方程的设计应全面,尽量覆盖所有的可能性,避免将错漏带到总调试中。另外要注意两个细节问题:

① 测试软件要求测试状态连续,即上一方程的终结状态作为下一方程的初始状态,不能中断;

② 如果方程的输入向量组中有某些影响输出向量的项缺失,测试仍能进行,但缺失项将会以随机值影响输出。

分调试完成后,可将控制器与数据通路相连接,进行全机总调试。

总调试的第一步是检查全部硬连线控制流程,以单拍(DP)方式执行指令。进行的顺序也是先执行控制台指令,然后执行机器指令。当全部控制流程图检查完毕后,如果数据通路的执行部件(运算器、存储器等)功能正确,就算总调试第一步完成。

第二步是在内存中装入包括有全部指令系统的一段程序和有关数据,进一步可采用单步(DB)方式或连续方式执行,以验证机器执行指令的正确性。

第三步是编写一段表演程序,令机器运行。

第四步是运行指导老师给出的验收程序。如果通过,则设计和调试就告完成。

5. 设计报告要求

(1) 采用 VHDL 语言描述硬连线控制器的设计,列出源程序。

(2) 写出调试中出现的问题、解决办法、验收结果。

(3) 写出设计、调试中遇到的困难和心得体会。

10.2 多功能 ALU 设计

1. 教学目的

(1) 掌握 74181 多功能 ALU 的内部结构。

(2) 学习运用 ISP 技术进行设计和调试的基本步骤和方法。

(3) 培养科学研究的独立工作能力,取得工程设计与调试的实践经验。

2. 实验设备

TEC-5 实验系统	一台
PC 计算机	一台
双踪示波器	一台
数字万用表	一个
逻辑测试笔	一支

3. 设计与调试任务

(1) 按 74181ALU 芯片内部逻辑结构,用 ISP 器件设计实现;

(2) 写出设计源文件(使用 VHDL 语言,或原理图);

(3) 测试方法和正确性检查;

(4) 写出设计、调试总结报告。

4. 设计提示

(1) 74LS181 多功能 ALU 的逻辑结构

中规模标准芯片 74181ALU 的逻辑结构见主教材图 2.11,其中 A、B 是参与运算的两个二进制数,F 是运算结果输出,Cn 是低位小组的进位输入,C_{n+4} 是本小组的进位输出。ALU 的算术/逻辑运算功能表见第 2 章表 2.5 所示。

由功能表和逻辑图看出:M=0(低电平)时实现 16 种算术运算;M=1 时(高电平)时实现 16 种逻辑运算。

(2) 测试与验证

① 列出 ispLSI1032 芯片的管脚信号定义表;

② 拟出测试方法;

③ 使用功能表中的工作方式选择及 A、B 参数,对正逻辑功能进行测试和验证。

④ 运算结果正确后,列出测试数据表。

5. 设计报告要求

(1) 采用 VHDL 方式或原理图方式描述 ALU(74LS181)的设计,列出源程序或原理图设计。

(2) 写出调试中出现的问题、解决办法、验收结果。

(3) 写出设计、调试中遇到的困难和心得体会。

10.3 含有阵列乘法器的 ALU 设计

1. 教学目的

(1) 掌握阵列乘法器的组织结构与实现方法。

(2) 改进 74181 型 ALU 内部结构设计,仅实现加、减、乘、传送、逻辑乘、加 1、取反、变补等 8 种操作。

(3) 学习运用 ISP 技术进行设计和调试的基本步骤和方法。

(4) 培养科学研究的独立工作能力和创新能力,取得设计与调试的实践经验。

2. 实验设备

TEC-5 实验系统	一台
PC 计算机	一台
双踪示波器	一台
直流万用表	一个
逻辑测试笔	一支

3. 设计与调试任务

(1) 设计一个 4 位×4 位的无符号数阵列乘法器,其乘积为 8 位。乘数、被乘数、乘积分别放在 ALU 外部的 3 个寄存器中。

(2) 包括乘法操作在内,ALU 的外部操作控制信号为 S2S1S0,实现 8 种算术和逻辑运算。

(3) 写出用 ISP 技术设计的源文件(VHDL 语言或原理图)。

(4) 测试方法和正确性验证。

(5) 写出设计、调试总结报告。

4. 设计提示

(1) 无符号数阵列乘法器的结构

无符号数阵列乘法器的结构框图如图 10.2 所示,它由一系列全加器 FA 采用流水方式(时间并行)和资源重复方式(空间并行)有序组成。图中所示为 5×5 位的阵列乘法器。

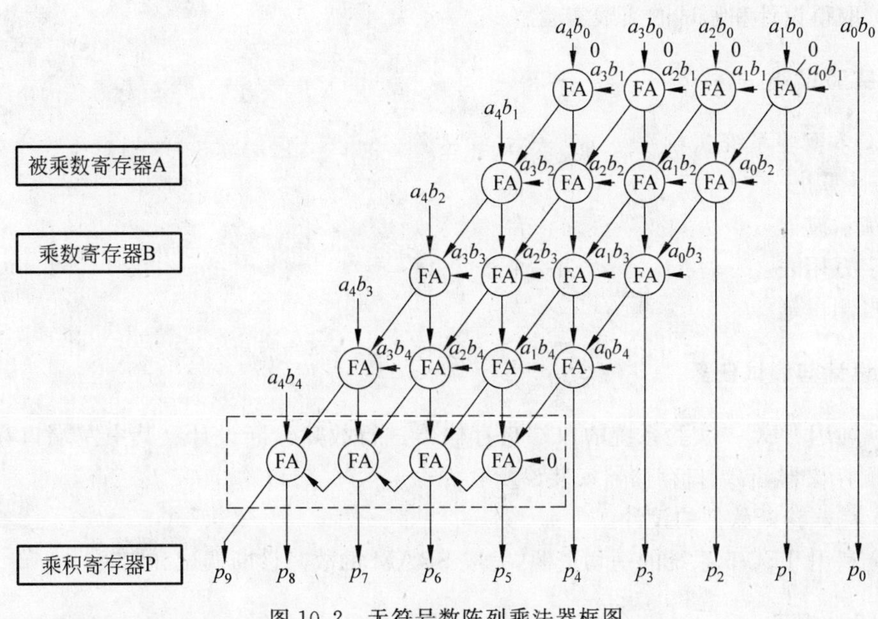

图 10.2 无符号数阵列乘法器框图

被乘数 A＝$a_4a_3a_2a_1a_0$ 存放在 A 寄存器，乘数 B＝$b_4b_3b_2b_1b_0$ 存放在 B 寄存器中，乘积 P＝$p_9p_8p_7p_6p_5p_4p_3p_2p_1p_0$ 存放在 P 寄存器。图中省去了一系列 $a_i \times b_j$ 相乘的与门。

(2) 测试与验证

用测试数据表 10.2 中的数据进行验证测试，运算结果正确。

表 10.2 测试数据

数据 \ 组号	1	2	3	4	5	6
被乘数 A	9	15	0	15	随机	随机
乘数 B	8	15	15	0	随机	随机
乘积 P	72	225	0	0		

(3) ALU 的其他 7 种操作测试验证与乘法操作类似，自行设计测试数据表。

5. 设计报告要求

(1) 采用 VHDL 方式或原理图方式描述改进 ALU 的设计，列出源程序或原理图设计。
(2) 调试中出现的问题、解决办法、验收结果。
(3) 设计、调试中遇到的困难和心得体会。

10.4 SRAM 故障诊断设计

1. 教学目的

(1) 学习一种 SRAM 故障诊断的实现方法。
(2) 培养科学研究的独立工作能力和创新能力。

(3) 取得设计和调试的实践实验。

2. 实验设备

TEC-5 实验系统　　一台
PC 计算机　　一台
双踪示波器　　一台
数字万用表　　一个
逻辑测试笔　　一支

3. 设计与调试任务

(1) 利用 TEC-5 实验系统的双端口存储器进行故障诊断设计。其中左端口存储器用做被测存储器,右端口存储器安装诊断软件。

(2) 完成诊断软件的设计。

(3) 利用 TEC-5 系统的一切资源,完成 SRAM 的故障诊断调试和实现。

4. 设计提示

为了测试一个 SRAM 在每一个单元中存储 0 和 1 的能力,首先把 0 写入每一个地址的所有单元,然后读出它们并进行检查。下一步,把 1 写入每一个地址的所有单元,然后读出它们并进行检查。这个基本测试将能检测一个单元是否保持在 0 状态或 1 状态。

一些存储器错误不能被全 0 全 1 测试检验出来。例如,如果两个相邻的存储单元缺失,它们将总是保持在同一状态,全是 0 或全是 1。而且,如果有内部噪声,全 0 全 1 测试是无效的。

一种能全面测试 SRAM 的 1 和 0 的方法是通过使用一种棋盘格模式,如图 10.3 所示。注意所有的相邻单元具有相反位。这种模式能检测到两个相邻单元的缺失。如果有缺失的话,两个单元将处于相同的状态。

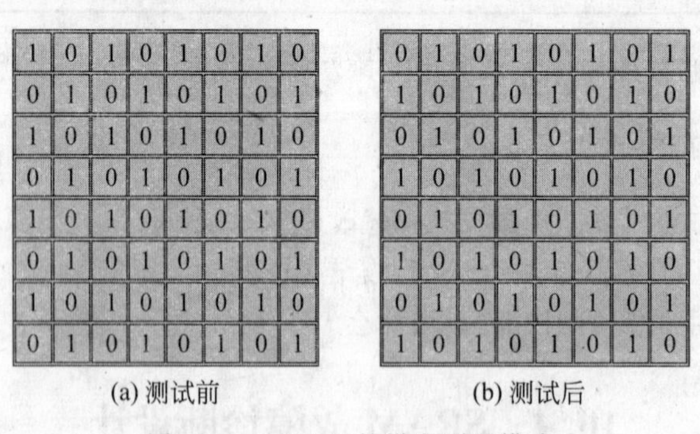

图 10.3　SRAM 的棋盘测试模式

当 SRAM 被图 10.3(a)所示的模式检测之后,模式将会反转成图 10.3(b)部分的显示。这种反转检测可确保所有单元存储 1 和 0 的能力。

一种更先进的测试是每次改变一个地址并检查另外所有的地址的适用模式。在一个地址中的内容被动态地改变的同时，另一个地址的内容也在改变，如果在此过程中发生错误，这种测试将能捕捉到这个错误。

棋盘格测试的一个基本过程如图10.4中的流程图所示。这个过程可以利用TEC-5模型机指令系统设计的软件实现，因此这个测试在系统启动时可自动进行。

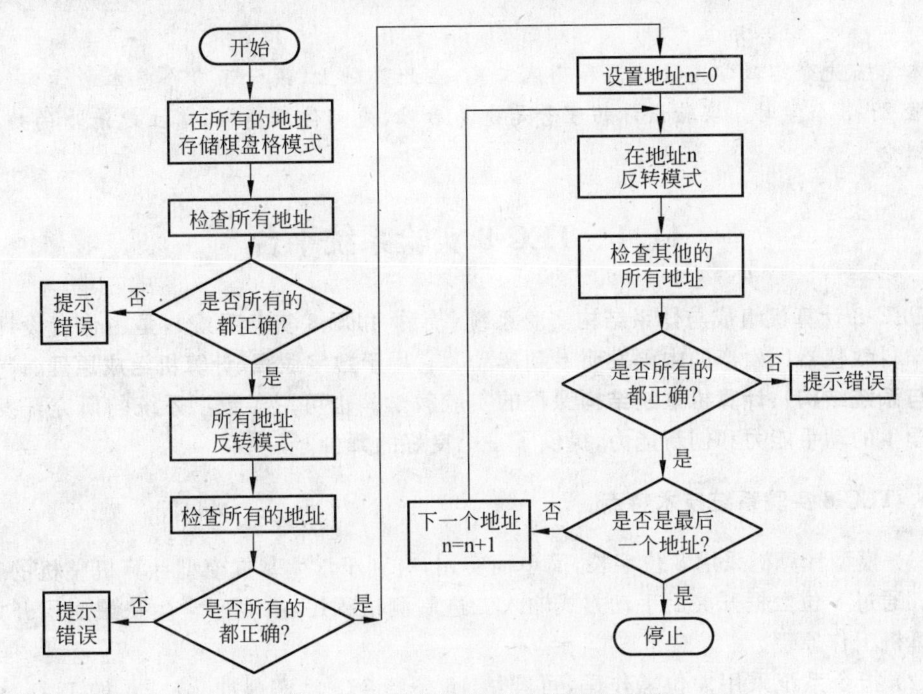

图10.4 SRAM棋盘格测试的流程图

5. 设计报告要求

(1) SRAM故障诊断的具体设计方案。

(2) 编写的诊断软件。

(3) 调试中出现的问题、解决办法、检测结果。

(4) 设计、调试中遇到的困难和心得体会。

第 11 章　TEC-8 计算机组成原理基本实验设计

本章首先介绍教学实验仪器和测试工具，在此基础上，设计了 6 个基本教学实验，每个实验 2～3 个学时。实验设计的理念是先易后难，先部件后整机，建立起清晰的处理机整机概念。

11.1　TEC-8 实验系统平台

TEC-8 计算机组成与体系结构实验系统（简称 TEC-8 实验系统），是由作者设计、清华大学科教仪器厂生产的中国发明专利产品。它用于**数字逻辑**、**计算机组成原理**（**计算机组成与系统结构**）、**计算机系统结构**课程的实验教学。也可用于数字系统的研究开发，为提高学生的动手能力和创新能力，提供了一个良好的舞台。

1. TEC-8 实验系统技术特点

（1）模型计算机采用 8 位字长，简单而实用，有利于学生掌握模型计算机整机的工作原理。通过 8 位数据开关用手动方式输入二进制测试程序，有利于学生从最底层开始了解计算机工作原理。

（2）指令系统采用 4 位操作码，可容纳 16 条指令。已实现加、减、与、加 1、存数、取数、条件转移、无条件转移、输出、中断返回、开中断、关中断和停机等 14 条指令，指令功能非常典型。

（3）采用双端口存储器作为主存，实现数据总线和指令总线双总线体制，实现指令流水功能，体现出现代 CPU 设计理念。

（4）控制器采用微程序控制器和硬连线控制器 2 种类型，体现了当代计算机控制器技术的完备性。

（5）微程序控制器和硬连线控制器之间的转换采用独创的一次全切换方式，切换不用关电源，切换简单、安全可靠。

（6）控制存储器中的微代码可用 PC 下载，省去了 E^2PROM 器件的专用编辑器和对器件的插、拔。

（7）运算器中 ALU 采用 2 片 74181 实现，包含 4 个 8 位寄存器组使用 1 片 EPM7064 实现，设计新颖。

（8）一条机器指令的时序采用不定长机器周期方式，符合现代计算机设计思想。

（9）在 TEC-8 上进行**计算机组成原理**或**计算机组成与系统结构**课程时实验接线较少，让学生把精力集中在实验现象的观察、思考和实验原理的理解上。

2. TEC-8 实验系统组成

TEC-8 实验系统由下列部分构成。

(1) 电源

安装在实验箱的下部,输出+5V,最大电流为3A。220V交流电源开关安装在实验箱的右侧。220V交流电源插座安装在实验箱的背面。实验台上有一个+5V电源指示灯。

(2) 实验台

实验台安装在实验箱的上部,由一块印制电路板构成。TEC-8模型计算机安装在这块印制电路板上。学生在实验台上进行实验。

(3) 下载电缆

用于将新设计的硬连线控制器或者其他电路下载到EPM7128器件中。下载前必须将下载电缆的一端和PC机的并行口连接,另一端和实验台上的下载插座连接。

(4) USB通信线

USB通信线用于在PC机上在线修改控制存储器中的微代码。USB通信线一端接PC的USB口,另一端接实验台上的USB口。

11.2 TEC-8实验系统结构和操作

11.2.1 模型计算机时序信号

TEC-8模型计算机主时钟MF的频率为1MHz,执行一条微指令需要3个节拍脉冲T_1、T_2、T_3。TEC-8模型计算机时序采用不定长机器周期,绝大多数指令采用2个机器周期W_1、W_2,少数指令采用一个机器周期W_1或者3个机器周期W_1、W_2、W_3。

图11.1是3个机器周期的时序图。

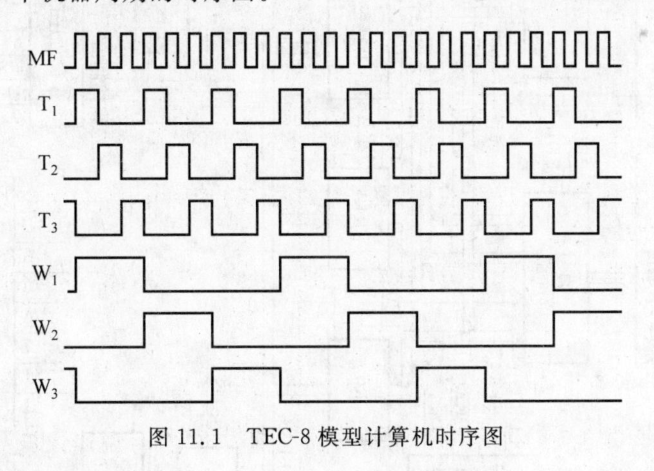

图11.1 TEC-8模型计算机时序图

11.2.2 模型计算机组成

图11.2是TEC-8模型计算机电路框图,下面介绍主要组成模块。

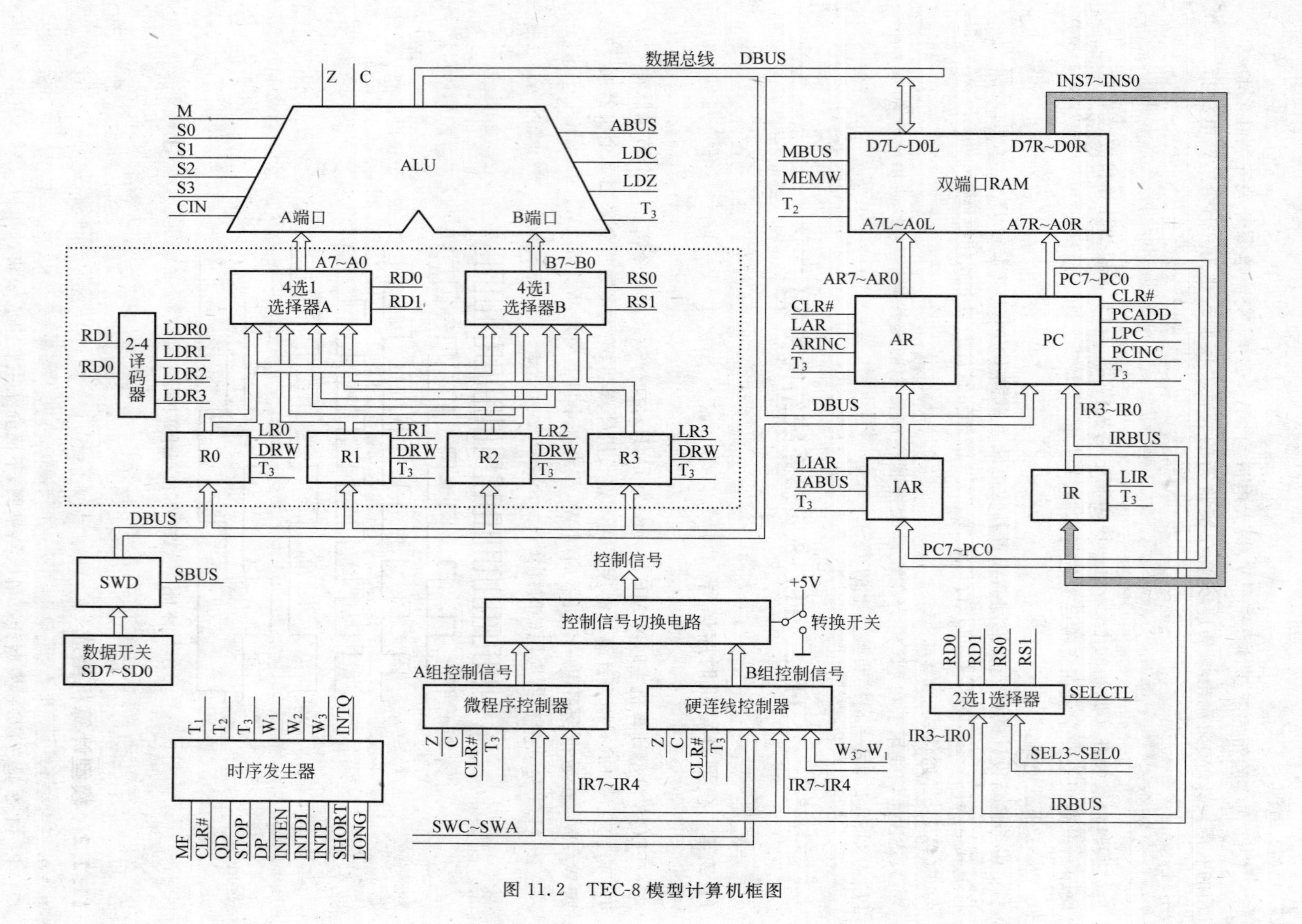

图 11.2 TEC-8模型计算机框图

1. 时序发生器

它由2片GAL22V10(U70和U71)组成,产生节拍脉冲 T_1、T_2、T_3,节拍电位 W_1、W_2、W_3,以及中断请求信号ITNQ。主时钟MF采用石英晶体振荡器产生的1MHz时钟信号。T_1、T_2、T_3 的脉宽为1μs。一个机器周期包含一组 T_1、T_2、T_3。

2. 算术逻辑单元ALU

算术逻辑单元由2片74181(U41和U42)加1片7474、1片74244、1片74245、1片7430组成,进行算术逻辑运算。74181是一个4位的算术逻辑器件,2个74181级联构成一个8位的算术逻辑单元。在TEC-8模型计算机中,算术逻辑单元ALU对A端口的8位数和B端口的8位数进行加、减、与、或和数据传送5种运算,产生8位数据结果、进位标志C和结果为0标志Z。当信号SBUS为1时,将运算的数据结果送数据总线DBUS。

3. 双端口寄存器组

双端口寄存器组由1片可编程器件EPM7064(U40)组成,向ALU提供两个运算操作数A和B,保存运算结果。EPM7064里面包含4个8位寄存器R0、R1、R2、R3、4选1选择器A、4选1选择器B和2-4译码器。在图12.2中,用虚线围起来的部分全部放在一个EPM7064中。4个寄存器通过4选1选择器向ALU的A端口提供A操作数,通过4选1选择器B向ALU的B端口提供B操作数。2-4译码器产生信号LR0、LR1、LR2和LR3,选择保存运算数据结果的寄存器。

4. 数据开关SD7~SD0

8位数据开关SD7~SD0是双位开关,拨到朝上位置时表示1,拨到朝下位置时表示0。用于编制程序并把程序放入存储器,设置寄存器R3~R0的值。通过拨动数据开关SD7~SD0得到的程序或者数据通过SWD送往数据总线DBUS。SWD是1片74244(U50)。

5. 双端口RAM

双端口RAM由1片IDT7132及少许附加电路组成,存放程序和数据。双端口RAM是一种2个端口可同时进行读、写的存储器,2个端口各有独立的存储器地址、数据总线和读、写控制信号。在TEC-8中,双端口存储器的左端口是个真正的读、写端口,用于程序的初始装入操作,从存储器中取数到数据总线DBUS,将数据总线DBUS上的数写入存储器;右端口设置成只读方式,从右端口读出的指令INS7~INS0被送往指令寄存器IR。

6. 程序计数器PC、地址寄存器AR和中断地址寄存器IAR

程序计数器PC由2片GAL22V10(U53和U54)和1片74244(U46)组成向双端口

RAM 的左端口提供存储器地址 PC7～PC0，程序计数器 PC 具有 PC 复位功能，从数据总线 DBUS 上装入初始 PC 功能，PC 加 1 功能，PC 和转移偏量相加功能。

地址寄存器 AR 由 1 片 GAL22V10(U58)组成，向双端口 RAM 的左端口提供存储器地址 AR7～AR0。它具有从数据总线 DBUS 上装入初始 AR 功能和 AR 加 1 功能。

中断地址寄存器 IAR 是 1 片 74374(U44)，它保存中断时的程序地址 PC。

7. 指令寄存器 IR

指令寄存器是 1 片 74273(U47)，用于保存从双端口 RAM 中读出的指令。它的输出 IR7～IR4 送往硬连线控制器、微程序控制器，IR3～IR0 送往 2 选 1 选择器。

8. 微程序控制器

微程序控制器产生 TEC-8 模型计算机所需的各种控制信号。它由 5 片 HN58C65 (U33、U34、U35、U36 和 U37)、1 片 74174(U19)、3 片 7432(U21、U22 和 U29)和 3 片 7406(U20、U30 和 U56)组成。5 片 HN58C65 组成控制存储器，存放微程序代码；1 片 74174 是微地址寄存器。3 片 7432 和 3 片 7408 组成微地址转移逻辑。

9. 硬连线控制器

硬连线控制器由 1 片可编程器件 EPM7128(U68)组成，产生 TEC-8 模型计算机所需的各种控制信号。

10. 控制信号切换电路

控制信号切换器由 7 片 74244(U7、U8、U9、U10、U14、U15 和 U16)和 1 个转换开关组成。拨动一次转换开关，就能够实现一次控制信号的切换。当转换开关拨到朝上位置时，TEC-8 模型计算机使用硬连线控制器产生的控制信号；当转换开关拨到朝下位置时，TEC-8 模型计算机使用微程序控制器产生的控制信号。

11. 2 选 1 选择器

2 选 1 选择器由 1 片 74244(U45)组成，用于在指令中的操作数 IR3～IR0 和控制信号 SEL3～SEL0 之间进行选择，产生目的寄存器编码 RD1、RD0，产生源寄存器编码 RS1、RS0。

11.2.3 模型计算机指令系统

TEC-8 模型计算机是个 8 位机，字长是 8 位。多数指令是单字指令，少数指令是双字指令。指令使用 4 位操作码，最多容纳 16 条指令。

已实现加法、减法、逻辑与、加 1、存数、取数、Z 条件转移、C 条件转移、无条件转移、输出、中断返回、开中断、关中断和停机 14 条指令。指令系统如表 11.1 所示。

表 11.1 TEC-8 模型计算机指令系统

名称	助记符	功能	指令格式		
			IR7 IR6 IR5 IR4	IR3 IR2	IR1 IR0
加法	ADD Rd，Rs	Rd←Rd+Rs	0001	Rd	Rs
减法	SUB Rd，Rs	Rd←Rd−Rs	0010	Rd	Rs
逻辑与	AND Rd，Rs	Rd←Rd and Rs	0011	Rd	Rs
加1	INC Rd	Rd←Rd +1	0100	Rd	XX
取数	LD Rd，[Rs]	Rd←[Rs]	0101	Rd	Rs
存数	ST Rs，[Rd]	Rs→[Rd]	0110	Rd	Rs
C条件转移	JC addr	如果C=1，则 PC←@+offset	0111	offset	
Z条件转移	JZ addr	如果Z=1，则 PC←@+offset	1000	offset	
无条件转移	JMP [Rd]	PC←Rd	1001	Rd	XX
输出	OUT Rs	DBUS←Rs	1010	XX	Rs
中断返回	IRET	返回断点	1011	XX	XX
关中断	DI	禁止中断	1100	XX	XX
开中断	EI	允许中断	1101	XX	XX
停机	STOP	暂停运行	1110	XX	XX

表 11.1 中，XX 代表随意值。Rs 代表源寄存器号，Rd 代表目的寄存器号。在条件转移指令中，@代表当前 PC 的值，offset 是一个 4 位的有符号数，第 3 位是符号位，0 代表正数，1 代表负数。**注意：@不是当前指令的 PC 值，是当前指令的 PC 值加 1。**

指令系统中，指令操作码 0000B 没有对应的指令，实际上指令操作码 0000B 对应着一条 NOP 指令，即什么也不做的指令。当复位信号为 0 时，对指令寄存器 IR 复位，使 IR 的值为00000000B，对应一条 NOP 指令。这样设计的目的是适应指令流水的初始状态要求。

11.2.4 开关、按钮、指示灯

1. 指示灯

为了在实验过程中观察各种数据，TEC-8 实验系统设置了大量的指示灯。

(1) 与运算器有关的指示灯

数据总线指示灯 D7～D0；

运算器 A 端口指示灯 A7～A0；

运算器 B 端口指示灯 B7～B0；

进位信号指示灯 C；

结果为 0 信号指示灯 Z。

（2）与存储器有关的指示灯

程序计数器指示灯 PC7～PC0；

地址指示灯 AR7～AR0；

存储器右端口数据指示灯 INS7～INS0；

指令寄存器指示灯 IR7～IR0；

双端口存储器右端口数据指示灯 INS7～INS0。

（3）与微程序控制器有关的信号指示灯

在使用微程序控制器时，控制信号指示灯指示微程序控制器产生的控制信号以及后继微地址 NμA5～NμA0 和判别位 P4～P0，微地址指示灯指示当前的微地址 μA5～μA0；在使用硬连线控制器时，微地址指示灯 μA5～μA0、后继微地址 NμA4～NμA0 和判别位指示灯 P4～P0 没有实际意义。

（4）节拍脉冲信号和节拍电位信号指示灯

按下启动按钮 QD 后，至少产生一组节拍脉冲 T_1、T_2、T_3，无法用指示灯显示 T_1、T_2、T_3 的状态，因此设置了 T_1、T_2、T_3 观测插孔，使用 TEC-8 实验台上提供的逻辑测试笔能够观测 T_1、T_2、T_3 是否产生。

硬连线控制器产生的节拍电位信号 W_1、W_2 和 W_3 有对应的指示灯。

（5）控制台操作指示灯

当它亮时，表明进行控制台操作；当它不亮时，表明运行测试程序。

（6）硬连线控制器指示灯

当它亮时，表明使用硬连线控制器；当它不亮时，表明使用微程序控制器。

（7）＋5V 指示灯

指示＋5V 电源的状态。

2. 按钮

TEC-8 实验台上有下列按钮。

（1）启动按钮 QD

按一次启动按钮 QD，则产生 2 个脉冲 QD 和 QD＃。QD 为正脉冲，QD＃为负脉冲，脉冲的宽度与按下 QD 按钮的时间相同。正脉冲 QD 启动节拍脉冲信号 T_1、T_2 和 T_3。

（2）复位按钮 CLR

按一次复位按钮 CLR，则产生 2 个脉冲 CLR 和 CLR＃。CLR 为正脉冲，CLR＃为负脉冲，脉冲的宽度与按下 CLR 按钮的时间相同。负脉冲 CLR＃使 TEC-6 模型计算机复位，处于初始状态。

（3）中断按钮 PULSE

按一次中断按钮 PULSE，则产生 2 个脉冲 PULSE 和 PULSE＃。PULSE 为正脉冲，PULSE＃为负脉冲，脉冲的宽度与按下 PULSE 按钮的时间相同。正脉冲 PULSE 向 TEC-8 模型计算机发出中断请求。

3. 开关

TEC-8实验台上有下列开关。

(1) 数据开关SD7～SD0

这8个双位开关用于向寄存器中写入数据、向存储器中写入程序或者用于设置存储器初始地址。当开关拨到朝上位置时为1,拨到向下位置时为0。

(2) 电平开关S11～S0

这12个双位开关用于在实验时设置信号的电平。每个开关上方都有对应的接插孔，供接线使用。开关拨到朝上位置时为1,拨到向下位置时为0。

(3) 单微指令开关DP

单微指令开关控制节拍脉冲信号T_1、T_2、T_3的数目。当单微指令开关DP朝上时，处于单微指令运行方式,每按一次QD按钮,只产生一组T_1、T_2、T_3;当单微指令开关DP朝下时,处于连续运行方式,每按一次QD按钮,开始连续产生T_1、T_2、T_3,直到按一次CLR按钮或者控制器产生STOP信号为止。

(4) 控制器转换开关

当控制器转换开关朝上时,使用硬连线控制器;当控制器转换开关朝下时,使用微程序控制器。

(5) 编程开关

当编程开关朝下时,TEC-8模型计算机处于正常工作状态;当编程开关朝上时,处于编程状态。在编程状态下,修改控制存储器中的微代码状态。

(6) 操作模式开关SWC、SWB、SWA

操作模式开关SWC、SWB、SWA确定的TEC-8模型计算机操作模式如下:

SWC	SWB	SWA	操作功能
0	0	0	启动程序运行
0	0	1	写存储器
0	1	0	读存储器
0	1	1	读寄存器
1	0	0	写寄存器
1	0	1	运算器组成实验
1	1	0	双端口存储器实验
1	1	1	数据通路实验

11.2.5 E^2PROM中微代码的修改

1. E^2PROM的两种工作方式

TEC-8模型计算机中的5片E^2PROM(CM4～CM0,U33～U37)有两种工作方式，一种叫"**正常**"工作方式,作为控制存储器使用;一种叫"**编程**"工作方式,用于修改

E^2PROM的微代码。当编程开关拨到"正常"位置时,TEC-8可以正常做实验,CM4～CM0只受控制器的控制,它里面的微代码正常读出,供数据通路使用。当编程开关拨到"编程"位置时,CM4～CM0只受TEC-8实验系统中的单片机的控制,用来对5片E^2PROM编程。在编程状态下,不进行正常实验。**特别提示:正常实验时编程开关的位置必须拨到"正常位置",否则可能破坏E^2PROM原先的内容。**

2. 安装CP2102 USB to UART Bridge Controller驱动程序

PC计算机通过RS-232串行通信方式和TEC-8实验系统中的单片机89S52通信,从而达到修改控制存储器E^2PROM的目的。不过在TEC-8实验系统上的编程线采用的是USB转串口通信线,因此需要一个驱动程序,将USB通信方式转换为RS-232通信方式,这个驱动程序就是CP2102 USB to UART Bridge Controller。出厂时提供的光盘上有这个驱动程序,在USB接口驱动/WIN文件夹内。

当第一次用出厂时提供的编程电缆将PC的一个USB口和TEC-8实验系统上的串口连接时,PC自动检测出安装了新硬件,并自动启动"安装新硬件驱动程序"服务,在PC屏幕上弹出"找到新的硬件向导"第一个对话框,如图11.3所示。

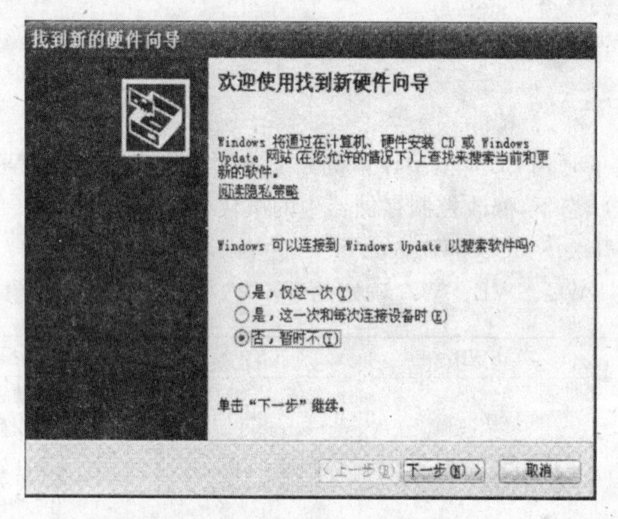

图11.3 找到新硬件向导对话框(1)

在这个对话框中,对"Windows可以连接到Windows Update?"的询问,选中最下面的一个选项"否,暂时不(T)",如图11.3所示。点击"下一步(N)"按钮,PC屏幕上出现第2个对话框,如图11.4所示。

在这个对话框中,对于"您期望向导做什么?"的询问,选中"从列表或者指定位置安装(高级)(S)"选项,如图11.4所示。点击"下一步(N)"按钮,PC屏幕上出现第3个对话框,如图11.5所示。

这是一个寻找CP2102 USB to UART Bridge Controller所在位置的对话框。如图11.5所示,选中"在这些位置上搜索最佳驱动程序"选项,和"在搜索中包含这个位置(O)"子选项,单击"浏览(B)"按钮,寻找CP2102 USB to UART Bridge Controller所在的

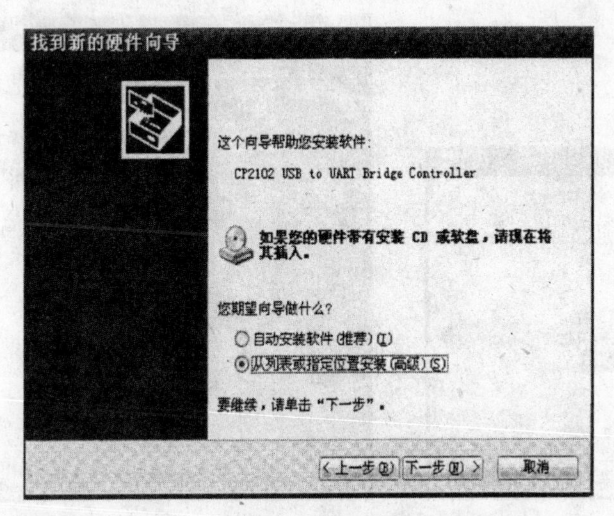

图 11.4 找到新硬件向导对话框(2)

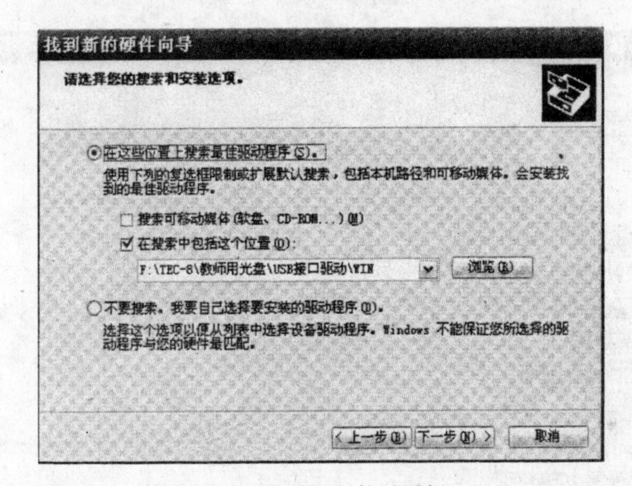

图 11.5 找到新硬件对话框(3)

文件夹，如图 11.6 所示。

找到需要的文件夹后，单击"确定"按钮，结束浏览操作。单击"下一步(N)"按钮。Windows 开始安装 CP2102 USB to UART Bridge Controller 驱动程序，安装完成后，弹出第 4 个对话框，如图 11.7 所示。

该对话框报告已经完成安装驱动程序。单击"完成"按钮，结束操作。

3. 串口调试助手 2.2 介绍

顾名思义，串口调试助手是一个调试 PC 串口的程序，在 TEC-8 实验系统中，首先在 PC 上通过串口调试程序将新的 E^2PROM 数据下载到单片机中，由单片机完成对 E^2PROM 的编程。

串口调试助手使用极其简单。通过双击出厂时提供的该软件的图标，PC 屏幕上出现如图 11.8 所示的该软件对话窗口。

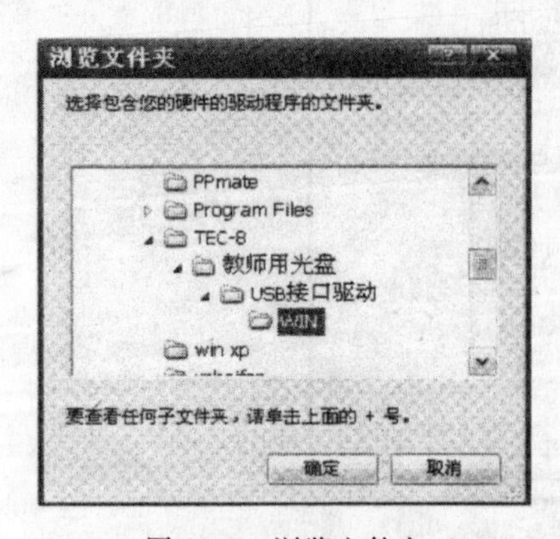

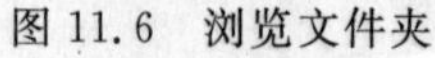
图 11.6 浏览文件夹

图 11.7 找到新硬件对话框(4)

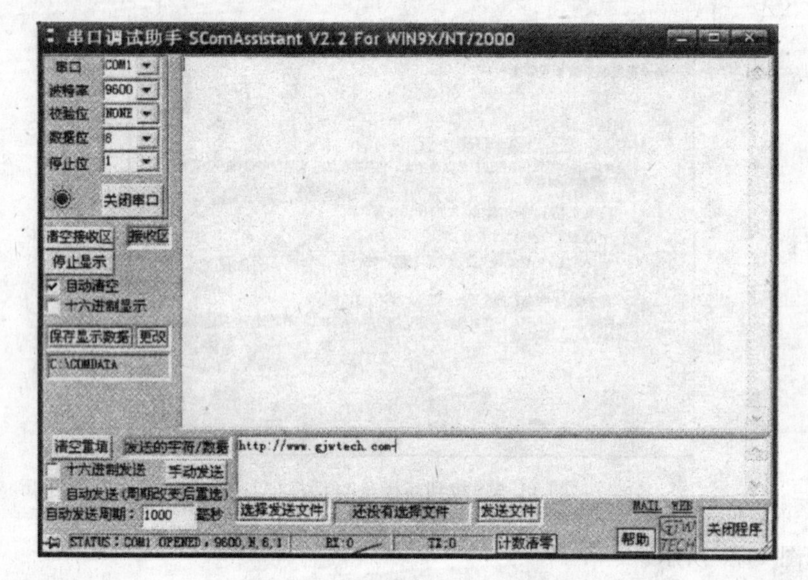

图 11.8 串口调试助手对话窗口

(1) 选择串口号:选择和 TEC-8 通信使用的串口号,在 COM1~COM4 中选择一个。串口的设置要与 CP2102 USB to UART Bridge Controller 驱动程序将 USB 转换的 R232 串口号一致。该串口号可用下列方式得到。

在用编程电缆将 PC 一个 USB 口和 TEC-8 实验系统连接的情况下,用鼠标右键点击 PC 桌面上的“我的电脑”图标,弹出一个菜单,如图 11.9 所示。

如图 11.9 那样,点击“属性(R)”菜单项,弹出系统属性对话框,如图 11.10 所示。

选中“硬件”菜单项后,点击“设备管理器”按钮,弹出设备管理器窗口,如图 11.11 所示。

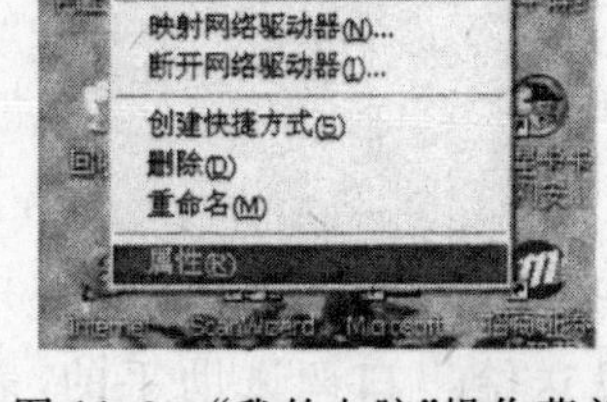

图 11.9　“我的电脑”操作菜单

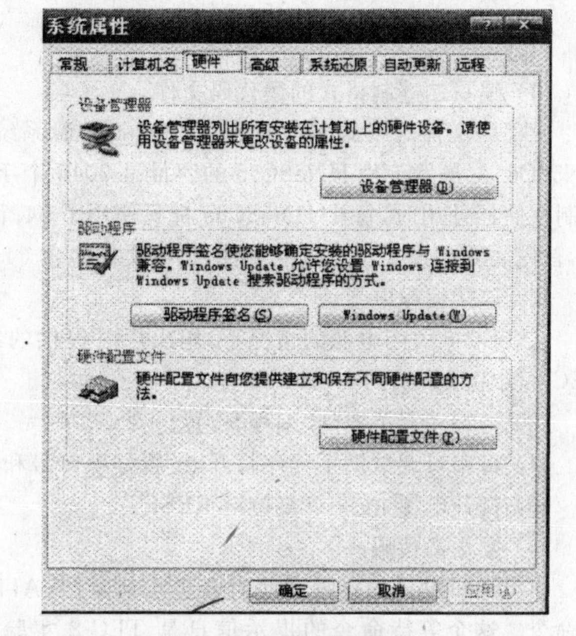

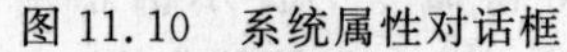

图 11.10　系统属性对话框

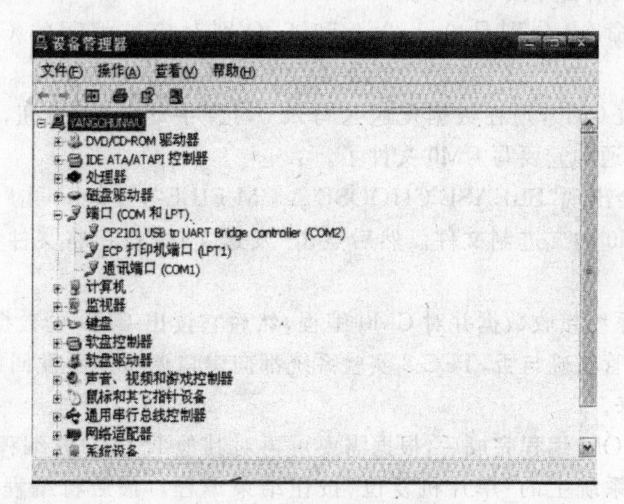

图 11.11　设备管理器窗口

在设备管理器窗口中可以找到该 USB 口代替的串口号。图 11.11 中是 COM2。具体的串口号根据 PC 的具体环境而定。

(2) 设置波特率等参数：由于串口调试助手需要和 TEC-8 实验系统上的单片机通信，因此它设置的串口参数需要和单片机内设置的参数一致，即波特率为 2400 波特，数据位 8 位，无校验位，停止位 1 位。这些参数设置不正确将无法通信。

(3) 窗口下部空白区为 PC 数据发送窗口，其上面较大的空白区为 PC 数据接收窗口。

4. 修改CM4～CM0的步骤

(1) 编写二进制格式的微代码文件。

微代码文件的格式是二进制。TEC-8实验系统上使用的E^2PROM的器件型号是HN58C65。虽然1片HN58C65的容量是2048个字节,但是在TEC-8实验系统中作为控制存储器使用时,每片HN58C65都只使用了64个字节。因此在改写控制存储器内容时,首先需要生成5个二进制文件,每个文件包含64个字节。

(2) 连接编程电缆。

在TEC-8关闭电源的情况下,用出厂时提供的编程电缆将PC机的一个USB口和TEC-8实验系统上的USB口相连。

(3) 将编程开关拨到"编程"位置。

(4) 将串口调试助手程序打开,设置好串口号和参数。

(5) 打开电源,按一下复位键RESET。

(6) 发送微代码。

串口调试助手的接收区此时会显示信息"WAITING FOR COMMAND…",提示等待命令。这个等待命令的提示信息是TEC-8实验系统发送给串口调试助手的,表示TEC-8实验系统已准备好接收命令。

一共有5个命令,分别是0、1、2、3和4,分别对应被编程的CM0、CM1、CM2、CM3和CM4。

如果准备修改CM0,则在数据发送区写入0,按"手动发送"按钮,将命令0发送给TEC-8实验系统,通知它要写CM0文件了。

数据接收区会出现"PLEASE CHOOSE A CM FILE"。通过单击"选择发送文件"按钮选择要写入CM0的二进制文件。然后点击"发送文件"按钮将文件发往TEC-8实验系统。

TEC-8实验系统接收数据并对CM0编程,然后它读出CM0的数据和从PC机接收到的数据比较,不管正确与否,TEC-8实验系统都向串口调试助手发回结果信息,在数据接收窗口显示出来。

对一个E^2PROM编程完成后,根据需要可再对其他E^2PROM编程,全部完成后,按一次TEC-8实验系统上的"单片机复位"按钮结束编程。最后将编程开关拨到"正常"位置。

注意:对CM0、CM1、CM2、CM3和CM4的编程顺序无规定,只要在发出器件号后紧跟着发送该器件的编程数据(文件)即可。编程也可以只对一个或者几个E^2PROM编程,不一定对5个E^2PROM全部编程。

11.3 运算器组成实验

1. 实验类型

本实验类型为原理型+分析型。

2. 实验目的

(1) 熟悉逻辑测试笔的使用方法。

(2) 熟悉 TEC-8 模型计算机的节拍脉冲 T_1、T_2、T_3。

(3) 熟悉双端口通用寄存器组的读写操作。

(4) 熟悉运算器的数据传送通路。

(5) 验证 74181 的加、减、与、或功能。

(6) 按给定的数据,完成几种指定的算术、逻辑运算。

3. 实验设备

TEC-8 实验系统	一台
双踪示波器	一台
直流万用表	一个
逻辑笔(在 TEC-8 实验台上)	一支

4. 实验电路

为了进行本实验,首先需要了解 TEC-8 模型计算机的基本时序。在 TEC-8 中,执行一条微指令(或者在硬连线控制器中完成 1 个机器周期)需要连续的 3 个节拍脉冲 T_1、T_2 和 T_3。它们的时序关系如图 11.12 所示。

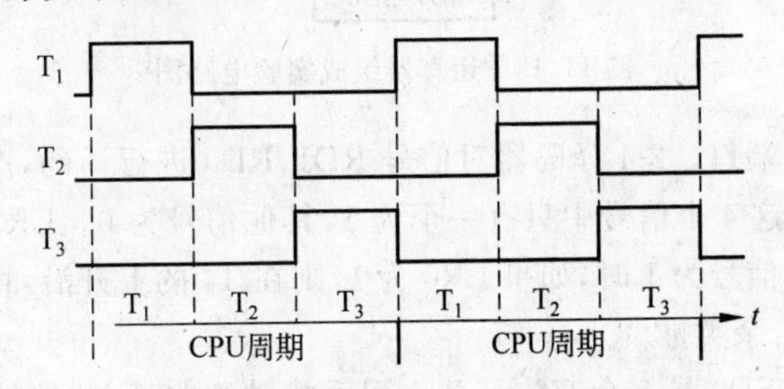

图 11.12　机器周期与 T_1、T_2、T_3 时序关系图

对于运算器操作来说,在 T_1 期间,产生 2 个 8 位参与运算的数 A 和 B,A 是被加数,B 是加数;产生控制运算类型的信号 M、S3、S2、S1、S0 和 CIN;产生控制写入 Z 标志寄存器的信号 LDZ 和控制写入 C 标志寄存器的信号 LDC,产生将运算的数据结果送往数据总线 DBUS 的控制信号 ABUS。这些控制信号保持到 T_3 结束;在 T_2 期间,根据控制信号,完成某种运算功能;在 T_3 的上升沿,保存运算的数据结果到一个 8 位寄存器中,同时保存进位标志 C 和结果为 0 标志 Z

图 11.13 是运算器组成实验的电路图。

双端口寄存器组由 1 片 EPM7064(U40)(图 11.13 中用虚线围起来的部分)组成,内部包含 4 个 8 位寄存器 R0、R1、R2、R3,4 选 1 选择器 A,4 选 1 选择器 B 和 1 个 2-4 译码器。根据信号 RD1、RD0 的值,4 选 1 选择器 A 从 4 个寄存器中选择 1 个寄存器送往 ALU 的 A 端口。根据信号 RS1、RS0 的值,4 选 1 选择器 B 从 4 个寄存器中选择 1 个寄

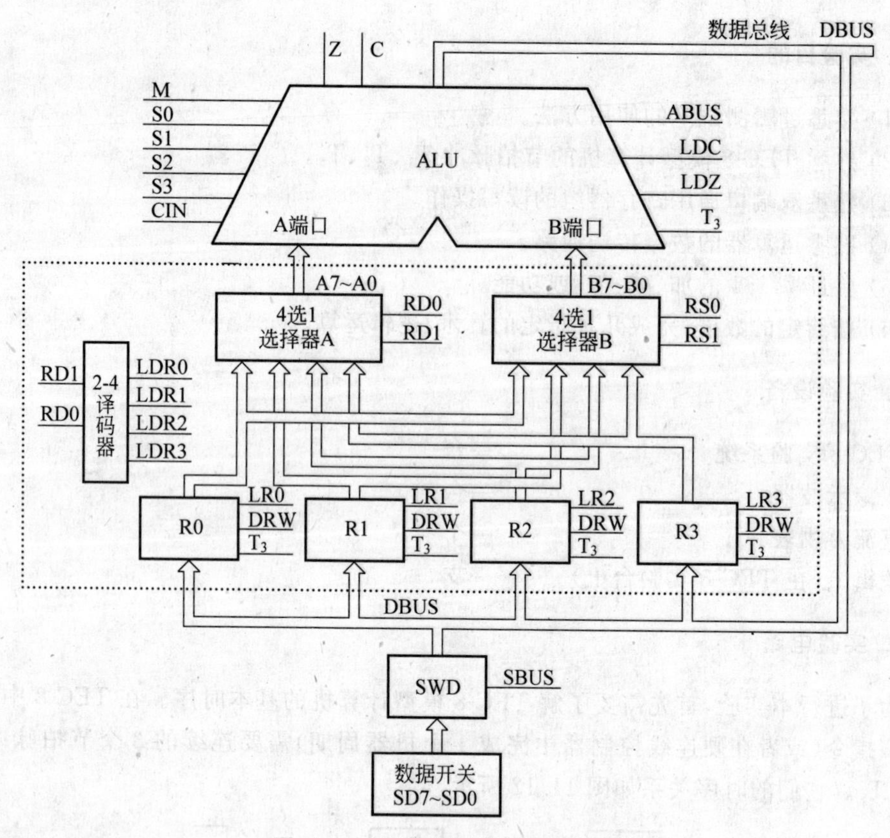

图 11.13　运算器组成实验电路图

存器送往 ALU 的 B 端口。2-4 译码器对信号 RD1、RD0 进行译码，产生信号 LR0、LR2、LR3、LR4，任何时刻这 4 个信号中只有一个为 1，其他信号为 0。LR3～LR0 指示出被写的寄存器。当 DRW 信号为 1 时，如果 LR0 为 1，则在 T_3 的上升沿，将数据总线 DBUS 上的数写入 R0 寄存器，余类推。

数据开关 SD7～SD0 是 8 个双位开关。用手拨动这些开关，能够生成需要的 SD7～SD0 的值。数据开关驱动器 SWD 是 1 片 74244(U50)。在信号 SBUS 为 1 时，SD7～SD0 通过 SWD 送往数据总线 DBUS。在本实验中，使用数据开关 SD7～SD0 设置寄存器 R0、R1、R2 和 R3 的值。

ALU 由 2 片 74181(U41 和 U42)、1 片 7474、1 片 74244、1 片 74245 和 1 片 7430 构成。74181 完成算术逻辑运算，74245 和 7430 产生 Z 标志，7474 保存标志 C 和标志 Z。ALU 对 A7～A0 和 B7～B0 上的 2 个 8 位数据进行算术逻辑运算，运算后的数据结果在信号 ABUS 为 1 时送数据总线 DBUS(D7～D0)，运算后的标志结果在 T3 的上升沿保存进位标志位 C 和结果为 0 标志位 Z。加法和减法同时影响 C 标志和 Z 标志，与操作和或操作只影响 Z 标志。

应当指出，74181 只是许多种能做算术逻辑运算器件中的一种器件，这里它仅作为一个例子使用。

74181 能够进行 4 位的算术逻辑运算，2 片 74181 级联在一起能够 8 位运算，3 片

74181级联在一起能够进行16位运算，余类推。所谓级联方式，就是将低4位74LS181的进位输出引脚C_{n+4}与高4位74LS181的进位输入引脚Cn连接。在TEC-8模型计算机中，U42完成低4位运算，U41完成高4位运算，二者级联在一起，完成8位运算。在ABUS为0时，运算得到的数据结果送往数据总线DBUS。**数据总线DBUS有4个信号来源：运算器、存储器、数据开关和中断地址寄存器，在每一时刻只允许其中一个信号源送数据总线。**

本实验中用到的信号归纳如下：

M、S3、S2、S1、S0	控制74181的算术逻辑运算类型。
CIN	低位74181的进位输入。
SEL3	相当于图11.13中的RD1。
SEL2	相当于图11.13中的RD0。SEL3、SEL2选择送ALU的A端口的寄存器。
SEL1	相当于图11.13中的RS1。SEL1、SEL0选择送ALU的B端口的寄存器。
SEL0	相当于图11.13中的RS0。
DRW	为1时，在T_3上升沿对RD1、RD0选中的寄存器进行写操作，将数据总线DBUS上的数D7～D0写入选定的寄存器。
LDC	当它为1时，在T_3的上升沿将运算得到的进位保存到C标志寄存器。
LDZ	当它为1时，如果运算结果为0，在T_3的上升沿，将1写入到Z标志寄存器；如果运算结果不为0，将0保存到Z标志寄存器。
ABUS	当它为1时，将运算结果送数据总线DBUS，当它为0时，禁止运算结果送数据总线DBUS。
SBUS	当它为1时，将运算结果送数据总线DBUS，当它为0时，禁止运算结果送数据总线DBUS。
SETCTL	当它为1时，TEC-8实验系统处于实验台状态。 当它为0时，TEC-8实验系统处于运行程序状态。
A7～A0	ALU的A端口数。
B7～B0	ALU的B端口数。
D7～D0	数据总线DBUS上的8位数。
C	进位标志。
Z	结果为0标志。

上述信号都有对应的指示灯。当指示灯亮时，表示对应的信号为1；当指示灯不亮时，对应的信号为0。实验过程中，对每一个实验步骤，都要记录上述信号（可以不记录SETCTL）的值。另外μA5～μA0指示灯指示当前微地址。

5. 实验任务

(1) 用双踪示波器和逻辑测试笔测试节拍脉冲信号T_1、T_2、T_3。

(2) 对下述7组数据进行加、减、与、或运算。

① A=0F0H,B=10H ⑤ A=0FFH,B=0AAH

② A=10H,B=0F0H ⑥ A=55H,B=0AAH

③ A=03H,B=05H ⑦ A=0C5H,B=61H

④ A=0AH,B=0AH

6. 实验步骤

(1) 实验准备

将控制器转换开关拨到微程序位置,将编程开关设置为正常位置,将开关 DP 拨到向上位置。打开电源。

(2) 用逻辑测试笔测试节拍脉冲信号 T_1、T_2、T_3

① 将逻辑测试笔的一端插入 TEC-8 实验台上的"逻辑测试笔"上面的插孔中,另一端插入"T_1"上方的插孔中。

② 按复位按钮 CLR,使时序信号发生器复位。

③ 按一次逻辑测试笔框内的 Reset 按钮,使逻辑测试笔上的脉冲计数器复位,2个黄灯 D1、D0 均灭。

④ 按一次启动按钮 QD,这时指示灯 D1、D0 的状态应为 01B,指示产生了一个 T_1 脉冲;如果再按一次 QD 按钮,则指示灯 D1D0 的状态应当为 10B,表示又产生了一个 T_1 脉冲;继续按 QD 按钮,可以看到在单周期运行方式下,每按一次 QD 按钮,就产生一个 T_1 脉冲。

⑤ 用同样的方法测试 T_2、T_3。

(3) 进行加、减、与、或运算

① 设置加、减、与、或运算模式。

按复位按钮 CLR,使 TEC-8 实验系统复位。指示灯 μA5~μA0 显示 00H。将操作模式开关设置为 SWC=1、SWB=0、SWA=1,准备进入加、减、与、或运算。

按一次 QD 按钮,产生一组节拍脉冲信号 T_1、T_2、T_3,进入加、减、与、或实验。

② 设置数 A。

指示灯 μA5~μA0 显示 0BH。在数据开关 SD7~SD0 上设置数 A。在数据总线 DBUS 指示灯 D7~D0 上可以看到数据设置是否正确,发现错误需及时改正。设置数据正确后,按一次 QD 按钮,将 SD7~SD0 上的数据写入 R0,进入下一步。

③ 设置数 B。

指示灯 μA5~μA0 显示 15H。这时 R0 已经写入,在指示灯 B7~B0 上可以观察到 R0 的值。在数据开关 SD7~SD0 上设置数 B。设置数据正确后,按一次 QD 按钮,将 SD7~SD0 上的数据写入 R1,进入下一步。

④ 进行加法运算。

指示灯 μA5~μA0 显示 16H。指示灯 A7~A0 显示被加数 A(R0),指示灯 B7~B0 显示加数 B(R1),D7~D0 指示灯显示运算结果 A+B。按一次 QD 按钮,进入下一步。

⑤ 进行减法运算。

指示灯 μA5～μA0 显示 17H。这时指示灯 C(红色)显示加法运算得到的进位 C,指示灯 Z(绿色)显示加法运算得到的结果为 0 信号。指示灯 A7～A0 显示被减数 A(R0),指示灯 B7～B0 显示减数 B(R1),指示灯 D7～D0 显示运算结果 A－B。按一次 QD 按钮,进入下一步。

⑥ 进行与运算。

指示灯 μA5～μA0 显示 18H。这时指示灯 C(红色)显示减法运算得到的进位 C,指示灯 Z(绿色)显示减法运算得到的结果为 0 信号。

指示灯 A7～A0 显示数 A(R0),指示灯 B7～B0 显示数 B(R1),指示灯 D7～D0 显示运算结果 A and B。按一次 QD 按钮,进入下一步。

⑦ 进行或运算。

指示灯 μA5～μA0 显示 19H。这时指示灯 Z(绿色)显示与运算得到的结果为 0 信号。指示灯 C 保持不变。指示灯 A7～A0 显示数 A(R0),指示灯 B7～B0 显示数 B(R1),指示灯 D7～D0 显示运算结果 A or B。按一次 QD 按钮,进入下一步。

⑧ 结束运算。

指示灯 μA5～μA0 显示 00H。这时指示灯 Z(绿色)显示或运算得到的结果为 0 信号。指示灯 C 保持不变。

按照上述步骤,对要求的 7 组数据进行运算。

7. 实验要求

(1) 做好实验预习,掌握运算器的数据传输通路及其功能特性。

(2) 写出实验报告,内容是:

① 实验目的。

② 根据实验结果填写表 11.2。

表 11.2 运算器组成实验结果数据表

实验数据		实验结果									
数 A	数 B	加			减			与		或	
		数据结果	C	Z	数据结果	C	Z	数据结果	Z	数据结果	Z

③ 结合实验现象,每一实验步骤中,对下述信号在所起的作用进行解释:M、S0、S1、S2、S3、CIN、ABUS、LDC、LDZ、SEL3、SEL2、SEL1、SEL0、DRW、SBUS。并说明在该步骤中,哪些信号是必需的,哪些信号不是必需的,哪些信号必须采用实验中使用的值,哪些信号可以不采用实验中使用的值。

8. 可探索和研究的问题

(1) ALU 具有记忆功能吗?如果有,如何设计?

(2) 为什么在 ALU 的 A 端口和 B 端口的数据确定后,在数据总线 DBUS 上能够直接观测运算的数据结果,而标志结果却在下一步才能观测到?

11.4 双端口存储器实验

1. 实验类型

本实验类型为原理型+分析型。

2. 实验目的

(1) 了解双端口静态存储器 IDT7132 的工作特性及其使用方法。
(2) 了解半导体存储器怎样存储和读取数据。
(3) 了解双端口存储器怎样并行读写。
(4) 熟悉 TEC-8 模型计算机中存储器部分的数据通路。

3. 实验设备

TEC-8 实验系统	一台
双踪示波器	一台
直流万用表	一个
逻辑笔(在 TEC-8 实验台上)	一支

4. 实验电路

图 11.14 是双端口存储器实验的电路图。

双端口 RAM 电路由 1 片 IDT7132 及少许附加电路组成,存放程序和数据。IDT7132 有 2 个端口,一个称为左端口,一个称为右端口。2 个端口各有独立的存储器地址线和数据线以及 3 个读、写控制信号:CE#、R/W#和 OE#,可以同时对器件内部的同一存储体同时进行读、写。IDT7132 容量为 2048B,TEC-8 实验系统只使用 64B。

在 TEC-8 实验系统中,左端口配置成读、写端口,用于程序的初始装入操作,从存储器中取数到数据总线 DBUS,将数据总线 DBUS 上的数写入存储器。当信号 MEMW 为 1 时,在 T_2 为 1 时,将数据总线 DBUS 上的数 D7~D0 写入 AR7~AR0 指定的存储单元;当 MBUS 信号为 1 时,AR7~AR0 指定的存储单元的数送数据总线 DBUS。右端口

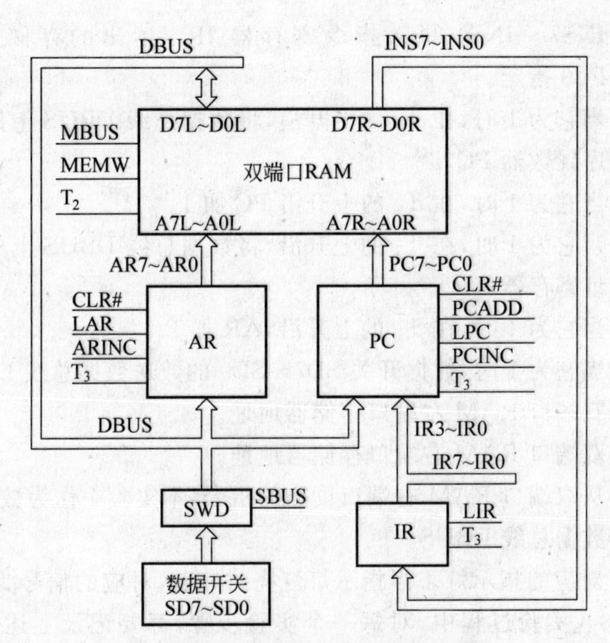

图 11.14 双端口存储器实验电路图

设置成只读方式,从 PC7～PC0 指定的存储单元读出指令 INS7～INS0,送往指令寄存器 IR。

程序计数器 PC 由 2 片 GAL22V10(U53 和 U54)和 1 片 74244(U46)组成。向双端口 RAM 的右端口提供存储器地址。当复位信号 CLR＃为 0 时,程序计数器复位,PC7～PC0 为 00H。当信号 LPC 为 1 时,在 T_3 的上升沿,将数据总线 DBUS 上的数 D7～D0 写入 PC。当信号 PCINC 为 1 时,在 T_3 的上升沿,完成 PC 加 1。当 PCADD 信号为 1 时,PC 和 IR 中的转移偏量(IR3～IR0)相加,在 T_3 的上升沿,将相加得到的和写入 PC 程序计数器。

地址寄存器 AR 由 1 片 GAL22V10(U58)组成,向双端口 RAM 的左端口提供存储器地址 AR7～AR0。当复位信号 CLR＃为 0 时,地址寄存器复位,AR7～AR0 为 00H。当信号 LAR 为 1 时,在 T_3 的上升沿,将数据总线 DBUS 上的数 D7～D0 写入 AR。当信号 PCINC 为 1 时,在 T_3 的上升沿,完成 AR 加 1。

指令寄存器 IR 是 1 片 74273(U47),用于保存指令。当信号 LIR 为 1 时,在 T_3 的上升沿,将从双端口 RAM 右端口读出的指令 INS7～INS0 写入指令寄存器 IR。

数据开关 SD7～SD0 用于设置双端口 RAM 的地址和数据。当信号 SBUS 为 1 时,数 SD7～SD0 送往数据总线 DBUS。

本实验中用到的信号归纳如下:

MBUS　　当它为 1 时,将双端口 RAM 的左端口数据送到数据总线 DBUS。

MEMW　　当它为 1 时,在 T_2 为 1 期间将数据总线 DBUS 上的 D7～D0 写入双端口 RAM,写入的存储器单元由 AR7～AR0 指定。

LIR　　当它为 1 时,在 T_3 的上升沿将从双端口 RAM 的右端口读出的指令

INS7～INS0 写入指令寄存器 IR。读出的存储器单元由 PC7～PC0 指定。

LPC　当它为1时,在 T_3 的上升沿,将数据总线 DBUS 上的 D7～D0 写入程序计数器 PC。

PCINC　当它为1时,在 T_3 的上升沿 PC 加1。

LAR　当它为1时,在 T_3 的上升沿,将数据总线 DBUS 上的 D7～D0 写入地址寄存器 AR。

ARINC　当它为1时,在 T_3 的上升沿,AR 加1。

SBUS　当它为1时,数据开关 SD7～SD0 的数送数据总线 DBUS。

AR7～AR0　双端口 RAM 左端口存储器地址。

PC7～PC0　双端口 RAM 右端口存储器地址。

INS7～INS0　从双端口 RAM 右端口读出的指令,本实验中作为数据使用。

D7～D0　数据总线 DBUS。

上述信号都有对应的指示灯。当指示灯灯亮时,表示对应的信号为1;当指示灯不亮时,对应的信号为0。实验过程中,对每一个实验步骤,都要记录上述信号(可以不记录 SETCTL)的值。另外 μA5～μA0 指示灯指示当前微地址。

5. 实验任务

(1) 从存储器地址 10H 开始,通过左端口连续向双端口 RAM 中写入3个数:85H、60H、38H。在写的过程中,在右端口检测写的数据是否正确。

(2) 从存储器地址 10H 开始,连续从双端口 RAM 的左端口和右端口同时读出存储器的内容。

6. 实验步骤

(1) 实验准备

将控制器转换开关拨到微程序位置,将编程开关设置为正常位置。打开电源。

(2) 进行存储器读、写实验

① 设置存储器读、写实验模式。

按复位按钮 CLR,使 TEC-8 实验系统复位。指示灯 μA5～μA0 显示 00H。将操作模式开关设置为 SWC=1、SWB=1、SWA=0,准备进入双端口存储器实验。

按一次 QD 按钮,进入存储器读、写实验。

② 设置存储器地址。

指示灯 μA5～μA0 显示 0DH。在数据开关 SD7～SD0 上设置地址 10H。在数据总线 DBUS 指示灯 D7～D0 上可以看到地址设置的正确不正确,发现错误需及时改正。设置地址正确后,按一次 QD 按钮,将 SD7～SD0 上的地址写入地址寄存器 AR(左端口存储器地址)和程序计数器 PC(右端口存储器地址),进入下一步。

③ 写入第1个数。

指示灯 μA5～μA0 显示 1AH。指示灯 AR7～AR0(左端口地址)显示 10H,指示灯

PC7～PC0(右端口地址)显示10H。在数据开关SD7～SD0上设置写入存储器的第1个数85H。按一次QD按钮，将数85H通过左端口写入由AR7～AR0指定的存储器单元10H。

④ 写入第2个数。

指示灯μA5～μA0显示1BH。指示灯AR7～AR0(左端口地址)显示11H，指示灯PC7～PC0(右端口地址)显示10H。观测指示灯INS7～INS0的值，它是通过右端口读出的由右地址PC7～PC0指定的存储器单元10H的值。比较和通过左端口写入的数是否相同。在数据开关SD7～SD0上设置写入存储器的第2个数60H。按一次QD按钮，将第2个数通过左端口写入由AR7～AR0指定的存储器单元11H。

⑤ 写入第3个数。

指示灯μA5～μA0显示1CH。指示灯AR7～AR0(左端口地址)显示12H，指示灯PC7～PC0(右端口地址)显示11H。观测指示灯INS7～INS0的值，它是通过右端口读出的由右地址PC7～PC0指定的存储器单元11H的值。比较和通过左端口写入的数是否相同。在数据开关SD7～SD0上设置写入存储器的第3个数38H。按一次QD按钮，将第3个数通过左端口写入由AR7～AR0指定的存储器单元11H。

⑥ 重新设置存储器地址。

指示灯μA5～μA0显示1DH。指示灯AR7～AR0(左端口地址)显示13H，指示灯PC7～PC0(右端口地址)显示12H。观测指示灯INS7～INS0的值，它是通过右端口读出的由右地址PC7～PC0指定的存储器单元11H的值。比较和通过左端口写入的数是否相同。在数据开关SD7～SD0重新设置存储器地址10H。按一次QD按钮，将SD7～SD0上的地址写入地址寄存器AR(左端口存储器地址)和程序计数器PC(右端口存储器地址)，进入下一步。

⑦ 左、右两个端口同时显示同一个存储器单元的内容。

指示灯μA5～μA0显示1EH。指示灯AR7～AR0(左端口地址)显示10H，指示灯PC7～PC0(右端口地址)显示10H。观测指示灯INS7～INS0的值，它是通过右端口读出的由右地址PC7～PC0指定的存储器单元10H的值。观测指示灯D7～D0的值，它是从左端口读出的由AR7～AR0指定的存储器单元10H的值。

按一次QD按钮，地址寄存器AR加1，程序计数器PC加1，在指示灯D7～D0和指示灯INS7～INS0上观测存储器的内容。继续按QD按钮，直到存储器地址AR7～AR0为12H为止。

7. 实验要求

(1) 做好实验预习，掌握双端口存储器的使用方法和TEC-8模型计算机存储器部分的数据通路。

(2) 写出实验报告，内容是：

① 实验目的。

② 根据实验结果填写表11.3。

③ 结合实验现象，在每一实验步骤中，对下述信号所起的作用进行解释：SBUS、

MBUS、LPC、PCINC、LAR、ARINC、MEMW。并说明在该步骤中，哪些信号是必需的，哪些信号不是必需的，哪些信号必须采用实验中使用的值，哪些信号可以不采用实验中使用的值。

表 11.3　双端口存储器实验结果表

实验数据		实验结果					
左端口存储器地址	通过左端口写入的数	第一次从右端口读出的数		同时读出时的读出结果			
		右端口存储器地址	读出的数	左端口存储器地址	读出的数	右端口存储器地址	读出的数

8. 可研究和探索的问题

在通过左端口向双端口 RAM 写数时，在右端口可以同时观测到左端口写入的数吗？为什么？

11.5　数据通路实验

1. 实验类型

本实验的类型为原理型＋分析型。

2. 实验目的

(1) 进一步熟悉 TEC-8 模型计算机的数据通路的结构。
(2) 进一步掌握数据通路中各个控制信号的作用和用法。
(3) 掌握数据通路中数据流动的路径。

3. 实验设备

TEC-8 实验系统	一台
双踪示波器	一台
直流万用表	一个
逻辑笔(在 TEC-8 实验台上)	一支

4. 实验原理

数据通路实验电路图如图 11.15 所示。它由运算器部分、双端口存储器部分加上数据开关 SD7～SD0 连接在一起构成。

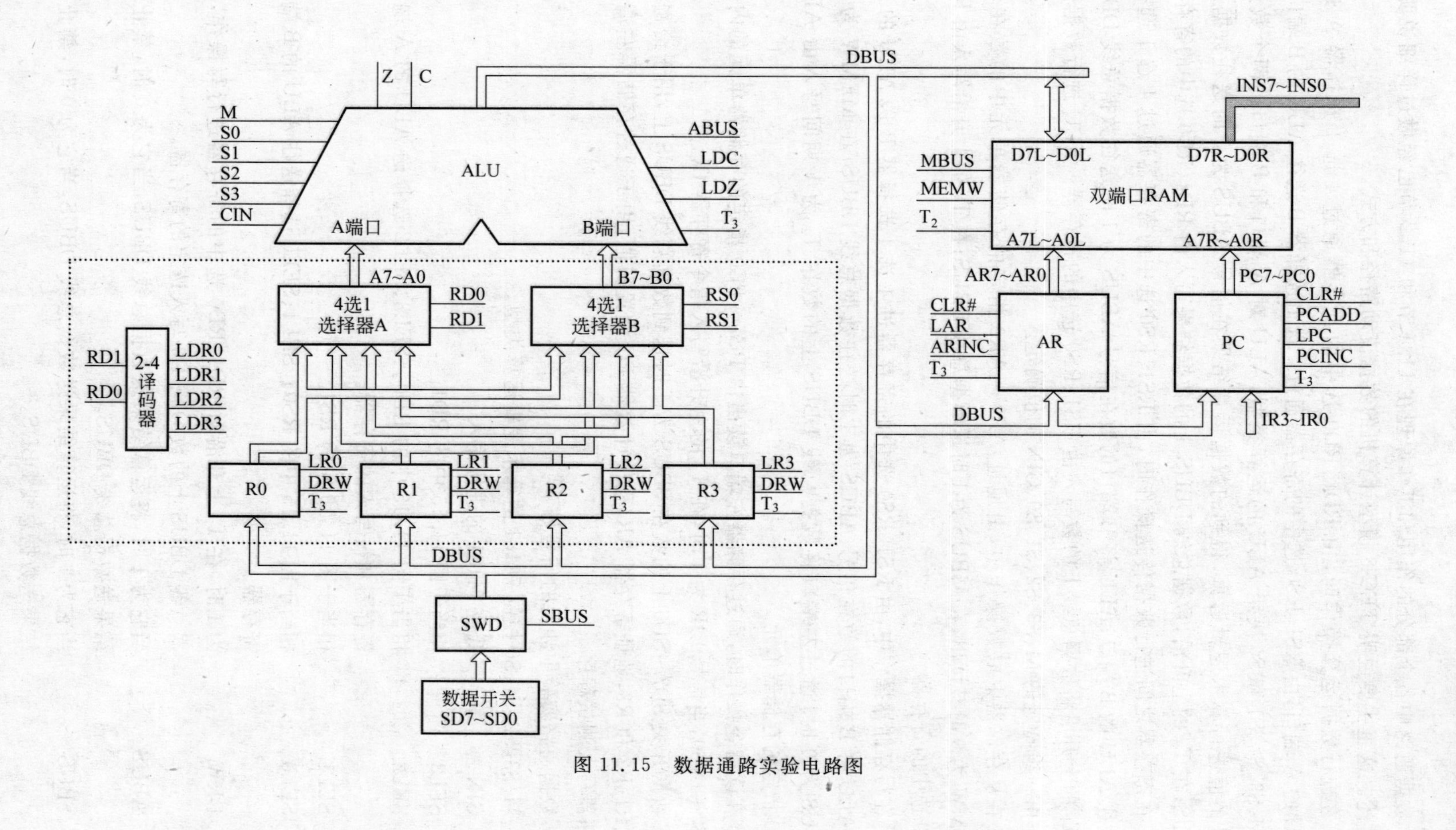

图11.15 数据通路实验电路图

数据通路中各个部分的作用和工作原理在11.1节和11.2节已经做过详细说明，不再重述。这里主要说明TEC-8模型计算机的数据流动路径和方式。

在进行数据运算操作时，由RD1、RD0选中的寄存器通过4选1选择器A送往ALU的A端口，由RS1、RS0选中的寄存器通过4选1选择器B送往ALU的B端口；信号M、S3、S2、S1和S0决定ALU的运算类型，ALU对A端口和B端口的两个数连同CIN的值进行算术逻辑运算，得到的数据运算结果在信号ABUS为1时送往数据总线DBUS；在T_3的上升沿，数据总线DBUS上的数据结果写入由RD1、RD0选中的寄存器。

在寄存器之间进行数据传送操作时，由RS1、RS0选中的寄存器通过4选1选择器B送往ALU的B端口；ALU将B端口的数在信号ABUS为1时送往数据总线DBUS；在T_3的上升沿将数据总线上的数写入由RS1、RS0选中的寄存器。ALU进行数据传送操作由一组特定的M、S3、S2、S1、S0、CIN的值确定。

在从存储器中取数操作中，由地址AR7～AR0指定的存储器单元中的数在信号MEMW为0时被读出；在MBUS为1时送数据总线DBUS；在T_3的上升沿写入由RD1、RD0选中的寄存器。

在写存储器操作中，由RS1、RS0选中的寄存器过4选1选择器B送ALU的B端口；ALU将B端口的数在信号ABUS为1时送往数据总线DBUS；在MEMW为1且MBUS为0时，通过左端口将数据总线DBUS上的数在T_2为1期间写入由AR7～AR0指定的存储器单元。

在读指令操作时，通过存储器左端口读出由PC7～PC0指定的存储器单元的内容送INS7～INS0，当信号LIR为1时，在T_3的上升沿写入指令寄存器IR。

数据开关SD7～SD0上的数在SBUS为1时送到数据总线DBUS上，用于给寄存器R0、R1、R2和R3，地址寄存器AR，程序计数器PC设置初值，用于通过存储器左端口向存储器写入测试程序。

数据通路实验中涉及的信号如下：

M、S3、S2、S1、S0 控制74181的算术逻辑运算类型。

CIN　　低位74181的进位输入。

SEL3　　相当于图11.15中的RD1。

SEL2　　相当于图11.15中的RD0。SEL3、SEL2选择送ALU的A端口的寄存器和被写入的寄存器。

SEL1　　相当于图11.15中的RS1。

SEL0　　相当于图11.15中的RS0。SEL1、SEL0选择送往ALU的B端口的寄存器。

DRW　　为1时，在T_3上升沿对RD1、RD0选中的寄存器进行写操作，将数据总线DBUS上的数D7～D0写入选定的寄存器。

ABUS　　当它为1时，将运算结果送数据总线DBUS，当它为0时，禁止运算结果送数据总线DBUS。

SBUS　　当它为1时，将运算结果送数据总线DBUS，当它为0时，禁止运算结果送数据总线DBUS。

B7～B0	ALU 的 B 端口数。
D7～D0	数据总线 DBUS 上的 8 位数。
MBUS	当它为 1 时，将双端口 RAM 的左端口数据送到数据总线 DBUS。
MEMW	当它为 1 时，在 T_2 为 1 期间将数据总线 DBUS 上的 D7～D0 写入双端口 RAM。写入的存储器单元由 AR7～AR0 指定。
LPC	当它为 1 时，在 T_3 的上升沿，将数据总线 DBUS 上的 D7～D0 写入程序计数器 PC。
PCINC	当它为 1 时，在 T_3 的上升沿 PC 加 1。
LAR	当它为 1 时，在 T_3 的上升沿，将数据总线 DBUS 上的 D7～D0 写入地址寄存器 AR。
ARINC	当它为 1 时，在 T_3 的上升沿，AR 加 1。
SBUS	当它为 1 时，数据开关 SD7～SD0 的数送数据总线 DBUS。
AR7～AR0	双端口 RAM 左端口存储器地址。
PC7～PC0	双端口 RAM 右端口存储器地址。
INS7～INS0	从双端口 RAM 右端口读出的指令，本实验中作为数据使用。
SETCTL	当它为 1 时，TEC-8 实验系统处于实验台状态。 当它为 0 时，TEC-8 实验系统处于运行程序状态。

上述信号都有对应的指示灯。当指示灯灯亮时，表示对应的信号为 1；当指示灯不亮时，对应的信号为 0。实验过程中，对每一个实验步骤，都要记录上述信号（可以不记录 SETCTL）的值。另外 μA5～μA0 指示灯指示当前微地址。

5. 实验任务

(1) 将数 75H 写到寄存器 R0，数 28H 写到寄存器 R1，数 89H 写到寄存器 R2，数 32H 写到寄存器 R3。

(2) 将寄存器 R0 中的数写入存储器 20H 单元，将寄存器 R1 中的数写入存储器 21H 单元，将寄存器 R2 中的数写入存储器 22H 单元，将寄存器 R3 中的数写入存储器 23H 单元。

(3) 从存储器 20H 单元读出数到存储器 R3，从存储器 21H 单元读出数到存储器 R2，从存储器 21H 单元读出数到存储器 R1，从存储器 23H 单元读出数到存储器 R0。

(4) 显示 4 个寄存器 R0、R1、R2、R3 的值，检查数据传送是否正确。

6. 实验步骤

(1) 实验准备

将控制器转换开关拨到微程序位置，将编程开关设置为正常位置。打开电源。

(2) 进行数据通路实验

① 设置数据通路实验模式：按复位按钮 CLR，使 TEC-8 实验系统复位。指示灯 μA5～μA0 显示 00H。将操作模式开关设置为 SWC=1、SWB=1、SWA=1，准备进入数据通路实验。

按一次QD按钮,进入数据通路实验。

② 将数75H写到寄存器R0,数28H写到R1,数89H写到R2,数32H写到R3。指示灯μA5~μA0显示0FH。在数据开关SD7~SD0上设置数75H。在数据总线DBUS指示灯D7~D0上可以看到数设置得正确不正确,发现错误需及时改正。数设置正确后,按一次QD按钮,将SD7~SD0上的数写入寄存器R0,进入下一步。

依照写R0的方式,在指示灯μA5~μA0显示32H时,将数28H写入R1,在指示灯B7~B0观测寄存器R0的值;在指示灯μA5~μA0显示33H时,将数89H写入R2,在指示灯B7~B0上观测R1的值;在指示灯μA5~μA0显示34H时,将数32H写入R3,在指示灯B7~B0上观测R2的值。

③ 设置存储器地址AR和程序计数器PC:指示灯μA5~μA0显示35H。此时指示灯B7~B0显示寄存器R3的值。在数据开关SD7~SD0上设置地址20H。在数据总线DBUS指示灯D7~D0上可以看到地址设置得正确不正确。地址设置正确后,按一次QD按钮,将SD7~SD0上的地址写入地址寄存器AR7~AR0,进入下一步。

④ 将寄存器R0、R1、R2、R3中的数依次写入存储器20H、21H、22H和23H单元。

指示灯μA5~μA0显示36H。此时指示灯AR7~AR0和PC7~PC0分别显示出存储器左、右两个端口的存储器地址。指示灯A7~A0、B7~B0和D7~D0都显示寄存器R0的值。按一次QD按钮,将R0中的数写入存储器20H单元,进入下一步。

依照此法,在指示灯μA5~μA0显示37H时,将R1中的数写入存储器21H单元,在INS7~INS0上观测存储器20H单元的值;在指示灯μA5~μA0显示38H时,将R2中的数写入存储器22H单元,在INS7~INS0上观测存储器21H单元的值;在指示灯μA5~μA0显示39H时,将R3中的数写入存储器23H单元,在INS7~INS0上观测存储器22H单元的值。

⑤ 重新设置存储器地址AR和程序计数器PC:指示灯μA5~μA0显示3AH。此时指示灯PC7~PC0显示23H,INS7~INS0显示存储器23H单元中的数。在数据开关SD7~SD0上设置地址20H。按一次QD按钮,将地址20H写入地址寄存器AR和程序计数器PC,进入下一步。

⑥ 将存储器20H、21H、22H和23H单元中的数依次写入寄存器R3、R2、R1和R0。

指示灯μA5~μA0显示3BH。此时指示灯AR7~AR0和PC7~PC0显示20H,指示灯D7~D0和INS7~INS0同时显示存储器20H中的数,按一次QD按钮,将存储器20H单元中的数写入寄存器R3,进入下一步。

依照此法,在指示灯μA5~μA0显示3CH时,将存储器21H单元中的数写入寄存器R2,在指示灯B7~B0上观测R3的值;在指示灯μA5~μA0显示3DH时,将存储器22H单元中的数写入寄存器R1,在指示灯B7~B0上观测R2的值;在指示灯μA5~μA0显示3EH时,将存储器23H单元中的数写入寄存器R0,在指示灯B7~B0上观测R1的值。

⑦ 观测R0的值:指示灯μA5~μA0显示00H。此时指示灯A7~A0显示R0的值,指示灯B7~B0显示R3的值。

7. 实验要求

(1) 做好实验预习,掌握TEC-8模型计算机的数据通路及各种操作情况下的数据流动路径和流动方向。

(2) 写出实验报告,内容是:

① 实验目的。

② 根据实验结果填写表11.4。

表11.4 数据通路实验结果表

μA5~μA0	A7~A0	B7~B0	D7~D0	AR7~AR0	PC7~PC0	INS7~INS0	R0	R1	R2	R3
0FH										
32H										
33H										
34H										
35H										
36H										
37H										
38H										
39H										
3AH										
3BH										
3CH										
3DH										
3EH										
00H										

③ 结合实验现象,在每一实验步骤中,对下述信号所起的作用进行解释:SBUS、MBUS、LPC、PCINC、LAR、ARINC、MEMW、M、S0、S1、S2、S3、CIN、ABUS、SEL3、SEL2、SEL1、SEL0、DRW、SBUS。并说明在该步骤中,哪些信号是必需的,哪些信号不是必需的,哪些信号必须采用实验中使用的值,哪些信号可以不采用实验中使用的值。

④ 写出下列操作时,数据的流动路径和流动方向:给寄存器置初值、设置存储器地址、将寄存器中的数写到存储器中,从存储器中读数到寄存器。

8. 可探索和研究的问题

如果用I-cache和D-cache来代替双端口存储器,请提出一种数据通路方案。

11.6 微程序控制器实验

1. 实验类型

本实验类型为原理型+设计型+分析型。

2. 实验目的

(1) 掌握微程序控制器的原理。

(2) 掌握 TEC-8 模型计算机中微程序控制器的实现方法,尤其是微地址转移逻辑的实现方法。

(3) 理解条件转移对计算机的重要性。

3. 实验设备

TEC-8 实验系统	一台
双踪示波器	一台
直流万用表	一个
逻辑笔(在 TEC-8 实验台上)	一支

4. 实验电路

微程序控制器与硬连线控制器相比,由于其规整性、易于设计以及需要的时序发生器相对简单,在 20 世纪七八十年代得到广泛应用。本实验通过一个具体微程序控制器的实现使学生从实践上掌握微程序控制器的一般实现方法,理解控制器在计算机中的作用。

(1) 微指令格式

根据机器指令功能、格式和数据通路所需的控制信号,采用如图 11.16 所示的微指令格式。微指令字长 39 位,顺序字段 11 位(判别字段 P4~P0,后继微地址 NμA5~NμA0),控制字段 29 位,微命令直接控制。

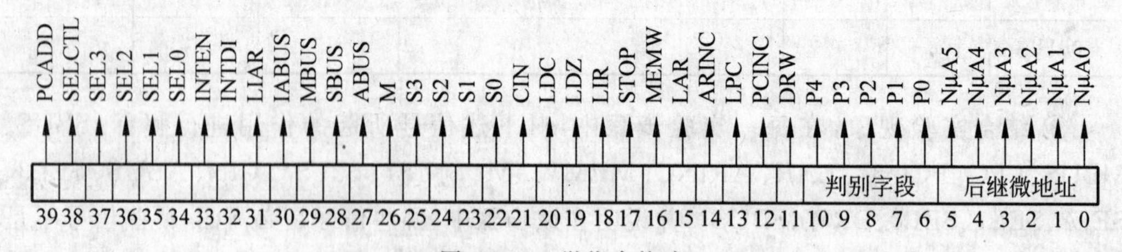

图 11.16 微指令格式

前面的 3 个命令已经介绍了主要的微命令(控制信号),介绍过的微命令不再重述,这里介绍后继微地址、判别字段和其他微命令。

NμA5~NμA0 后继微地址,在微指令顺序执行的情况下,它是下一条微指令的地址。

P0　　当它为1时，根据后继微地址NμA5～NμA0和模式开关SWC、SWB、SWA确定下一条微指令的地址，见图11.17。

P1　　当它为1时，根据后继微地址NμA5～NμA0和指令操作码IR7～IR4确定下一条微指令的地址，见图11.17。

P2　　当它为1时，根据后继微地址NμA5～NμA0和进位C确定下一条微指令的地址，见图11.17。

P3　　当它为1时，根据后继微地址NμA5～NμA0和结果为0标志Z确定下一条微指令的地址，见图11.17。

P4　　当它为1时，根据后继微地址NμA5～NμA0和中断信号INT确定下一条微指令的地址。见图11.17微程序流程图。在TEC-8模型计算机中，中断信号INT由时序发生器在接到中断请求信号后产生。

STOP　　当它为1时，在T_3结束后时序发生器停止输出节拍脉冲T_1、T_2、T_3。

LIAR　　当它为1时，在T_3的上升沿，将PC7～PC0写入中断地址寄存器IAR。

INTDI　　当它为1时，置允许中断标志(在时序发生器中)为0，禁止TEC-8模型计算机响应中断请求。

INTEN　　当它为1时，置允许中断标志(在时序发生器中)为1，允许TEC-8模型计算机响应中断请求。

IABUS　　当它为1时，将中断地址寄存器中的地址送数据总线DBUS。

PCADD　　当它为1时，将当前的PC值加上相对转移量，生成新的PC。

由于TEC-8模型计算机有微程序控制器和硬连线控制器2个控制器，因此微程序控制器以前缀"A-"标示，以便和硬连线控制器产生的控制信号区分。硬连线控制器产生的控制信号以前缀"B-"标示。

(2) 微程序流程图

根据TEC-8模型计算机的指令系统和控制台功能(见表11.2)和数据通路(见图11.2)，TEC-8模型计算机的微程序流程图见图11.17。在图11.17中，为了简洁，将许多以"A-"为前缀的信号，省略了前缀。

需要说明的是，图11.17中没有包括运算器组成实验、双端口存储器实验和数据通路3部分。这3部分的微程序很简单，微程序都是顺序执行的，根据这3个实验很容易给出。

(3) 微程序控制器电路

根据TEC-8模型计算机的指令系统、控制台功能、微指令格式和微程序流程图，TEC-8模型计算机微程序控制器电路如图11.18所示。

图11.18中，以短粗线标志的信号都有接线孔。信号IR4-I、IR5-I、IR6-I、IR7-I、C-I和Z-I的实际意义分别等同于IR4、IR5、IR6、IR7、C和Z。INT信号是时序发生器接到中断请求脉冲PULSE(高电平有效)后产生的中断信号。

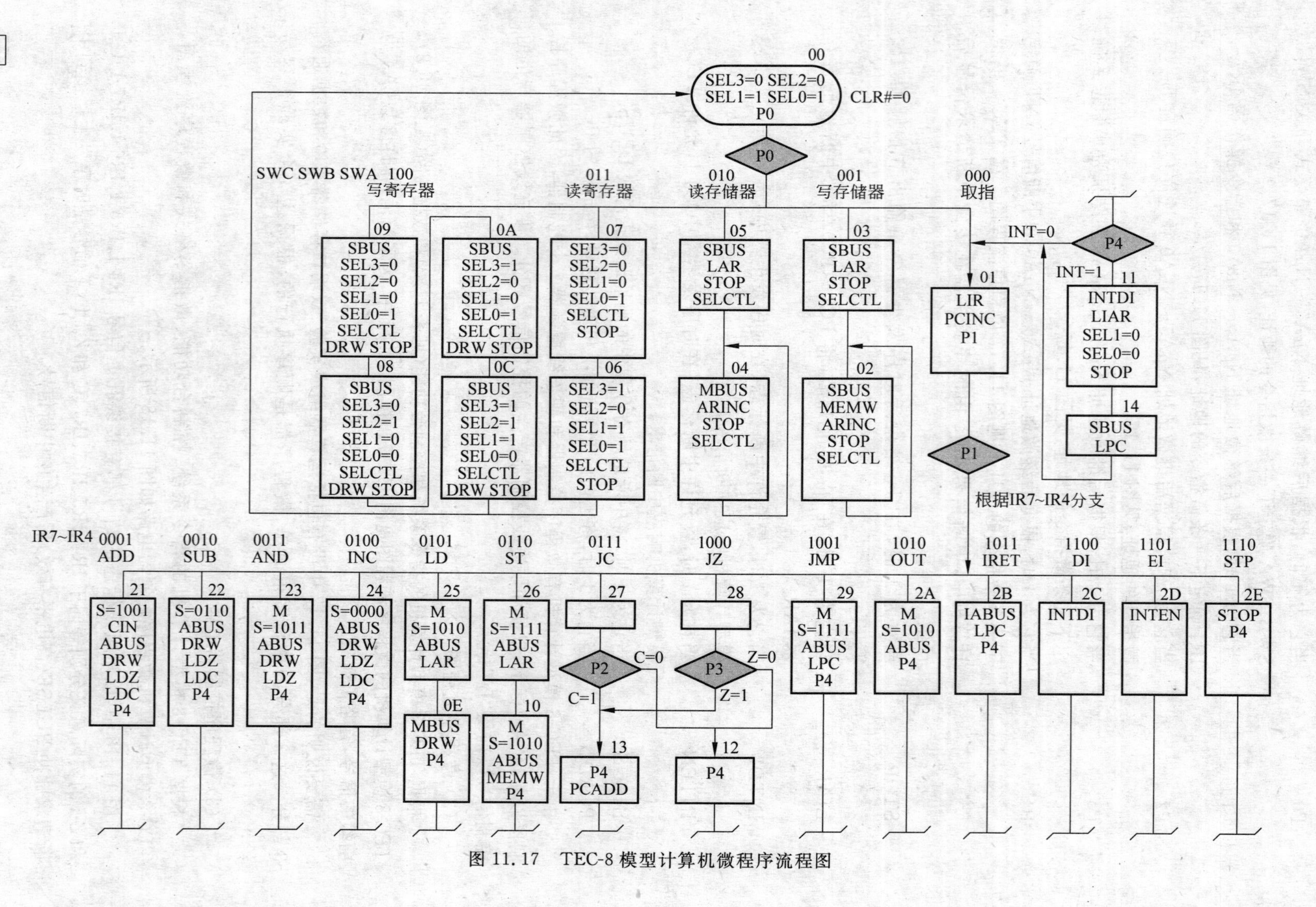

图11.17 TEC-8模型计算机微程序流程图

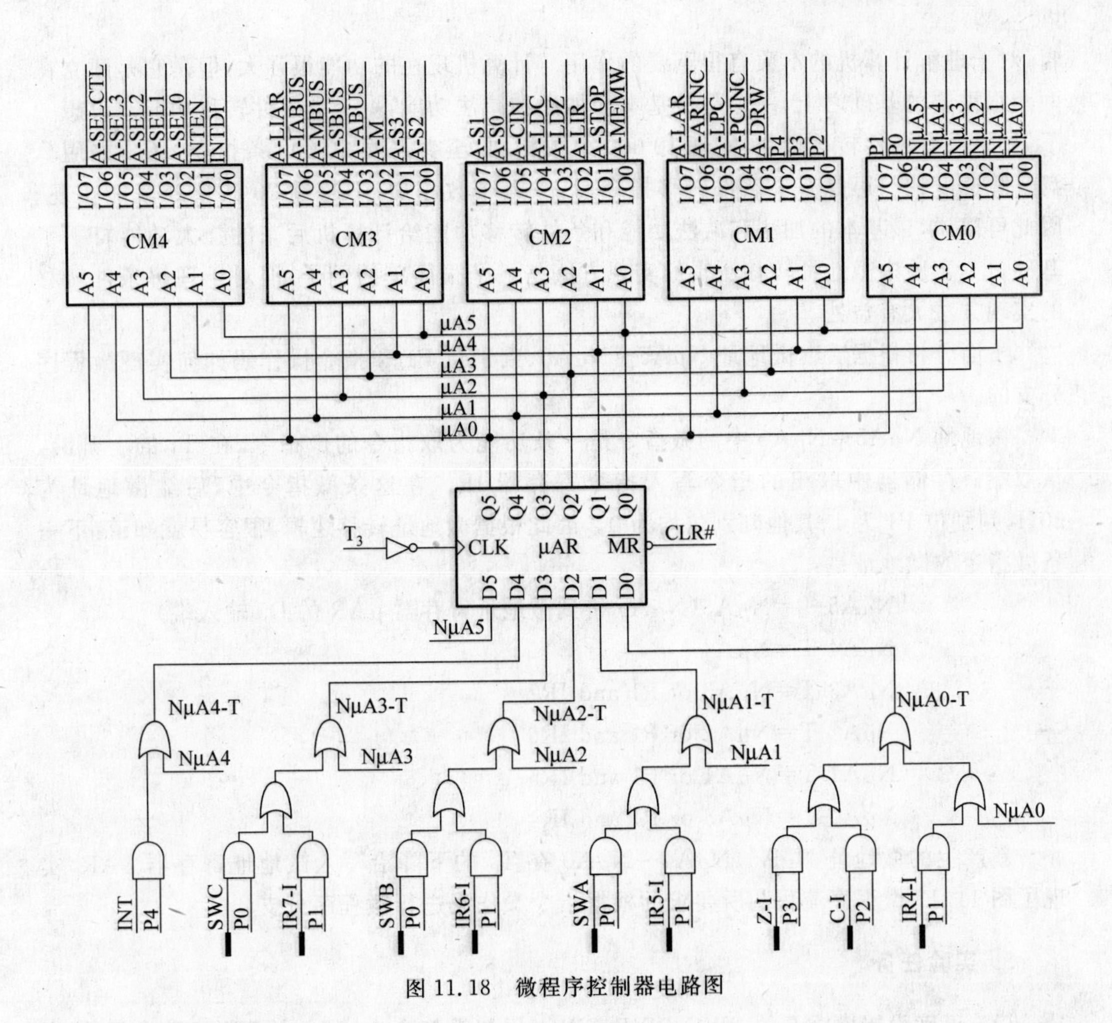

图 11.18 微程序控制器电路图

(1) 控制存储器

控制存储器由5片58C65组成，在图11.18中表示为CM0～CM4。其中CM0存储微指令最低的8位微代码，CM5存储微指令最高的8位(实际使用7位)微代码。控制存储器的微代码必须与微指令格式一致。58C65是一种8K×8位的E^2PROM器件，地址输入A12～A0。由于TEC-8模型计算机只使用其中64B作为控制存储器，因此将A12～A6接地，A5～A0接微地址μA5～μA0。在正常工作方式下，5片E^2PROM处于只读状态；在修改控制存储器内容时，5片E^2PROM处于读、写状态。

(2) 微地址寄存器

微地址寄存器μAR由1片74174组成，74174是一个6D触发器。当按下复位按钮CLR时，产生的信号CLR＃(负脉冲)使微地址寄存器复位，μA5～μA0为00H，供读出第一条微指令使用。在一条微指令结束时，用T_3的下降沿将微地址转移逻辑产生的下条微指令地址NμA5、NμA4～NμA0写入微地址寄存器。

(3) 微地址转移逻辑

微地址转移逻辑由若干与门和或门组成，实现“与-或”逻辑。深入理解微地址转移逻辑,对于理解计算机的本质有很重要的作用。计算机现在的功能很强大,但是它是建立在两个很重要的基础之上,一个是最基本的加法和减法功能,一个是条件转移功能。设想一下,如果没有条件转移指令,实现10 000个数相加,至少需要20 000条指令,还不如用算盘计算速度快。可是有了条件转移指令后,一万个数相加,不超过20条指令就能实现。因此可以说,最基本的加法和减法功能和条件转移功能给计算机后来的强大功能打下了基础。本实验中微地址转移逻辑的实现方法是一个很简单的例子,但对于理解条件转移的实现方法大有益处。

下面分析根据后继微地址NμA5～NμA0、判别位P1和指令操作码如何实现微程序分支的。

微地址NμA5～NμA0中的微指令是一条功能为取指令的微指令,在T_3的上升沿,从双端口存储器中取出的指令写入指令寄存器IR。在这条微指令中,后继微地址为20H,判别位P1为1、其他判别位均为0。因此根据微地址转移逻辑,很容易就知道,下一条微指令的微地址是:

NμA5-T=NμA5(NμA5接到微地址寄存器μAR的D5输入端)

NμA4-T=NμA4

NμA3-T=NμA3 or P1 and IR7

NμA2-T=NμA2 or P1 and IR6

NμA1-T=NμA1 or P1 and IR5

NμA0-T=NμA3 or P1 and IR4

新产生的微地址NμA5、NμA4～NμA0在T_3的下降沿写入微地址寄存器μAR,实现了图11.17微程序流程图所要求的根据指令操作码进行微程序分支。

5. 实验任务

(1) 正确设置模式开关SWC、SWB、SWC,用单微指令方式(单拍开关DP设置为1)跟踪控制台操作读寄存器、写寄存器、读存储器、写存储器的执行过程,记录下每一步的微地址μA5～μA0、判别位P4～P0和有关控制信号的值,写出这4种控制台操作的作用和使用方法。

(2) 正确设置指令操作码IR7～IR4,用单微指令方式跟踪下列除停机指令STP之外的所有指令的执行过程。记录下每一步的微地址μA5～μA0、判别位P4～P0和有关控制信号的值。对于JZ指令,跟踪Z=1、Z=0两种情况;对于JZ指令,跟踪C=1、C=0两种情况。

6. 实验步骤

(1) 实验准备

将控制器转换开关拨到微程序位置,将编程开关设置为正常位置,将单拍开关设置为1(朝上)。在单拍开关DP为1时,每按一次QD按钮,只执行一条微指令。

将信号IR4-I、IR5-I、IR6-I、IR7-I、C-I、Z-I依次通过接线孔与电平开关S0～S5连接。通过拨动开关S0～S7,可以对上述信号设置希望的值。打开电源。

(2) 跟踪控制台操作读寄存器、写寄存器、读存储器、写存储器的执行

按复位按钮CLR后，拨动操作模式开关SWC、SWB、SWA到希望的位置，按一次QD按钮，则进入希望的控制台操作模式。控制台模式开关和控制台操作的对应关系如下：

SWC	SWB	SWA	控制台操作类型
0	0	0	启动程序运行
0	0	1	写存储器
0	1	0	读存储器
0	1	1	读寄存器
1	0	0	写寄存器

按一次复位按钮CLR按钮，能够结束本次跟踪操作，开始下一次跟踪操作。

(3) 跟踪指令的执行

按复位按钮CLR后，设置操作模式开关SWC=0、SWB=0、SWA=0，按一次QD按钮，则进入启动程序运行模式。设置电平开关S3～S0，使其代表希望的指令操作码IR7～IR4，按QD按钮，跟踪指令的执行。

按一次复位按钮CLR按钮，能够结束本次跟踪操作，开始下一次跟踪操作。

7. 实验要求

(1) 认真做好实验的预习，掌握TEC-8模型计算机微程序控制器的工作原理。

(2) 写出实验报告，内容是：

① 实验目的。

② 控制台操作的跟踪过程。写出每一步的微地址μA5～μA0、判别位P4～P0和有关控制信号的值。

③ 写出这4种控制台操作的作用和使用方法。

④ 指令的跟踪过程。写出每一步的微地址μA5～μA0、判别位P4～P0和有关控制信号的值。

⑤ 写出TEC-8模型计算机中的微地址转移逻辑的逻辑表达式。分析它和各种微程序分支的对应关系。

8. 可探索和研究的问题

(1) 试根据运算器组成实验、双端口存储器实验和数据通路实验的实验过程，画出这部分的微程序流程图。

(2) 你能将图11.16中的微指令格式重新设计压缩长度吗？

11.7 CPU组成与机器指令的执行实验

1. 实验类型

本实验类型为原理型+分析型+设计型。

2. 实验目的

(1) 用微程序控制器控制数据通路,将相应的信号线连接,构成一台能运行测试程序的CPU。

(2) 执行一个简单的程序,掌握机器指令与微指令的关系。

(3) 理解计算机如何取出指令、如何执行指令、如何在一条指令执行结束后自动取出下一条指令并执行,牢固建立计算机整机概念。

3. 实验设备

TEC-8 实验系统	一台
双踪示波器	一台
直流万用表	一个
逻辑笔(在 TEC-8 实验台上)	一支

4. 实验电路

本实验将前面几个实验中的所有电路,包括时序发生器、通用寄存器组、算术逻辑运算部件、存储器、微程序控制器等模块组合在一起,构成一台能够运行程序的简单处理机。数据通路的控制由微程序控制器完成,由微程序解释指令的执行过程,从存储器取出一条指令到执行指令结束的一个指令周期,是由微程序完成的,即一条机器指令对应一个微程序序列。

在本实验中,程序装入到存储器中和给寄存器置初值是在控制台方式下手工完成的,程序执行的结果也需要用控制台操作来检查。TEC-8 模型计算机的控制台操作如下:

(1) 写存储器

写存储器操作用于向存储器中写测试程序和数据。

按复位按钮 CLR,设置 SWC=0、SWB=0、SWA=1。按 QD 按钮一次,控制台指示灯亮,指示灯 μA5~μA0 显示 03H,进入写存储器操作。在数据开关 SD7~SD0 上设置存储器地址通过数据总线指示灯 D7~D0 可以检查地址是否正确。按 QD 按钮一次,将存储器地址写入地址寄存器 AR,指示灯 μA5~μA0 显示 02H,指示灯 AR7~AR0 显示当前存储器地址。在数据开关上设置被写的指令。按 QD 按钮一次,将指令写入存储器。写入指令后,从指示灯 AR7~AR0 上可以看到地址寄存器自动加 1。在数据开关上设置下一条指令,按 QD 按钮一次,将第 2 条指令写入存储器。这样一直继续下去,直到将测试程序全部写入存储器。

(2) 读存储器

读存储器操作用于检查程序的执行结果和检查程序是否正确写入到存储器中。

按复位按钮 CLR,设置 SWC=0、SWB=1、SWA=0。按 QD 按钮一次,控制台指示灯亮,指示灯 μA5~μA0 显示 05H,进入读存储器操作。在数据开关 SD7~SD0 上设置存储器地址,通过指示灯 D7~D0 可以检查地址是否正确。按 QD 按钮一次,指示灯

AR7～AR0上显示出当前存储器地址，在指示灯D7～D0上显示出指令或数据。再按一次QD按钮，则在指示灯AR7～AR0上显示出下一个存储器地址，在指示灯D7～D0上显示出下一条指令。一直操作下去，直到程序和数据全部检查完毕。

(3) 写寄存器

写寄存器操作用于给各通用寄存器置初值。

按复位按钮CLR，设置SWC=1、SWB=0、SWA=0。按QD按钮一次，控制台指示灯亮，指示灯μA5～μA0显示09H，进入写寄存器操作。在数据开关SD7～SD0上设置R0的值，通过指示灯D7～D0可以检查地址是否正确，按QD按钮，将设置的数写入R0。指示灯μA5～μA0显示08H，指示灯B7～B0显示R0的值，在数据开关SD7～SD0上设置R1的值，按QD按钮，将设置的数写入R1。指示灯μA5～μA0显示0AH，指示灯B7～B0显示R1的值，在数据开关SD7～SD0上设置R2的值，按QD按钮，将设置的数写入R2。指示灯μA5～μA0显示0CH，指示灯B7～B0显示R2的值，在数据开关SD7～SD0上设置R3的值，按QD按钮，将设置的数写入R3。指示灯μA5～μA0显示00H，指示灯A7～A0显示R0的值，指示灯B7～B0显示R3的值。

(4) 读寄存器

读寄存器用于检查程序执行的结果。

按复位按钮CLR，设置SWC=0、SWB=1、SWA=1。按QD按钮一次，控制台指示灯亮，指示灯μA5～μA0显示07H，进入读寄存器操作。指示灯A7～A0显示R0的值，指示灯B7～B0显示R1的值。按一次QD按钮，指示灯μA5～μA0显示06H，指示灯A7～A0显示R2的值，指示灯B7～B0显示R3的值。

(5) 启动程序运行

当程序已经写入存储器后，按复位按钮CLR，使TEC-6模型计算机复位，设置SWC=0、SWB=0、SWA=0，按一次启动按钮QD，则启动测试程序从地址00H运行。如果单拍开关DP=1，那么每按一次QD按钮，执行一条微指令；连续按QD按钮，直到测试程序结束。如果单拍开关DP=0，那么按一次QD按钮后，程序一直运行到停机指令STP为止。如果程序不以停机指令STP结束，则程序将无限运行下去，结果不可预知。

5. 实验任务

(1) 将下面的程序手工汇编成二进制机器代码并装入存储器。

预习表11.5。表中地址10H、11H、12H中存放的不是指令，而是数。此程序运行前R2的值为18H，R3的值为10H。

(2) 通过简单的连线构成能够运行程序的TEC-8模型计算机。

TEC-8模型计算机所需的连线很少，只需连接6条线，具体连线见实验步骤。

(3) 将程序写入寄存器，并且给R2、R3置初值，跟踪执行程序，用单拍方式运行一遍，用连续方式运行一遍。用实验台操作检查程序运行结果。

表 11.5 预习时要求完成的手工汇编

地 址	指 令	机器 16 进制代码	地 址	指 令	机器 16 进制代码
00H	LD R0,[R3]		0AH	INC R2	
01H	INC R3		0BH	ST R2,[R2]	
02H	LD R1,[R3]		0CH	AND R0,R1	
03H	SUB R0,R1		0DH	MOV R1,R0	
04H	JZ 0BH		0EH	OUT R2	
05H	ST R0,[R2]		0FH	STP	
06H	INC R3		10H	85H	
07H	LD R0,[R3]		11H	23H	
08H	ADD R0,R1		12H	0AFH	
09H	JC 0CH				

6. 实验步骤

(1) 实验准备

将控制器转换开关拨到微程序位置，将编程开关设置为正常位置。

将信号 IR4-I、IR5-I、IR6-I、IR7-I、C-I、Z-I 依次通过接线孔与信号 IR4-0、IR5-0、IR6-0、IR7-0、C-0、Z-0 连接。使 TEC-8 模型计算机能够运行程序的整机系统。

打开电源。

(2) 在单拍方式下跟踪程序的执行

① 通过写存储器操作将程序写入存储器。

② 通过读操作将程序逐条读出，检查程序是否正确写入了存储器。

③ 通过写寄存器操作设置寄存器 R2 为 18H，R3 为 10H。

④ 通过读寄存器操作检查设置是否正确。

⑤ 将单拍开关 DP 设置为 1，使程序在单微指令下运行。

⑥ 按复位按钮 CLR，复位程序计数器 PC 为 00H。将模式开关设置为 SWC＝0、SWB＝0、SWA＝0，准备进入程序运行模式。

⑦ 按一次 QD 按钮，进入程序运行。每按一次 QD 按钮，执行一条微指令，直到程序结束。在程序执行过程中，记录下列信号的值：PC7～PC0、AR7～AR0、μA5～μA0、IR7～IR0、A7～A0、B7～B0 和 D7～D0。

⑧ 通过读寄存器操作检查 4 个寄存器的值并记录。

⑨ 通过读存储器操作检查存储单元 18H、19H 的值并记录。

(3) 在连续方式下运行程序

由于单拍方式下运行程序并没有改变存储器中的程序。因此只要重新设置 R2 为 18H、R3 为 10H。然后将单拍开关 DP 设置为 0，按复位按钮 CLR 后，将模式开关设置为

SWC=0、SWB=0、SWA=0,准备进入程序运行模式。按一次QD按钮,程序自动运行到STP指令。通过读寄存器操作检查4个寄存器的值并记录。通过读存储器操作检查存储单元18H、19H的值并记录。

7. 实验要求

(1) 认真做好实验的预习,在预习时将程序汇编成机器十六进制代码。

(2) 写出实验报告,内容是:

① 实验目的。

② 填写表11.5。

③ 填写表11.6。

表11.6 单拍方式下指令执行结果指令执行跟踪结果

指　令	μA5～μA0	PC7～PC0	AR7～AR0	IR7～IR0	A7～A0	B7～B0	D7～D0

④ 单拍方式和连续方式程序执行后4个寄存器的值、寄存器18、19单元的值。

⑤ 对表11.6中数据的分析、体会。

⑥ 结合第1条和第2条指令的执行,说明计算机中程序的执行过程。

⑦ 结合程序中条件转移指令的执行过程说明计算机中如何实现条件转移功能。

8. 可探索和研究的问题

如果需要全面测试TEC-8模型计算机的功能,需要什么样的测试程序?请写出测试程序,并利用测试程序对TEC-8模型计算机进行测试。

11.8 中断原理实验

1. 实验类型

本实验类型为原理型+分析型。

2. 实验目的

(1) 从硬件、软件结合的角度,模拟单级中断和中断返回的过程;

(2) 通过简单的中断系统,掌握中断控制器、中断向量、中断屏蔽等概念;

(3) 了解微程序控制器与中断控制器协调的基本原理;

(4) 掌握中断子程序和一般子程序的本质区别,掌握中断的突发性和随机性。

3. 实验设备

TEC-8实验系统　　　　　　一台

双踪示波器　　　　　　　一台
直流万用表　　　　　　　一个
逻辑笔(在 TEC-8 实验台上)　一支

4. 实验原理

(1) TEC-8 模型计算机中的中断机构

TEC-8 模型计算机中有一个简单的单级中断系统,只支持单级中断、单个中断请求,有中断屏蔽功能,旨在说明最基本的工作原理。

TEC-8 模型计算机中有 2 条指令用于允许和屏蔽中断。DI 指令称作关中断指令。此条指令执行后,即使发生中断请求,TEC-8 也不响应中断请求。EI 指令称作开中断指令,此条指令执行后,TEC-8 响应中断。在时序发生器中,设置了一个允许中断触发器 EN_INT,当它为 1 时,允许中断,当它为 0 时,禁止中断发生。复位脉冲 CLR # 使 EN_INT 复位为 0。使用 VHDL 语言描述的 TEC-8 中的中断控制器如下:

```
INT_EN_P : process(CLR#,MF,INTEN,INTDI,PULSE,EN_INT)
    begin
      if CLR#='0'  then
          EN_INT<='0';
      elsif MF'event and MF='1' then
          EN_INT<=INTEN or (EN_INT and (not INTDI));
      end if ;
      INT<=EN_INT and PULSE;
    end process;
```

在上面的描述中,CLR # 是按下复位按钮 CLR 后产生的低电平有效的复位脉冲,MF 是 TEC-8 的主时钟信号,INTEN 是执行 EI 指令产生的允许中断信号,INTDI 是执行 DI 指令产生的禁止中断信号,PULSE 是按下 PULSE 按钮产生的高电平有效的中断请求脉冲信号,INT 是时序发生电路向微程序控制器输出的中断程序执行信号。

为保存中断断点的地址,以便程序被中断后能够返回到原来的地址继续执行,设置了一个中断地址寄存器 IAR,参见图 11.2。中断地址寄存器 IAR 是 1 片 74374(U44)。当信号 LIAR 为 1 时,在 T_3 的上升沿,将 PC 保存在 IAR 中。当信号 IABUS 为 1 时,IABUS 中保存的 PC 送数据总线 DBUS,指示灯显示出中断地址。由于本实验系统只有一个断点寄存器而无堆栈,因此仅支持一级中断而不支持多级中断。

中断向量即中断服务程序的入口地址,本实验系统中由数据开关 SD7～SD0 提供。

(2) 中断的检测、执行和返回过程

一条指令的执行由若干条微指令构成。TEC-8 模型计算机中,除指令 EI、DI 外,每条指令执行过程的最后一条微指令都包含判断位 P4,用于判断有无中断发生,参见图 11.17。因此在每一条指令执行之后,下一条指令执行之前都要根据中断信号 INT 是否为 1 决定微程序分支。如果信号 INT 为 1,则转微地址 11H,进入中断处理;如果信号 INT 为 0,则转微地址 01H,继续取下一条指令然后执行。

检测到中断信号INT后，转到微地址11H。该微指令产生INTDI信号，禁止新的中断发生，产生LIAR信号，将程序计数器PC的当前值保存在中断地址寄存器(断点寄存器)中，产生STOP信号，等待手动设置中断向量。在数据开关SD7～SD0上设置好中断地址后，机器将中断向量读到PC后，转到中断服务程序继续执行。

执行一条指令IRET，从中断地址返回。该条指令产生IABUS信号，将断点地址送数据总线DBUS，产生信号LPC，将断点从数据总线装入PC，恢复被中断的程序。

发生中断时，关中断由硬件负责。而中断现场(包括4个寄存器、进位标志C和结果为0标志Z)的保存和恢复由中断服务程序完成。中断服务程序的最后两条指令一般是开中断指令EI和中断返回指令IRET。为了保证从中断服务程序能够返回到主程序，EI指令执行后，不允许立即被中断。因此，EI指令执行过程中的最后一条微指令中不包含P4判别位。

5. 实验任务

(1) 了解中断每个信号的意义和变化条件，并将表11.7中的主程序和表11.8中的中断服务程序手工汇编成十六进制机器代码。此项任务在预习中完成。

表11.7 主程序的机器代码

地　　址	指　　令	机器代码
00H	EI	
01H	INC R0	
02H	INC R0	
03H	INC R0	
04H	INC R0	
05H	INC R0	
06H	INC R0	
07H	INC R0	
08H	INC R0	
09H	JMP [R1]	

表11.8 中断服务程序的机器代码

地　　址	指　　令	机器代码
45H	ADD R0,R0	
46H	EI	
46H	IRET	

① 为了保证此程序能够循环执行，应当将R1预先设置为01H。R0的初值设置为0。

② 将TEC-8连接成一个完整的模型计算机。

③ 将主程序和中断服务程序装入存储器，执行3遍主程序和中断服务程序。列表记录中断有关信号的变化情况。特别记录好断点和R0的值。

④ 将存储器00H中的EI指令改为DI，重新运行程序，记录发生的现象。

6. 实验步骤

(1) 实验准备。

将控制器转换开关拨到微程序位置，将编程开关设置为正常位置。

将信号IR4-I、IR5-I、IR6-I、IR7-I、C-I、Z-I依次通过接线孔与信号IR4-0、IR5-0、IR6-0、IR7-0、C-0、Z-0连接。使TEC-8模型计算机能够运行程序的整机系统。打开电源。

(2) 通过控制台写存储器操作，将主程序和中断服务程序写入存储器。

(3) 执行3遍主程序和中断子程序。

① 通过控制台写寄存器操作将R0设置为00H，将R1设置为01H。

② 将单拍开关DP设置为连续运行方式(DP=0)，按复位按钮CLR，使TEC-8模型计算机复位。按QD按钮，启动程序从00H开始执行。

③ 按一次PULSE按钮，产生一个中断请求信号PULSE，中断主程序的运行。记录下这时的断点PC、在指示灯B7～B0上显示出的R0的值和其他有关中断的信号。

④ 将单拍开关DP设置为单拍方式(DP=1)，在数据开关上设置中断服务程序的入口地址45H。按QD按钮，一步步执行中断服务程序，直到返回到断点为止。

⑤ 按照步骤①～④，再重复做2遍。

(4) 将存储器00H的指令改为DI，按照步骤3，重做一遍，记录发生的现象。

7. 实验要求

(1) 认真做好实验的预习，在预习时将程序汇编成机器十六进制代码。

(2) 写出实验报告，内容是：

① 实验目的；

② 填写表11.6；

③ 填写表11.7；

④ 填写表11.8；

⑤ 填写表11.9。

表11.9 中断原理实验结果

执行程序顺序	PC断点值	中断时的R0
第1遍		
第2遍		
第3遍		
第4遍		

(3) 分析实验结果,得到什么结论?

(4) 简述 TEC-8 模型计算机的中断机制。

8. 可研究和探索的问题

在 TEC-8 模型计算机中,采用的是信号 PULSE 高电平产生中断。如果改为信号 PULSE 的上升沿产生中断,怎么设计时序发生器中的中断机制?提出设计方案。

第 12 章　TEC-8 计算机组成综合实验设计

本章安排了 TEC-8 系统的两个大型综合性研究课题。其中课题 12.1 用于计算机组成原理或计算机组成与系统结构课程，课题 12.2 学生可以选做。

12.1　采用硬连线控制器的常规 CPU 设计

1. 教学目的

(1) 融会贯通计算机组成原理或计算机组成与系统结构课程各章教学内容，通过知识的综合运用，加深对 CPU 各模块工作原理及相互联系的认识。

(2) 掌握硬连线控制器的设计方法。

(3) 学习运用当代的 EDA 设计工具，掌握用 EDA 设计大规模复杂逻辑电路的方法。

(4) 培养科学研究能力，取得设计和调试的实践经验。

2. 实验设备

TEC-8 实验系统	一台
PC 计算机	一台
双踪示波器	一台
直流万用表	一个
逻辑笔(在 TEC-8 实验台上)	一支

3. 设计与调试任务

(1) 设计一个硬连线控制器，和 TEC-8 模型计算机的数据通路结合在一起，构成一个完整的 CPU，该 CPU 要求：

① 能够完成控制台操作：启动程序运行、读存储器、写存储器、读寄存器和写寄存器。

② 能够执行表 12.1 中的指令，完成规定的指令功能。

表 12.1 中，XX 代表随意值。Rs 代表源寄存器号，Rd 代表目的寄存器号。在条件转移指令中，@代表当前 PC 的值，offset 是一个 4 位的有符号数，第 3 位是符号位，0 代表正数，1 代表负数。**注意：@不是当前指令的 PC 值，是当前指令的 PC 值加 1**。

(2) 在 QuartusⅡ下对硬布线控制器设计方案进行编程和编译。

表 12.1 新设计 CPU 的指令系统

名 称	汇编语言	功 能	指令格式		
			IR7 IR6 IR5 IR4	IR3 IR2	IR1 IR0
加法	ADD Rd, Rs	Rd←Rd+Rs	0001	Rd	Rs
减法	SUB Rd, Rs	Rd←Rd−Rs	0010	Rd	Rs
逻辑与	AND Rd, Rs	Rd←Rd and Rs	0011	Rd	Rs
加 1	INC Rd	Rd←Rd +1	0100	Rd	XX
取数	LD Rd, [Rs]	Rd←[Rs]	0101	Rd	Rs
存数	ST Rs,[Rd]	Rs→[Rd]	0110	Rd	Rs
C 条件转移	JC addr	如果 C=1,则 PC←@+offset	0111	offset	
Z 条件转移	JZ addr	如果 Z=1,则 PC←@+offset	1000	offset	
无条件转移	JMP [Rd]	PC←Rd	1001	Rd	XX
停机	STOP	暂停运行	1110	XX	XX

(3) 将编译后的硬布线控制器下载到 TEC-8 实验台上的 ISP 器件 EPM7128 中去，使 EPM7128 成为一个硬连线控制器。

(4) 根据指令系统，编写检测硬连线控制器正确性的测试程序，并用测试程序对硬布线控制器在单拍方式下进行调试，直到成功。

(5) 在调试成功的基础上，整理出设计文件，包括：

① 硬连线控制器逻辑模块图；

② 硬连线控制器指令周期流程图；

③ 硬连线控制器的 VHDL 源程序；

④ 测试程序；

⑤ 设计说明书；

⑥ 调试总结。

4. 设计提示

(1) 硬连线控制器的基本原理

硬连线控制器的基本原理，每个微操作控制信号 S 是一系列输入量的逻辑函数，即用组合逻辑来实现

$$S = f(I_m, M_i, T_k, B_j)$$

其中 I_m 是机器指令操作码译码器的输出信号，M_i 是节拍电位信号，T_k 是节拍脉冲信号，

B_j 是状态条件信号。

在 TEC-8 实验系统中,节拍脉冲信号 T_k(T_1~T_3)已经直接输送给数据通路。因为机器指令系统比较简单,省去操作码译码器,4 位指令操作码 IR4~IR7 直接成为 I_m 的一部分;由于 TEC-8 实验系统有控制台操作,控制台操作可以看做一些特殊的功能复杂的指令,因此 SWC、SWB、SWA 可以看做是 I_m 的另一部分。M_i 是时序发生器产生的节拍信号 W_1~W_3;B_j 包括 ALU 产生的进位信号 C、结果为 0 信号 Z 等。

(2) 机器指令周期流程图设计

设计微程序控制器使用流程图。设计硬连线控制器同样使用流程图。微程序控制器的控制信号以微指令周期为时间单位,硬连线控制器以节拍电位(CPU 周期)为时间单位,两者在本质上是一样的,1 个节拍电位时间和 1 条微指令时间都是从节拍脉冲 T_1 的上升沿到 T_3 的下降沿的一段时间。在微程序控制器流程图中,一个执行框代表一条微指令,在硬连线控制器流程图中,一个执行框代表一个节拍电位时间。

(3) 执行一条机器指令的节拍电位数

在 TEC-8 实验系统中,采用了可变节拍电位数来执行一条机器指令。大部分指令的执行只需 2 个节拍电位 W_1、W_2,少数指令需要 3 个节拍电位 W_1、W_2、W_3。为了满足这种要求,在执行一条指令时除了产生完成指令功能所需的微操作控制信号外,对需要 3 个电位节拍的指令,还要求它在 W_2 时产生一个信号 LONG。信号 LONG 送往时序信号发生器,时序信号发生器接到信号 LONG 后产生节拍电位 W_3。

对于一些控制台操作,需要 4 个节拍电位才能完成规定的功能。为了满足这种情况,可以将控制台操作化成两条机器指令的节拍。为了区分写寄存器操作的 2 个不同阶段,可以用某些特殊的寄存器标志。例如建立一个 FLAG 标志,当 FLAG=0 时,表示该控制台操作的第 1 个 W_1、W_2;当 FLAG=1 时,表示该控制台操作的第 2 个 W_1、W_2。

为了适应更为广泛的情况,TEC-8 的时序信号发生器允许只产生一个节拍电位 W_1。当 1 条指令或者一个控制台在 W_1 时,只要产生信号 SHORT,该信号送往时序信号发生器,则时序信号发生器在 W_1 后不产生节拍电位 W_2,下一个节拍仍是 W_1。

信号 LONG 和 SHORT 只对紧跟其后的第一个节拍电位的产生起作用。

在硬连线控制器中,控制台操作的流程图与机器指令流程图类似,图 12.1 画出了硬连线控制器的机器周期参考流程图。

(4) 组合逻辑译码表

设计出硬连线流程图后,就可以设计译码电路。传统的做法是先根据流程图列出译码表,作为逻辑设计的根据。译码表的内容包括横向设计和纵向设计,流程图中横向为一拍(W_1、W_2、W_3),纵向为一条指令。而译码逻辑是针对每一个控制信号的,因此在译码表中,横向变成了一个信号。表 12.2 是译码表的一般格式,每行中的内容表示某个控制信号在各指令中的有效条件,主要是节拍电位和节拍脉冲指令操作码的译码器输出、执行结果标志信号等。根据译码表,很容易写出逻辑表达式。

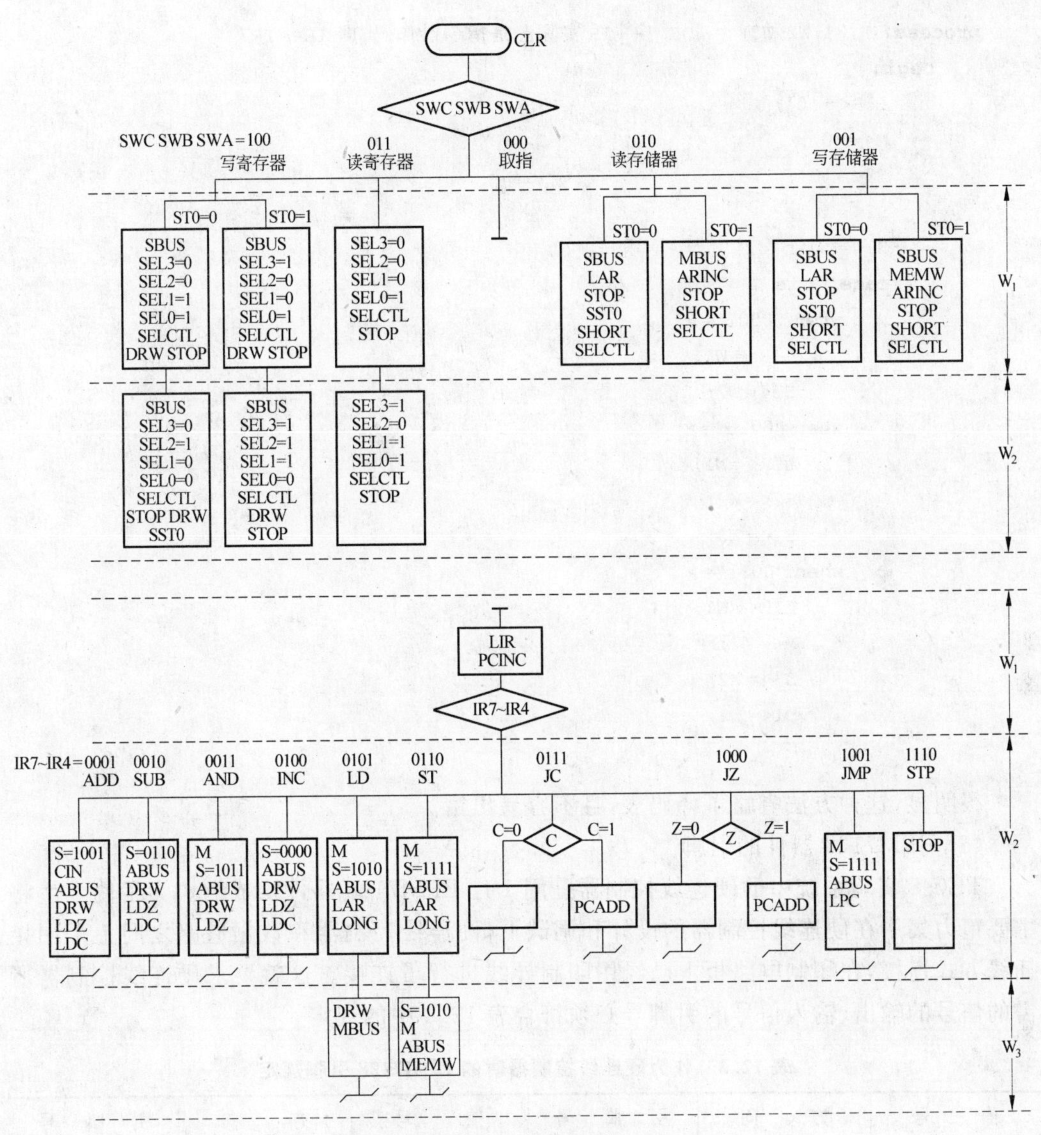

图 12.1 硬连线控制器参考流程图

表 12.2 组合逻辑译码表的一般格式

指令 IR	ADD	SUB	AND	…
LIR	W1	W1	W1	
M			W2	
S3	W2		W2	
S2		W2		
S1		W2	W2	
⋮				

与传统方法稍有不同的是，使用 VHDL 语言设计时，可根据流程图直接写出相应的语言描述。以表 12.2 中的 ADD、SUB、AND 为例，可描述如下：

```
process(IR,W1,W2,W3)            --IR实际上是指令操作码,即 IR4~IR7
  begin
    LIR<='0';
    M<='0';
    S3<='0';
    S2<='0';
    S1<='0';
    case IR is
      when "0001"=>
        LIR<=W1;
        S3<=W2;
      when "0010"=>
        LIR<=W1;
        S2<=W2;
        S1<=W2;
      when "0011"=>
        LIR<=W1;
        M<=W2;
        S3<=W2;
        S1<=W2;
        ⋮
```

很明显,这种方法省略了译码表,且不容易出错。

(5) EPM7128 器件的引脚

TEC-8 实验系统中的硬连线控制器是用 1 片 EPM7128 器件构成的。为了使学生将主要精力集中在硬连线控制器的设计和调试上,硬连线控制器和数据通路之间不采用接插线方式连接,在印制电路板上已经用印制导线进行了连接。这就要求硬连线控制器所需的信号的输出、输入信号的引脚号必须符合表 12.3 中的规定。

表 12.3　作为硬连线控制器时的 EPM7128 引脚规定

信　号	方　向	引　脚　号	信　号	方　向	引　脚　号
CLR#	输入	1	C	输入	2
T_3	输入	83	Z	输入	84
SWA	输入	4	DRW	输出	20
SWB	输入	5	PCINC	输出	21
SWC	输入	6	LPC	输出	22
IR4	输入	8	LAR	输出	25
IR5	输入	9	PCADD	输出	18
IR6	输入	10	ARINC	输出	24
IR7	输入	11	SELCTL	输出	52
W_1	输入	12	MEMW	输出	27
W_2	输入	15	STOP	输出	28
W_3	输入	16	LIR	输出	29

续表

信　号	方　向	引脚号	信　号	方　向	引脚号
LDZ	输出	30	SBUS	输出	41
LDC	输出	31	MBUS	输出	44
CIN	输出	33	SHORT	输出	45
S0	输出	34	LONG	输出	46
S1	输出	35	SEL0	输出	48
S2	输出	36	SEL1	输出	49
S3	输出	37	SEL2	输出	50
M	输出	39	SEL3	输出	51
ABUS	输出	40			

(6) 调试

由于使用在系统可编程器件,集成度高,灵活性强,编程、下载方便,用于硬连线控制器将使调试简单。控制器内部连线集中在器件内部,由软件自动完成,其速度、准确率和可靠性都是人工接线难以比拟的。

用EDA技术进行设计,可以使用软件模拟的向量测试对设计进行初步调试。软件模拟和。使用向量测试时,向量测试方程的设计应全面,尽量覆盖所有的可能性。

在软件模拟测试后,将设计下载到EPM7128器件中。将控制器开关拨到硬连线控制器方式。首先单拍(DP=1)方式检查控制台操作功能。第二步将测试程序写入存储器,以单拍方式执行程序,直到按照流程图全部检查完毕。在测试过程中,要充分利用TEC-8实验系统上的各种信号指示灯。

5. 设计报告要求

(1) 采用VHDL语言描述硬连线控制器的设计,列出设计源程序。

(2) 写出测试程序。

(3) 写出调试中出现的问题、解决办法、验收结果。

(4) 写出设计、调试中遇到的困难和心得体会。

12.2 含有阵列乘法器的ALU设计

1. 教学目的

(1) 掌握阵列乘法器的组织结构和实现方法。

(2) 改进74181的内部结构设计,仅实现加、减、乘、传送、与、加1、取反、求补等8种操作。

(3) 学习运用当代的EDA设计工具,掌握用EDA设计大规模复杂逻辑电路的方法。

(4) 培养科学研究能力,取得设计和调试的实践经验。

2. 实验设备

TEC-8实验系统　　　　一台

PC计算机　　　　　　　　　　一台
双踪示波器　　　　　　　　　一台
直流万用表　　　　　　　　　一个
逻辑笔(在TEC-8实验台上)　　一支

3. 设计与调试任务

(1) 设计1个4位×4位的阵列乘法器,其积为8位。乘数、被乘数从电平开关S0～S7输入,ALU的3位操作码S_0、S_1、S_2从电平开关S13～S15输入。运算结果送指示灯L0～L7输出。

(2) 在Quartus Ⅱ下对改进ALU的设计方案进行编程和编译。

(3) 将编译后的ALU下载到TEC-8实验台上的ISP器件EPM7128中去,使EPM7128成为含有阵列乘法器的ALU。

(4) 测试方法和正确性验证。

(5) 写出设计、调试报告总结。

4. 设计提示

(1) 无符号阵列乘法器的结构

无符号阵列乘法器的结构框图如图12.2所示,它由一系列全加器FA用流水方法(时间并行)和资源重复方式(空间并行)有序组成。图中展示了5×5位的阵列乘法器结构框图。

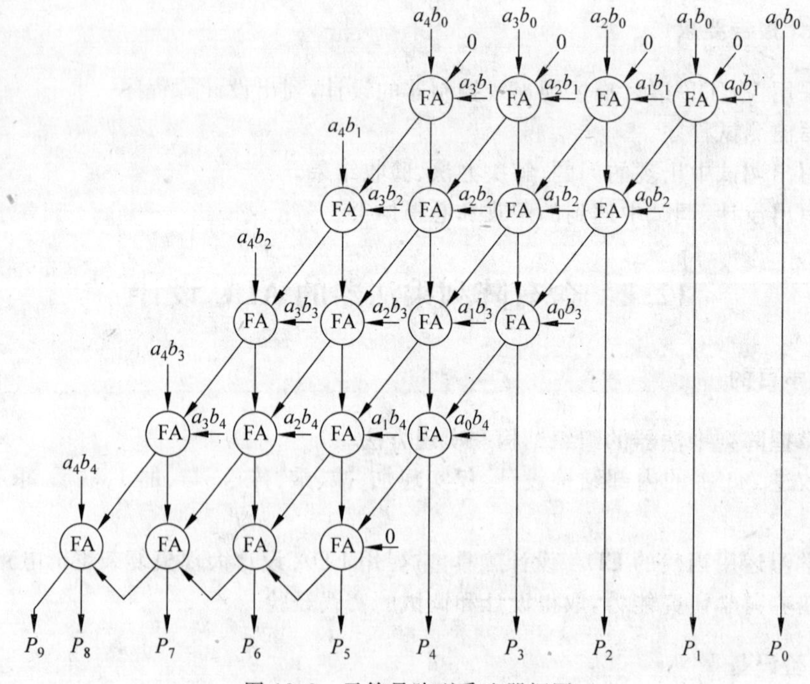

图12.2　无符号阵列乘法器框图

(2) EPM7128和电平开关S0～S15、指示灯L0～L11的连接

EPM7128通过一条34芯扁平电缆和电平开关S0～S15、指示灯L0～L11连接。连接时扁平电缆的一端插到插座J6上,扁平电缆的另一端的一个分支插到插座J4上,另一个分支插到插座J8上。电平开关S0～S15、指示灯L0～L11对应的EPM7128引脚如表12.4所示。

表12.4 电平开关S0～S15、指示灯L0～L11对应的EPM7128引脚号

电平开关	方向	引脚号	指示灯	方向	引脚号
S0	输入	54	L0	输出	37
S1	输入	81	L1	输出	39
S2	输入	80	L2	输出	40
S3	输入	79	L3	输出	41
S4	输入	77	L4	输出	44
S5	输入	76	L5	输出	45
S6	输入	75	L6	输出	46
S7	输入	74	L7	输出	48
S8	输入	73	L8	输出	49
S9	输入	70	L9	输出	50
S10	输入	69	L10	输出	51
S11	输入	68	L11	输出	52
S12	输入	67			
S13	输入	65			
S14	输入	64			
S15	输入	63			

(3) 运算测试

① 用测试数据表12.5中的数据对乘法进行验证测试,运算结果正确。

表12.5 乘法测试数据

数据 \ 组号	1	2	3	4	5	6
被乘数A	9	15	0	15	随机	随机
乘数B	8	15	15	0	随机	随机
乘积P	72	255	0	0		

② ALU的其他7种操作验证测试与乘法类似,自行设计测试数据表。

5. 设计报告要求

(1) 采用VHDL语言或者原理图描述改进ALU的设计,列出源程序或者画出原理图。

(2) 测试数据表及测试结果。

(3) 写出调试中出现的问题、解决办法、验收结果。

(4) 写出设计、调试中遇到的困难和心得体会。

第 13 章　TEC-8 计算机系统结构综合实验设计

计算机系统结构课程主要讲述时间并行技术和空间并行技术。时间并行技术用流水方法实现,空间并行技术用多 CPU 或多计算机来实现。本章在 TEC-8 平台上安排了两个研究课题——采用微程序控制器的流水 CPU 设计、采用硬连线控制器的流水 CPU 设计。

13.1　采用微程序控制器的流水 CPU 设计

1. 教学目的

(1) 融会贯通计算机系统结构课程教学内容,通过知识的综合运用,加深对流水 CPU 各模块工作原理及相互联系的认识。

(2) 掌握流水微程序控制器的设计方法。

(3) 培养科学研究能力,取得设计和调试的实践经验。

2. 实验设备

TEC-8 实验系统　　一台
PC 计算机　　一台
双踪示波器　　一台
直流万用表　　一个
逻辑笔(在 TEC-8 实验台上)　　一支

3. 调试与设计任务

(1) 设计一个流水微程序控制器,和 TEC-8 模型计算机的数据通路结合在一起,构成一个完整的 CPU,该 CPU 要求:

① 能够完成控制台操作:启动程序运行、读存储器、写存储器、读寄存器和写寄存器。控制台操作不要求流水。

② 能够执行 12.1 节表 12.1 中的指令系统,完成规定的 10 条机器指令功能。

(2) 根据指令系统,编写检测流水微程序控制器正确性的测试程序,并用测试程序对流水微程序控制器在单拍方式下进行调试,直到成功。

(3) 在调试成功的基础上,整理出设计文件,包括:

① 流水微程序控制器指令周期流程图;

② 微指令代码表;

③ 5 个控制存储器 E^2PROM 的二进制代码文件;

④ 测试程序；

⑤ 设计说明书；

⑥ 调试总结。

4. 设计提示

(1) 有关流水技术概念

流水技术是时间并行技术。设计流水方案的目的是提高机器性能。

实验系统的时序发生器将一个微指令周期分为 $T_1 \sim T_3$ 三个时间段，原则上，本次实验仍使用 $T_1 \sim T_3$ 作为时序脉冲。

设计时，应充分考虑控制信号的综合和化简，出厂时的教学实验模型机提供了这方面的某些化简实例，但还可以进一步化简。

标量流水是指把机器指令的解释过程分解为取指、译码、访存、执行、写回等子过程，各子过程以流水方式运行。本设计中只分为取指、执行、写回 3 个子过程。

要实现流水，至少需要具备两个条件：一是数据通路要支持流水，二是控制器要有能力驱动流水线。

① 数据通路要支持流水。

设计这种支持流水的数据通路时，需要解决几个主要问题：

- 流水线各段争用总线的问题
- 各段之间互通信息、互相等待的问题
- 各段工作时序协调一致的问题
- 程序转移的处理问题

TEC-8 实验仪器采用了不少具有并行操作功能的器件，如双端口存储器、双端口寄存器堆等，对支持流水有一定的帮助，但还需要使它们组成流水线。

实际上，图 12.1 的数据通路已经基本设计好了流水线，它可以划分为如下功能部件：

取指段：包括 RAM 的右端口、AR2、MUX3、PC、IR。

执行段：包括 ALU、DRI、MUX1、DR2、MUX2、RF、ER、RAM 的右端口、AR1、IR、R4、MUX4、ALU2、PC。

写回段：包括 ER、RF。

注意：在数据通路中可能需要对写回寄存器选择信息进行缓冲，为此要增加如图 13.1 所示的缓冲寄存器（否则，WR1、WR0 的信息会在写回操作之前改变）。设计的方案不同，可能需要的缓冲寄存器也会有所不同。

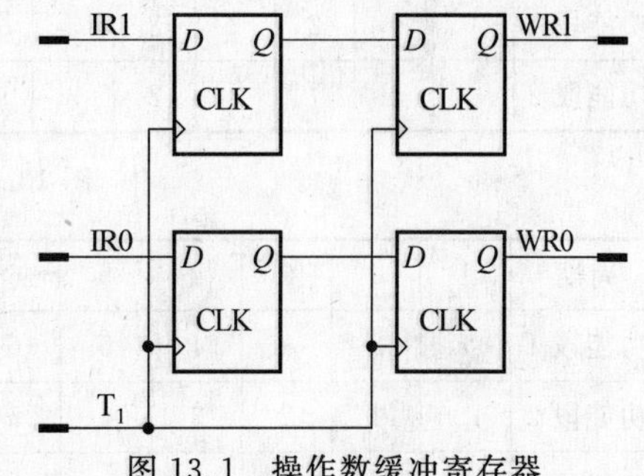

图 13.1 操作数缓冲寄存器

也可采用别的划分，上述划分方法仅供参考。

② 控制器要有能力驱动流水线。

在基本实验机中，使用的是常规设计的微程序控制器，虽然数据通路相同，但没有利用其中的流水功能，因此得到的整体系统仍然是顺序模型计算机。本设计中，需要对原有的微程序控制器方案进行必要的改进，使之成为流水微程序控制器。

(2) 微程序控制器的设计

数据通路使用图12.1,不需重新设计,因此设计的重点就集中在控制器的设计上。设计用到的指令系统,只有10条指令。

① 微指令格式。

在本设计中仍采用水平型微指令格式。微命令编码仍可用直接表示法,后继地址用断定方式。微指令字长按40位考虑(利用TEC-8资源)。

由于没有中断控制,相应的控制信号可以省略,因此微指令字长可以缩短。为了兼容模型机方案,仍需保留这些控制信号,以减少接线的困难。

② 微程序控制器。

支持流水并未对控制器的硬件结构提出更高的要求。微程序控制器的逻辑结构与教学实验模型机的差异只是顺序控制部分,即微程序转移逻辑电路,原因是微程序需要重新设计,重新分配微地址。新设计的微程序转移逻辑电路,可以用仪器上的EM7128实现,也可用中小规模的标准数字器件实现。

③ 时空图。

如果要从头设计一套流水系统,时空图应在设计数据通路之前确定,因为具体的流水线是跟时空图紧密相连的。本实验是在已有的数据通路的基础上(已知该数据通路支持流水),通过改进控制来提升系统性能,因此将时空图放在控制器部分进行设计,图13.2～图13.4提供了3个参考时空图。

周期	1	2	3	4	5	6	7	8	9	10	11	12	13	14	15	16	17	18
取指	1		2		3		4		5		6		7		8			
执行		1	1	2	2	3	3	4	4	5	5	6	6	7	7	8	8	
写回				1		2		3		4		5		6		7		8

图13.2 参考时空图(1)

周期	1	2	3	4	5	6	7	8	9	10	11	12	13	14	15	16	17
功能段1	1	1	2	2	3	3	4	4	5	5	6	6	7	7	8	8	
功能段2		1	1	2	2	3	3	4	4	5	5	6	6	7	7	8	8

图13.3 参考时空图(2)

周期	1	2	3	4	5	6	7	8	9	10	11	12	13	14	15
功能段1	1	2	3	4	5	6	7	8	9	10	11	12			
功能段2		1	2	3	4	5	6	7	8	9	10	11	12		
功能段3			1	2	3	4	5	6	7	8	9	10	11	12	
功能段4				1	2	3	4	5	6	7	8	9	10	11	12

图13.4 参考时空图(3)

选用的时空图只要设计时实现即可。不同的时空图直接影响系统的性能。

④ 微程序设计。

微程序设计包括横向设计和纵向设计。要实现流水控制,纵向设计仍然重要,而横向设计也同样需要仔细考虑。因为流水线中要求尽量多的并行操作,以便充分利用硬件资源,减少闲置,横向设计中就应把不冲突的、可以同时实现的控制放在同一微指令中。纵向设计中,考虑控制顺序要连同并发控制一起考虑,尤其是出现冲突时,需要前后错开。此外就是注意在机器指令发生转移(条件转移)的地方,要丢弃已取的指令,重新做一次取指操作。

设计流水控制的微程序与设计常规的微程序相比,难度要大一些,主要是因为常规流程是串行的,每一微指令周期要做什么,思路很清晰。而流水控制的流程则是重叠的,每个微指令周期都可能含有两个以上的并行操作,比较复杂,需要用并行的思维去考虑。由于设计时容易出错,因此一定要细心,规划周全。如果先设计出常规的微程序控制流程图,然后进行微指令合并,出错的可能性会比直接设计流水控制的微程序要小一些。合并方法是:观察每个微指令周期和上一周期的操作是否冲突,不冲突则将本周期的操作叠加至上一周期。流水控制的微程序流程必须涵盖所有可能的情况,为此可以用地址不同、操作类似的微指令来实现不同的分支。

以上的说明,是完成"计算机系统结构"课程设计的基本教学要求,即按给定的指令系统和指令格式,完成一台微程序控制的流水计算机模型的设计和调试。

⑤ 流水微程序控制器参考流程图。

微指令格式见图11.16。流水微程序控制器参考流程图见图13.5。

⑥ 画出微指令代码表。

根据流水微程序控制器流程图和微指令格式,可以画出微指令代码表。在微指令代码表中,每行表示一条微指令,每列表示某个控制信号的值,控制信号的排列顺序与微指令格式一致。对控制信号,只标出为1的值即可。微指令代码表的形式如表13.1。

表13.1 微指令代码表

微地址				…														
00H												1						1
01H						1					1		1					
02H		1															1	
03H		1															1	
⋮																		

⑦ 生成二进制文件。

根据微指令代码表生成5个二进制文件,每个二进制文件的长度必须是64个字节。

⑧ 修改控制存储器E^2PROM。

将编程切换开关拨到编程位置,利用串口调试助手,使用5个二进制文件重新对控制存储器编程。编程结束后,将编程切换开关拨到正常位置。

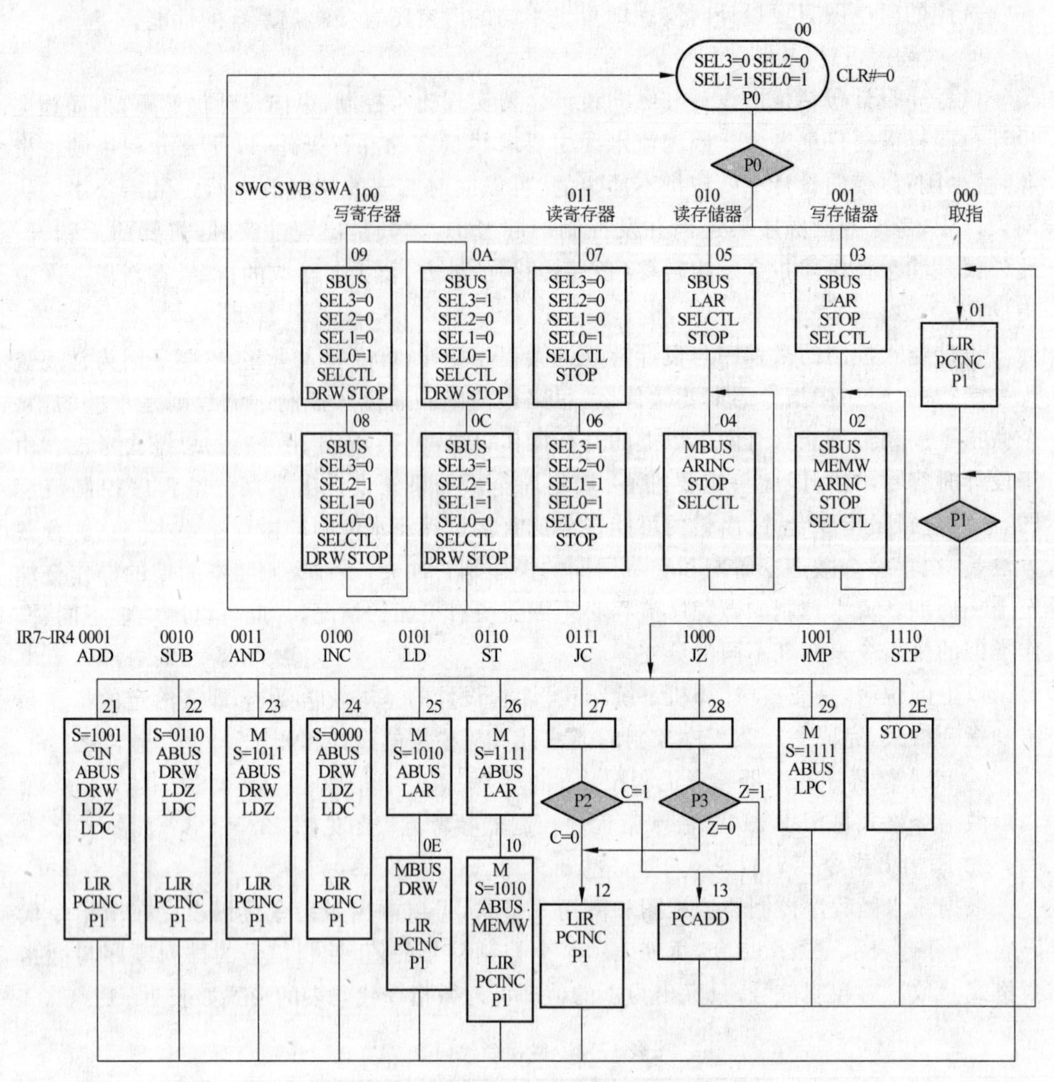

图 13.5 流水微程序控制器参考流程图

（3）下载与调试

对微程序控制器流水方案设计好了以后，形成初步的设计源文件，然后按照设计文件进行下载与调试。在调试过程中，往往会发现设计中的问题，需要修改设计，再根据修改后的设计进行调试，直到完全成功为止。

调试步骤如下：

① 编写一段包含全部 10 条指令系统的汇编语言程序，编译成目标代码，输入到存储器。

② 用单拍方式执行程序，每一条指令应当正确执行。

③ 用单指令方式执行程序。

④ 用连续方式执行程序。如果机器运行正确，3 种方式执行程序的结果应当相同。

⑤ 运行给定的验收程序。通过后，整理出全部设计文档。

5. 设计报告要求

(1) 流水微程序控制器流程图；
(2) 微指令代码表；
(3) 测试程序；
(4) 写出调试中出现的问题、解决办法、验收结果；
(5) 写出设计、调试中遇到的困难和心得体会；
(6) 调试总结。

13.2 采用硬连线控制器的流水CPU设计

1. 教学目的

(1) 融会贯通计算机系统结构课程的教学内容，通过知识的综合运用，加深对流水CPU各模块工作原理及相互联系的认识。
(2) 掌握流水硬连线控制器的设计方法。
(3) 培养科学研究能力，取得设计和调试的实践经验。

2. 实验设备

TEC-8或TEC-4实验系统	一台
PC计算机	一台
双踪示波器	一台
逻辑笔(在TEC-8实验台上)	一支
直流万用表	一个

3. 设计与调试任务

(1) 设计1台采用硬连线控制器的流水CPU模型。
(2) 根据设计图纸，在PC计算机上进行设计，并在实验台上进行下载，并进行调试。
(3) 在调试成功的基础上，整理出设计图纸和其他文件。包括：
① 总框图(数据通路图)；
② 硬连线控制器逻辑模块图；
③ 模块VHDL语言源程序；
④ 硬连线控制器流程图；
⑤ 模拟向量测试方程；
⑥ 设计说明书；
⑦ 调试小结。

4. 设计与调试要求

采用与12.1节表12.1中相同的指令系统，即10条机器指令。

设计流水方案时，应牢记设计的目的是提高系统性能。没有性能改善，为流水而流水的方案是毫无意义的。

实验系统的时序发生器将一个机器周期分为 $T_1 \sim T_3$ 三个时间段，原则上，本设计仍使用 $T_1 \sim T_3$ 作为节拍脉冲，同时还要使用 $W_1 \sim W_3$ 三个节拍电位序号。

设计时，应充分考虑控制信号的综合和化简，不过由于采用 EDA 工具软件，设计更容易一些。

理解 13.1 节提到的实现流水所需要具备的两个必要条件。对于数据通路部分，无须再做更多的说明，本设计的重点在控制器的设计上。

由于采用 ISP 技术，设计控制器的自由度非常大，模拟调试验证也很方便，相信只要发挥人类的聪明才智，实现的方法可以是多种多样的。本设计实验鼓励每个人充分创新，提出尽量多的解决方案。

时空图的设计请参考 13.1 节内容，实现流水方案的总体设计，自由发挥，此处不再赘述。

数据通路参考图 12.1，在已有的数据通路上，设计出自己的硬连线控制器方案。控制器主要在 EM7128 内部完成，是一个具有流水控制功能的硬连线控制器设计。

建议在分调试时，利用开发软件的模拟测试功能，对所设计的控制器进行充分的调试，这样可以使后面总调试的成功率大大增加，避免无为的返工。

调试步骤如下：

① 编写一段包含全部 10 条指令系统的汇编语言程序，手工编译成机器目标代码，并送入存储器。

② 用单指令方式执行程序。

③ 用连续方式执行程序。如果机器运行正确，两种方式执行程序的结果应当相同。

④ 运行给定的验收程序。通过后，整理出全部设计文档。

第14章　TEC-6计算机硬件基础基本实验设计

本章内容是为非计算机专业或高职高专学生设计的计算机硬件技术基础教学实验。通过剖析TEC-6模型计算机和5个基本教学实验，使学生清晰建立计算机的整机概念，为第15章编程和接口实验打好基础。

14.1　TEC-6模型计算机实验系统

14.1.1　TEC-6实验系统平台

TEC-6模型计算机实验系统（简称TEC-6实验系统）参见图2.5。它是由作者设计、清华大学科教仪器厂研发的一种实验教学仪器，用于理工类非计算机专业或计算机高职高专学生**数字逻辑**、**计算机组成原理**或**计算机硬件技术基础**课程的教学实验。

TEC-6实验系统平台由下列部分构成：

1. 电源

安装在实验箱的下部，输出+5V，最大电流为3A。220V交流电源开关安装在实验箱的右侧。220V交流电源插座安装在实验箱的背面。实验台上有一个+5V电源指示灯。

2. 实验台

实验台安装在实验箱的上部，由一块印制电路板构成。TEC-6模型计算机安装在这块印制电路板上。学生在实验台上进行实验。

3. 硬连线控制器（选件）

硬连线控制器安装在一块小电路板上，小电路板插在实验平台中部的插座上。硬连线控制器主要由一片ALTERA公司的EPM3128器件构成。该电路板上还有一个下载插座，学生自己设计硬连线控制器时，通过下载电缆将设计下载到EPM3128器件中构成新的硬连线控制器。

4. 下载电缆

用于将新设计的硬连线控制器或者其他电路下载到小电路板上的EPM3128器件中。下载前必须将下载电缆的一端和PC机的并行口连接，另一端和小电路板上的下载插座连接。

14.1.2 TEC-6 数据通路总框图

TEC-6 是一个 8 位模型计算机。它有两个特点：一是有微程序控制器和硬连线控制器两个控制器，两个控制器产生的控制信号采用拨动转换开关一次切换方式向模型计算机其他部分输出；二是寄存器组中有 4 个 8 位寄存器，其中 R0 寄存器作为累加器使用，其余 3 个寄存器 R1～R3 作为通用寄存器使用。图 14.1 是 TEC-6 模型计算机数据通路总框图，它采用冯·诺依曼体系结构。

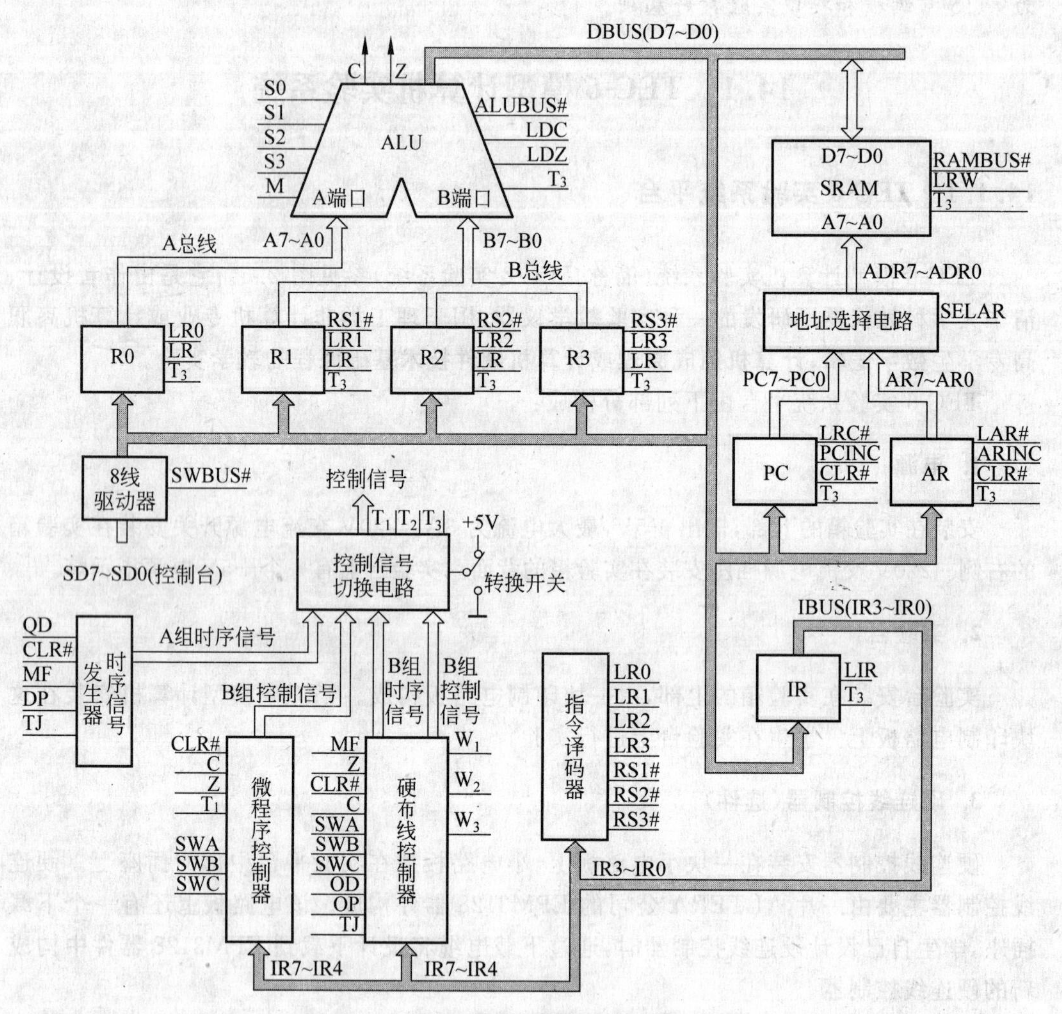

图 14.1　TEC-6 模型计算机数据通路总框图

1. 算术逻辑运算单元 ALU

其作用是对于 A 总线（A7～A0）和 B 总线（B7～B0）上的两组 8 位数据进行算术或逻辑运算。运算结果通过三态门传送到数据总线 DBUS（D7～D0）上，并在时钟信号 T_3 的上升沿保存进位标志位 C 和结果为 0 标志位 Z。ALU 主体由 2 片算术逻辑单元 74LS181 组成。

2. 寄存器组

寄存器 R0、R1、R2、R3 是 4 个数据寄存器，其中 R0 是累加器，它输出的数据通过 A 总线送往ALU 的 A 端口；R1、R2、R3 是通用寄存器，它们的输出通过 B 总线送往 ALU 的 B 端口。R0～R3 中任何一个可接受来自数据总线 DBUS(D7～D0)上的 8 位数据。

3. 数据开关及驱动器

数据开关 SD7～SD0 是 8 个双位开关，它位于实验台上。用于拨动这些开关，能够生成需要的 SD7～SD0 二进制 8 位代码值。当控制信号 SWBUS♯有效时，SD7～SD0 通过一个 8 线驱动器 74LS244 送往数据总线 DBUS。使用数据开关 SD7～SD0，可以置寄存器 R0、R1、R2、R3 的内容；可以置程序计数器 PC 的值；可以置地址寄存器 AR 的值；可以向存储器中写入各种指令，构成实验程序。

4. 存储器

存储器本身用 1 片 HM6116 实现，它是一种 SRAM 芯片，容量为 2048×8 位。TEC-6 模型计算机是 8 位机，使用 8 位存储器地址 ADR7～ADR0。由于采用冯·诺依曼结构，该存储器既存放数据又存放程序，因此 8 位存储器地址 ADR7～ADR0 有两个来源：程序计数器 PC 和地址寄存器 AR。当控制信号 SELAR＝0 时，选择程序计数器 PC7～PC0；当控制信号 SELAR＝1 时，选择地址寄存器 AR7～AR0。地址源的选择由地址选择电路实现。

5. 控制器

由指令寄存器 IR、指令译码器、时序信号发生器、微程序控制器或硬布线控制器组成。微程序控制器和硬布线控制器中只能选一种，故通过控制信号切换电路来实现。本模型机中我们采用微程序控制器，原因是便于教学，初学者容易理解和掌握。

在 TEC-6 模型计算机中，硬布线控制器由 1 片大容量在系统可编程器件 EPM3128 来实现，其中有 128 个宏单元。EPM3128 安装在一块小板上，小板安装在 TEC-6 实验台上。小板上有 1 个 10 芯下载插座，当需要设计硬连线控制器时，将下载电缆的一端接 PC 的并行口，另一端接下载插座，设计结果就下载到 EPM3128 器件中。编程和下载在 Quartus Ⅱ软件中进行。硬布线控制器作为选件使用。

6. 时序信号发生器

对微程序控制器，只需提供 3 个节拍脉冲信号 T_1、T_2、T_3；对硬布线控制器，除了提供 3 个节拍脉冲信号 T_1、T_2、T_3 外，还需提供 3 个节拍电位信号 W_1、W_2、W_3。

14.1.3 开关、按钮、指示灯

1. 各种指示灯

为了在实验过程中观察各种数据,TEC-6 实验台上设置了大量的指示灯。

(1) 运算器有关的指示灯

数据总线指示灯 D7～D0;

运算器 A 端口指示灯 A7～A0;

运算器 B 端口指示灯 B7～B0;

进位信号指示灯 C;

结果为 0 信号指示灯 Z。

(2) 存储器有关的指示灯

程序计数器指示灯 PC7～PC0,指示程序计数器 PC 的值;

地址指示灯 AR7～AR0,指示地址寄存器 AR 的值;

指令寄存器指示灯 IR7～IR0。

(3) 控制器有关的信号指示灯

使用微程序控制器时,控制信号指示灯指示微程序控制器产生的控制信号以及后继微地址 NμA4～NμA0 和判别位 P4～P0,微地址指示灯指示当前的微地址 μA5～μA0。使用硬连线控制器时,微地址指示灯 μA5～μA0,后继微地址 NμA4～NμA0 和判别位指示灯 P4～P0 没有实际意义。

(4) 节拍信号指示灯

由于在 TEC-6 模型计算机中,按下启动按钮 QD 后,至少产生一组节拍脉冲信号 T_1、T_2、T_3,但无法用指示灯显示 T_1、T_2、T_3 的状态,因此设置了 T_1、T_2、T_3 观测插孔,使用 TEC-6 实验台上提供的逻辑笔能够观测 T_1、T_2、T_3 是否产生。

硬连线控制器产生节拍电位信号 W_1、W_2、W_3,实验台上有对应的指示灯。

(5) 其他指示灯

控制台操作指示灯　　亮时表明进行控制台操作;不亮时表明运行测试程序。

硬连线控制器指示灯　亮时使用硬件线控制器;不亮时使用微程序控制器。

+5V 指示灯　　　　　指示+5V 电源的状态。

+3V 指示灯　　　　　此灯安装在硬连线控制器小板上,指示+3V 电源的状态。

2. 启动按钮和复位按钮

TEC-6 实验台上有下列按钮:

(1) 启动按钮 QD

按一次启动按钮 QD,则产生单脉冲信号 QD 和 QD#。QD 为正脉冲,QD# 为负脉冲,脉冲的宽度与按下 QD 按钮的时间相同。正脉冲 QD 启动节拍脉冲信号 T_1、

T_2 和 T_3。

(2) 复位按钮 CLR

按一次复位按钮 CLR,则产生单脉冲信号 CLR 和 CLR#。CLR 为正脉冲,CLR#为负脉冲,脉冲的宽度与按下 CLR 按钮的时间相同,一般为几百毫秒。负脉冲 CLR#使 TEC-6 模型计算机复位,处于初始状态。

3. 各种开关

TEC-6 实验台上有下列开关:

(1) 数据开关 SD7～SD0

这 8 个双位开关用于向寄存器中写入数据、向存储器中写入程序或者用于设置存储器初始地址。当开关拨到朝上位置时为 1,拨到向下位置时为 0。

(2) 电平开关 S7～S0

这 8 个双位开关用于在实验时设置控制信号的电平。每个开关上方都有对应的接插孔,供接线使用。开关拨到朝上位置时为 1,拨到向下位置时为 0。

(3) 单微指令开关 DP

单微指令开关控制节拍脉冲信号 T_1、T_2、T_3 的数目。当单微指令开关 DP 朝上时,TEC-6 模型计算机处于单微指令运行方式,每按一次 QD 按钮,只产生一组 T_1、T_2、T_3;当单微指令开关 DP 朝下时,TEC-6 模型计算机处于连续运行方式,每按一次 QD 按钮,开始连续产生 T_1、T_2、T_3,直到按一次 CLR 按钮或者控制器产生 TJ 信号为止。

(4) 操作模式开关 SWC、SWB、SWA

操作模式开关 SWC、SWB、SWA 代码确定的操作模式见表 14.1。

表 14.1 操作模式开关 SWC、SWB、SWA 代码确定的操作模式

SWC	SWB	SWA	操作模式
0	0	0	启动程序运行
0	0	1	读寄存器
0	1	0	写存储器
0	1	1	读存储器
1	0	0	加、减操作
1	0	1	与、或操作
1	1	0	数据通路操作

14.2 运算器实验

1. 实验目的

(1) 熟悉通用寄存器组的读写操作。

(2) 熟悉运算器的数据通路。

(3) 验证运算器的加、减、与、或功能。

(4) 按给定的数据,完成几种指定的算术、逻辑运算功能。

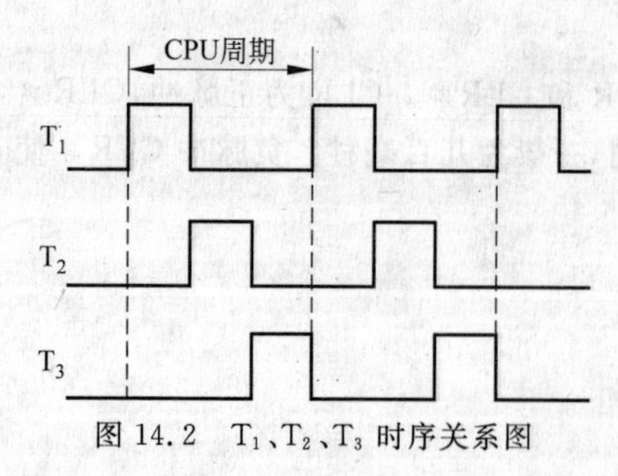

图 14.2 T_1、T_2、T_3 时序关系图

2. 实验原理

为了进行本实验,首先需要了解 TEC-6 模型计算机的基本时序。在 TEC-6 中,执行一条微指令(或者在硬连线控制器中完成 1 个机器周期)需要连续的 3 个节拍脉冲 T_1、T_2、T_3,它们的时序关系如图 14.2 所示。

对于运算器操作来说,在 T_1 期间,读取微指令,产生控制运算的信号,并将控制信号保持到 T_3 结束;在 T_2 期间,根据控制信号,完成运算功能;在 T_3 的上升沿,保存运算结果。

图 14.3 是运算器组成电路框图。图 14.4 是运算器组成实验电路详图。

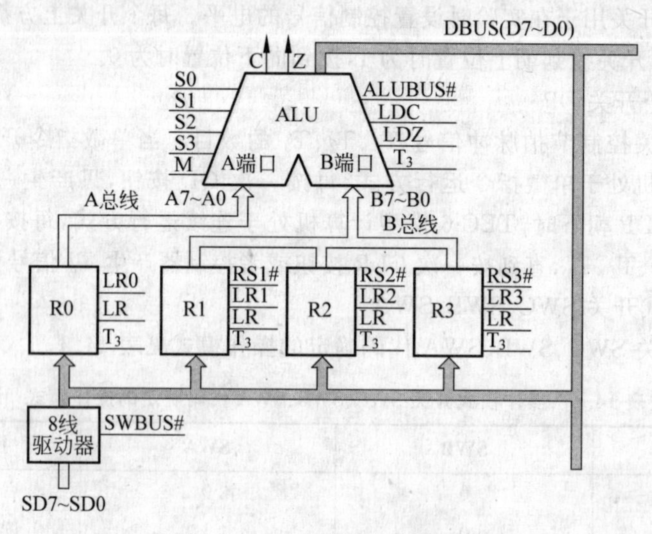

图 14.3 运算器组成电路框图

在 TEC-6 模型计算机中,寄存器组由 4 个寄存器 R0(U50)、R1(U51)、R2(U45)、R3(U46)以及 2 个三 3 输入与门组成(U33 和 U38)。4 个寄存器 R0、R1、R2 和 R3 都是 74LS374。R0 是累加器,它的输出通过 A 总线送运算器的 A 端口;R1、R2 和 R3 是通用寄存器,它们的输出通过 B 总线送运算器的 B 端口。R0、R1、R2 和 R3 从数据总线 DBUS 接收数据。

R0 的输出 A7～A0 直接送 A 总线,而 B 总线有 3 个数据来源 R1、R2 和 R3,因此需要用 3 个信号 RS1＃、RS2＃和 RS3＃决定哪一个寄存器的输出送 B 总线。当信号 RS1＃、RS2＃和 RS3＃中的任何一个为 0 时,则将对应的寄存器输出送 B 总线。U33A、U33B、U33C 和 U38D 完成对各个寄存器的写入功能。信号 LDR 控制整个寄存器写操作,而信号 LDR0、LDR1、LDR2 和 LDR3 控制单个寄存器的写操作。当 LDR 为 1 时,如果 LDR0、LDR1、LDR2 和 LDR3 中的其中一个为 1,则在 T_3 的上升沿将数据总线 DBUS 上的数据写入对应的寄存器。

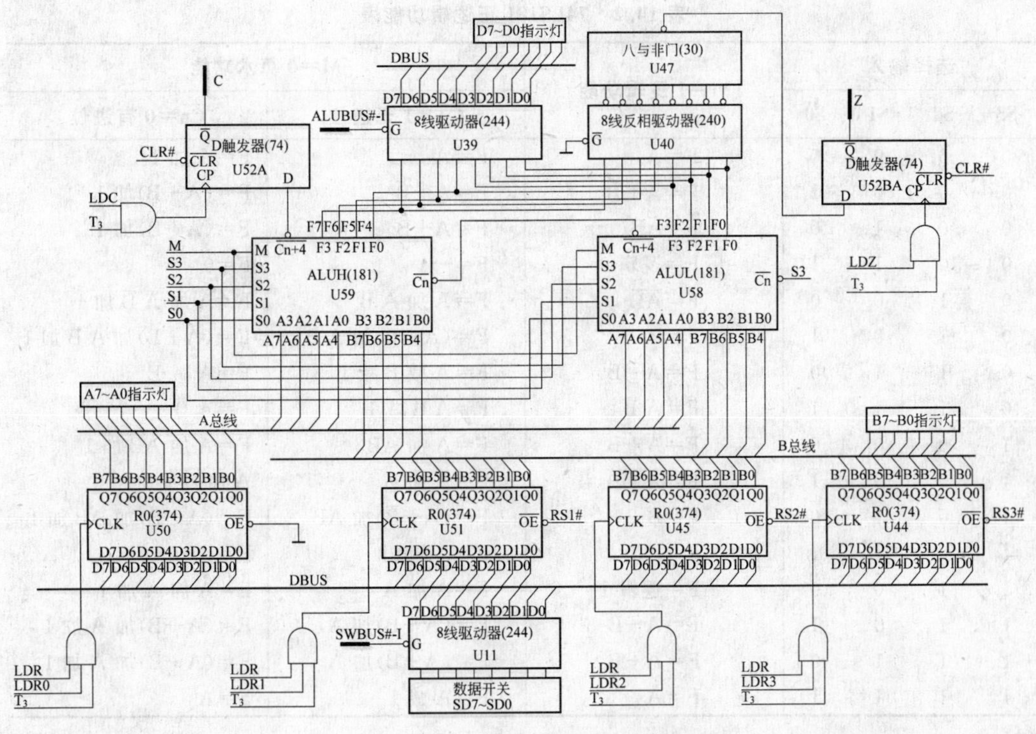

图 14.4 运算器组成实验电路图

数据开关 SD7～SD0 是 8 个双位开关。用手拨动这些开关，能够生成需要的 SD7～SD0 的值。在信号 SWBUS#-I 为 0 时，SD7～SD0 通过一个 8 线驱动器 74LS244(U11)送往数据总线 DBUS。在本实验中，使用数据开关 SD7～SD0 设置寄存器 R0、R1、R2 和 R3 的值。

运算器 ALU 的作用是对 A 总线(A7～A0)和 B 总线(B7～B0)上的 2 个 8 位数据进行算术逻辑运算，运算后的数据结果在控制信号 ALUBUS#-I 为 0 送数据总线 DBUS(D7～D0)，运算后的标志结果在 T_3 的上升沿保存进位标志位 C 和结果为 0 标志位 Z。运算器由 2 片算术逻辑单元 74LS181(U58 和 U59)、1 片四 2 输入正与门 74LS08(U29)、1 片双 D 触发器 74LS74(U52)、1 片 8 线反相驱动器 74LS240(U40)、1 片 8 线驱动器 74LS244(U39)和 1 片 8 输入正与非门 74LS30(U47)构成。2 片 74LS181(U58 和 U59)完成 8 位算术运算和逻辑运算。U58 进行低 4 位运算，U59 进行高 4 位运算，U58 和 U59 通过级联方式连接。所谓级联方式，就是将低 4 位 74LS181 的进位输出引脚 $\overline{C_{n+4}}$ 与高 4 位 74LS181 的进位输入引脚 $\overline{Cn}$ 连接。U58 的 A 端口接收 A 总线的低 4 位 A3～A0，U59 的 A 端口接收 A 总线的高 4 位 A7～A4；U58 的 B 端口接收 B 总线的低 4 位 B3～B0，U59 的 B 端口接收 B 总线的高 4 位 B7～B4；U58 的输出 F3～F0 构成运算数据结果的低 4 位，U59 的输出 F3～F0 构成运算数据结果的高 4 位。74LS181 是一种能够进行 4 位算术运算和逻辑运算的通用器件，对于正逻辑运算(高电平起作用)，它能进行 16 种算术运算和 16 种逻辑运算。74LS181 的正逻辑功能表如表 14.2 所示。

表 14.2 74LS181 正逻辑功能表

选择输入				M=1 逻辑功能	M=0 算术功能	
S3	S2	S1	S0		Cn=1 无进位	$\overline{Cn}$=0 有进位
0	0	0	0	F=$\overline{A}$	F=A	F=A 加 1
0	0	0	1	F=$\overline{A+B}$	F=A+B	F=(A+B)加 1
0	0	1	0	F=$\overline{A}$B	F=A+$\overline{B}$	F=(A+$\overline{B}$)加 1
0	0	1	1	F=逻辑 0	F=−1	F=0
0	1	0	0	F=$\overline{AB}$	F=A 加 A$\overline{B}$	F=A 加 A$\overline{B}$ 加 1
0	1	0	1	F=$\overline{B}$	F=(A+B)加 A$\overline{B}$	F=(A+B)加 A$\overline{B}$ 加 1
0	1	1	0	F=A⊕B	F=A 减 B 减 1	F=A 减 B
0	1	1	1	F=A$\overline{B}$	F=A$\overline{B}$ 减 1	F=A$\overline{B}$
1	0	0	0	F=$\overline{A}$+B	F=A 加 AB	F=A 加 AB 加 1
1	0	0	1	F=$\overline{A \oplus B}$	F=A 加 B	A 加 B 加 1
1	0	1	0	F=B	F=(A+$\overline{B}$)加 AB	F=(A+$\overline{B}$)加 AB 加 1
1	0	1	1	F=AB	F=AB 减 1	F=AB
1	1	0	0	F=逻辑 1	F=A 加 A	F=A 加 A 加 1
1	1	0	1	F=A+$\overline{B}$	F=(A+B)加 A	F=(A+B)加 A 加 1
1	1	1	0	F=A+B	F=(A+$\overline{B}$)加 A	F=(A+$\overline{B}$)加 A 加 1
1	1	1	1	F=A	F=A 减 1	F=A

在 TEC-6 中,运算器只完成加、减、逻辑与、逻辑或和传送 5 种运算,为了减少微指令的长度,U58 的$\overline{C_n}$引脚接 S3。具体的功能如表 14.3 所示。

表 14.3 TEC-6 中运算器操作功能表

操作方式选择				M	操作		操作方式选择				M	操作	
S3	S2	S1	S0		类型	功能	S3	S2	S1	S0		类型	功能
1	0	0	1	0	加法	F=A 加 B	1	1	1	0	1	逻辑或	F=A 或 B
0	1	1	0	0	减法	F=A 减 B	1	1	1	1	1	传送 1	F=A
1	0	1	1	1	逻辑与	F=A 与 B	1	0	1	0	1	传送 2	F=B

在 TEC-6 中,运算得到的数据结果通过 74LS244(U39)送往数据总线 DBUS。U39 由信号 ALUBUS#-I 控制。当 ALUBUS#-I 为 0 时,允许运算数据结果送数据总线;当 ALUBUS#-I 为 1 时,禁止数据结果送数据总线。SWBUS#-I 和 ALUBUS#-I 是低电平有效的信号,分别由 SWBUS 和 ALUBUS 反相后生成,因此信号 ALUBUS 和 SWBUS 是高电平有效。图 14.4 中,用短粗黑线结束的信号表示已接插孔结束,实验时注意用连线将相应信号连接起来。数据总线 DBUS 有三个信号来源:运算器、存储器和数据开关,在每一时刻只允许其中一个信号送数据总线。

经运算器运算后得到的标志结果有 2 个标志位需要保存,一个是进位标志 C,一个是结果为 0 标志 Z。74LS181 运算后得到的进位结果是低电平有效,即当$\overline{C_{n+4}}$为 0 时,表示向高位产生了进位,因此在 74LS74(U52A)中采用 D 触发器的 $\overline{Q}$ 端表示进位标志,用信号 C-0 表示。在信号 LDC 为 1 时,在 T_3 的上升沿将运算产生的进位标志位保存在

U52A 的输出信号 C-0 中。

U58 和 U59 对 2 个 8 位数运算后不能直接产生结果为 0 标志。当 8 位数据结果为 00H 时，经过 U40 后变为 0FFH，经过 U47 与非后，输出低电平送 74LS74(U52B)*D* 端，当信号 LDZ 为 1 时，在 T_3 的上升沿在 U52B 的 $\overline{Q}$ 端得到 1。

3. 实验设备

TEC-6 实验系统　　　　一台
双踪示波器　　　　　　一台
直流万用表或逻辑笔　　一个

4. 实验内容

(1) 用逻辑笔测试节拍脉冲信号 T_1、T_2、T_3。

(2) 对下述四组数据进行加、减运算。

① A＝0F0H，B＝10H
② A＝10H，B＝0F0H
③ A＝03H，B＝05H
④ A＝0AH，B＝0AH

(3) 对下述三组数据进行与、或运算。

① A＝0FFH，B＝0AAH
② A＝55H，B＝0AAH
③ A＝0C5H，B＝61H

(4) 在实验过程中，记录每一步中有关信号的值，并对这些信号的作用予以解释。

5. 实验步骤

(1) 实验准备

① 将 TEC-6 实验台上的下列信号连接，以便控制信号能够对寄存器组和运算器进行控制。

信号 SWBUS#-0 和信号 SWBUS#-I 连接；
信号 ALUBUS#-0 和信号 ALUBUS#-I 连接；
信号 RAMBUS#-0 和信号 RAMBUS#-I 连接。

② 将控制器转换开关设置为微程序状态，使用微程序控制器产生的控制信号对寄存器组和运算器进行控制。

③ 打开电源。下述实验中，信号指示灯亮代表对应信号为 1，信号指示灯灭代表对应信号为 0。实验时要对照图 14.4 查看每一步骤的相应信号的值。

(2) 用逻辑笔测试节拍脉冲信号 T_1、T_2、T_3

① 将逻辑笔的一端插入 TEC-6 实验台上“逻辑笔”上方的插孔中，另一端插入“T_1”上方的插孔中。

② 将单微指令开关 DP 拨到向上位置，使 TEC-6 模型计算机处于单微指令运行

方式。

③ 按复位按钮 CLR，使时序信号发生器复位。

④ 按逻辑笔框内的 Reset 按钮，使逻辑笔上的脉冲计数器复位，2 个黄灯 D1、D0 均灭。

⑤ 按一次启动按钮 QD，这时指示灯 D1D0 的状态应为 01B，指示产生了一个 T_1 脉冲；如果再按一次 QD 按钮，则指示灯 D1D0 的状态应当为 10B，表示又产生了一个 T_1 脉冲；继续按 QD 按钮，可以看到在单周期运行方式下，每按一次 QD 按钮，就产生一个 T_1 脉冲。

⑥ 用同样的方式测试 T_2、T_3。

（3）加法、减法实验步骤

① 设置操作模式为加法、减法实验

按一次复位按钮 CLR，微地址指示灯 μA5～μA0 显示 20H。将操作模式开关设置为 SWC＝1、SWB＝0、SWA＝0，准备进入加法、减法实验。按一次 QD 按钮，产生一组节拍脉冲信号 T_1、T_2、T_3，进入下一步。

② 设置数 A

微程序地址指示灯 μA5～μA0 显示 22H。信号 LR 为 1，表示将进行寄存器写操作。信号指示灯 SEL3 为 0、SEL2 为 0 指示被写入的寄存器为 R0。信号 SEL3、SEL2 指示被写入的寄存器，对应关系如下：

SEL3	SEL2	对应信号的值	对应的寄存器
0	0	LR0＝1	R0
0	1	LR1＝1	R1
1	0	LR2＝1	R2
1	1	LR3＝1	R3

在数据开关 SD7～SD0 上设置数 A。在数据总线 DBUS 指示灯 D7～D0 上可以看到数据设置的正确与否，发现错误需及时改正。设置数据正确后，按一次 QD 按钮，将 SD7～SD0 上的数据写入 R0，进入下一步。

③ 设置数 B

微程序地址指示灯 μA5～μA0 显示 21H。这时 R0 已经写入，在 A 总线指示灯上可以观察到数 A 的值。信号 LR 为 1，表示将进行寄存器写操作。信号指示灯 SEL3 为 0，SEL2 为 1，指示被写入的寄存器是 R1。在数据开关 SD7～SD0 上设置数 B。设置数据正确后，按一次 QD 按钮，将 SD7～SD0 上的数据写入 R1，进入下一步。

④ 进行加法运算

微地址指示灯 μA5～μA0 显示 24H。信号 SEL1＝0、SEL0＝1，将 R1 中的数据送 B 总线。信号 SEL1、SEL0 选择送 B 总线的寄存器，选择方式如下：

SEL1	SEL0	对应信号的值	送 B 总线的寄存器
0	0	无	无
0	1	RS1＃＝0	R1
1	0	RS2＃＝0	R2
1	1	RS3＃＝0	R3

信号 M=0、S3=1、S2=0、S1=0、S0=1,指示进行加法运算。ALUBUS=1,指示将运算数据结果送数据总线 DBUS。信号 LDC=1,指示将运算后得到的进位 C 保存;信号 LDZ=1,指示将运算后得到的结果为 0 标志保存。

这时 A 总线指示灯 A7~A0 显示被加数 A,B 总线指示灯 B7~B0 显示加数 B,数据总线 DBUS 指示灯 D7~D0 显示运算结果 A 加 B。按一次 QD 按钮,进入下一步。

⑤ 进行减法运算

微地址指示灯显示 26H。这时指示灯 C(红色)显示加法运算得到的进位 C,指示灯 Z(绿色)显示加法运算得到的结果为 0 信号。信号 SEL1=0、SEL0=1,指示将 R1 中的数据送 B 总线。信号 M=0、S3=0、S2=1、S1=1、S0=0,指示进行减法运算。ALUBUS=1,指示将运算数据结果送数据总线 DBUS。信号 LDC=1,指示将运算后得到的进位 C 保存;信号 LDZ=1,指示将运算后得到的结果为 0 标志保存。这时 A 总线指示灯 A7~A0 显示被减数 A,B 总线指示灯显示减数 B,数据总线 DBUS 指示灯 D7~D0 显示运算结果 A 减 B。按一次 QD 按钮,进入下一步。

⑥ 微地址指示灯 μA5~μA0 显示 20H。这时指示灯 C(红色)显示减法运算得到的进位 C,指示灯 Z(绿色)显示减法运算得到的结果为 0 信号。在减法运算中,采用的是补码运算方式,将减数 B 求反后加 1,与被减数 A 做相加运算。

由于这时微地址为 20H,因此按(1)的步骤(不需要按复位按钮)继续进行第 2 组数据的加、减运算。

(4) 与、或运算步骤

① 设置操作模式为与、或实验

按一次复位按钮 CLR,微地址指示灯 μA5~μA0 显示 20H。将操作模式开关设置为 SWC=1、SWB=0、SWA=1,准备进入与、或实验。按一次 QD 按钮,进入下一步。

② 设置数 A

微程序地址指示灯 μA5~μA0 显示 22H。信号 LR 为 1,表示将进行寄存器写操作。信号 SEL3=0、SEL2=0 指示被写入的寄存器为 R0。

在数据开关 SD7~SD0 上设置数 A。设置数据正确后,按一次 QD 按钮,将 SD7~SD0 上的数据写入 R0,进入下一步。

③ 设置数 B

微程序地址指示灯 μA5~μA0 显示 23H。这时 R0 已经写入,在 A 总线指示灯上可以观察到 A 的值。信号 LR 为 1,表示将进行寄存器写操作。信号 SEL3 为 0、SEL2 为 1,指示被写入的寄存器是 R1。在数据开关 SD7~SD0 上设置数 B。设置数据正确后,按一次 QD 按钮,将 SD7~SD0 上的数据写入 R1,进入下一步。

④ 进行与运算

微地址指示灯 μA5~μA0 显示 28H。信号 SEL1=0、SEL0=1,指示将 R1 中的数据送 B 总线。信号 M=1、S3=1、S2=0、S1=1、S0=1,进行与运算。ALUBUS=1,指示将运算数据结果送数据总线 DBUS。信号 LDZ=1,指示将运算后得到的结果为 0 标志保存。

这时 A 总线指示灯 A7~A0 显示数 A,B 总线指示灯 B7~B0 显示数 B,数据总线 DBUS 指示灯 D7~D0 显示运算结果 A and B。按一次 QD 按钮,进入下一步。

⑤ 进行或运算

微地址指示灯显示 29H。这时指示灯 Z(绿色)显示与运算得到的结果为 0 信号。信号 M=1、S3=0、S2=1、S1=1、S0=0,指示进行或运算。信号 SEL1=0、SEL0=1,指示将 R1 中的数据送 B 总线。ALUBUS=1,指示将运算数据结果送数据总线 DBUS。信号 LDZ=1,指示将运算后得到的结果为 0 标志保存。这时 A 总线指示灯 A7~A0 显示数 A,B 总线指示灯显示数 B,数据总线 DBUS 指示灯 D7~D0 显示运算结果 A 或 B。按一次 QD 按钮,进入下一步。

微地址指示灯 μA5~μA0 显示 20H。这时指示灯 Z(绿色)显示或运算得到的结果为 0 信号。

由于这时微地址为 20H,因此按(1)的步骤(不需要按复位按钮)继续进行第 2 组数据的与、或运算。

6. 实验要求

(1) 记录下每一步的微地址和下述信号的值。

M、S3、S2、S1、S0、SEL3、SEL2、SEL1、SEL0、LR、SWBUS、ALUBUS、LDZ、LDC。并解释这些信号的功能是什么,解释在该步骤中这些信号为什么取这样的值而不是取其他的值。

(2) 记录下运算的数据结果和标志结果 C、Z 的值。

(3) 讨论题:为什么在 A 总线上出现数据 A、在 B 总线上出现数据 B 后,在数据总线 DBUS 上能够直接观测运算的数据结果,而标志结果却在下一步才能观测到?

14.3 存储器读写实验

1. 实验目的和实验类型

(1) 了解静态随机读写存储器 HM6116 的基本工作特性及使用方法。

(2) 了解半导体存储器 SRAM 怎样存储和读出数据。

(3) 原理型+验证型。

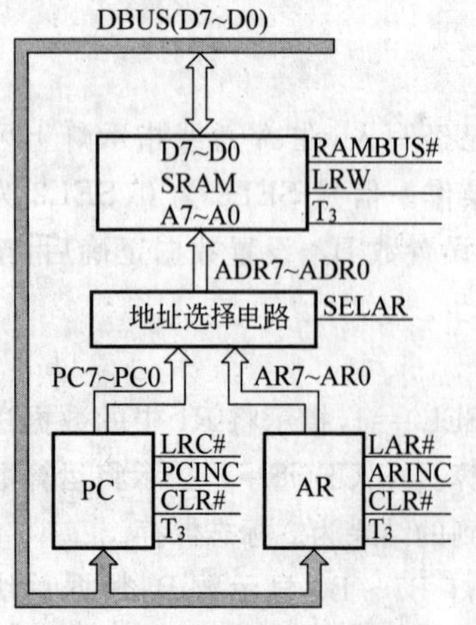

图 14.5 存储器实验电路框图

2. 实验原理

存储器实验电路的框图如图 14.5 所示,实验电路的逻辑图如图 14.6 所示。

TEC-6 模型计算机是个 8 位机,使用了 8 位存储器地址 ADR7~ADR0,高位地址引脚 A10~A8 直接接地。当信号 RAMBUS#-I 为 0 时,将地址 ADR7~ADR0 指定的存储器单元内容读到数据总线 DBUS 上;当信号 RAMBUS#-I 和信号 LRW 同时为 1 时,则在 T_2 周期将数据总线 DBUS 上的数据或者指令写入由 ADR7~ADR0 指定的存储器单元。

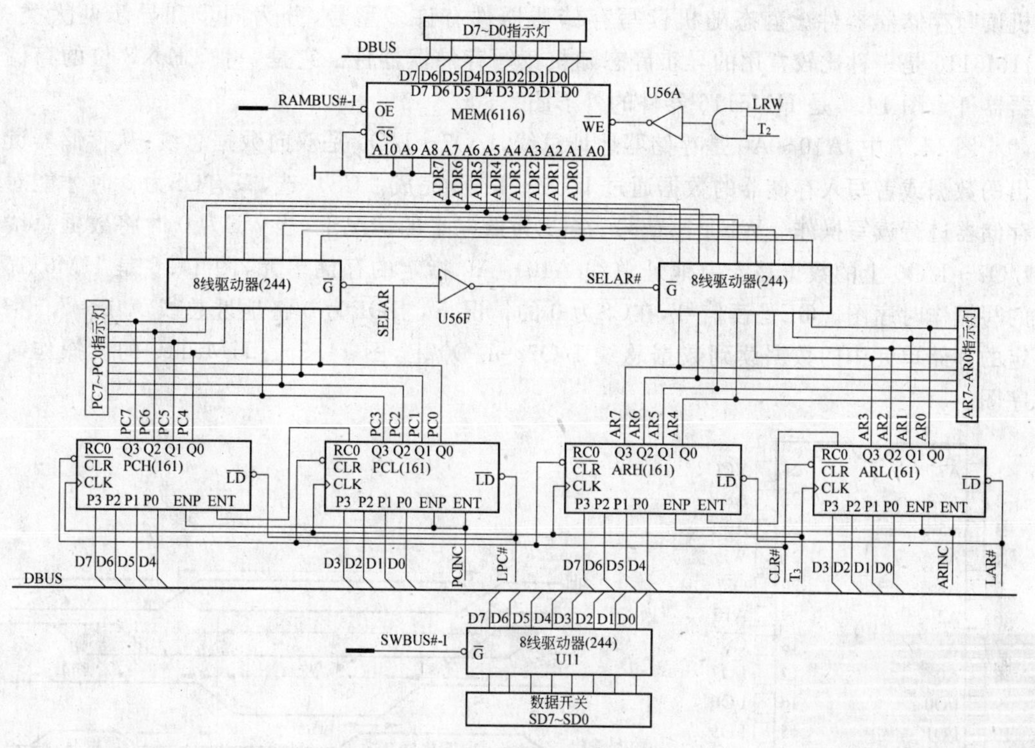

图 14.6 存储器实验电路逻辑图

8位存储器地址 ADR7～ADR0 有 2 个来源：程序计数器和地址寄存器。当信号 SELAR 为 0 时，程序计数器的 PC7～PC0 通过一个 74LS244(U49)送地址总线 ADR7～ADR0；当信号 SELAR 为 1 时，地址寄存器的 AR7～AR0 通过一个 74LS244(U48)送地址总线 ADR7～ADR0。

程序计数器 PC 由 2 片 74LS161(U43、U44)构成，74LS161 是一个 4 位同步二进制计数器，U43 和 U44 级联在一起构成 8 位同步二进制计数器，U43 是高 4 位，U44 是低 4 位。当信号LPC＃为 0 时，在 T_3 的上升沿将数据总线 DBUS 上的数据写入 U43 和 U44，作为程序的起始地址。当信号 PCINC 为 1 时，在 T_3 的上升沿程序计数器的值加 1。当复位信号 CLR＃为 0 时，在 T_3 的下降沿，程序计数器被复位到 0。

地址寄存器 AR 由 2 片 74LS161(U36、U37)构成，U36 和 U37 级联在一起构成 8 位同步二进制计数器，U36 是高 4 位，U37 是低 4 位。当信号 LAR＃为 0 时，在 T_3 的上升沿将数据总线 DBUS 上的数据写入 U36 和 U37，作为存储器地址。当信号 ARINC 为 1 时，在 T_3 的上升沿地址寄存器的值加 1。当复位信号 CLR＃为 0 时，在 T_3 的下降沿，地址寄存器被复位到 0。

数据开关 SD7～SD0 用于设置存储器地址寄存器 AR 的值和写入存储器的数据。当信号 SWBUS＃-I 为 0 时，数据开关 SD7～SD0 的值送往数据总线 DBUS。

信号 SWBUS＃-I、RAMBUS＃-I、LAR＃和 LPC＃都是低电平有效的信号，分别由信号 SWBUS、RAMBUS、LAR 和 LPC 经过反向生成。

在 TEC-6 模型计算机中，存储器本身用 1 片 HM6116(U55)实现，这是一种静态随机读写存储器器件。静态随机读写存储器器件有许多型号，分为同步和异步两大类。HM6116 是一种比较常用的异步静态随机读写存储器器件。它是一种 2K×8 位的存储器器件。图 14.7 是 HM6116 器件的外形图。

图 14.7 中，A10～A0 是存储器地址总线，I/O7～I/O0 是双向数据总线，从存储器读出的数据或者写入存储器的数据通过 I/O7～I/O0 完成。$\overline{CS}$片选，只有$\overline{CS}$为 0 时才能对存储器进行读写操作。$\overline{WE}$是写信号，在$\overline{CS}$为低电平的情况下，当$\overline{WE}$为 0 时将数据总线 I/O7～I/O0 上的数据写入由地址总线 A10～A0 指定的存储单元，图 14.8 是 HM6116 的写操作时序图。$\overline{OE}$是读信号，在$\overline{CS}$为 0 的情况下，当$\overline{OE}$为 0 将地址总线 A10～A0 指定的存储单元中的数据读到数据总线 I/O7～I/O0 上，图 14.9 是 HM6116 的读操作时序图。

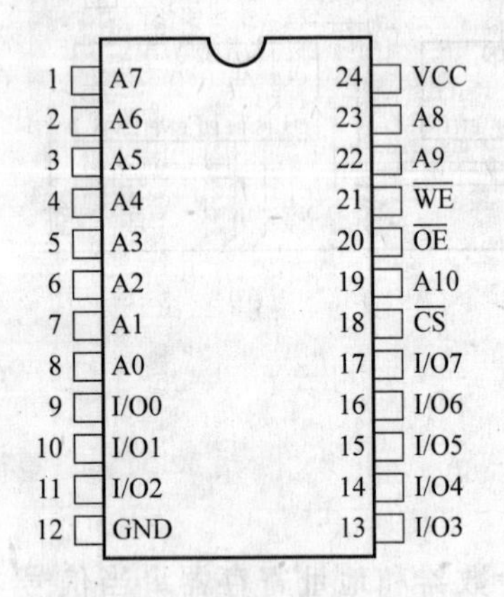

图 14.7 存储器器件 HM6116 外形图

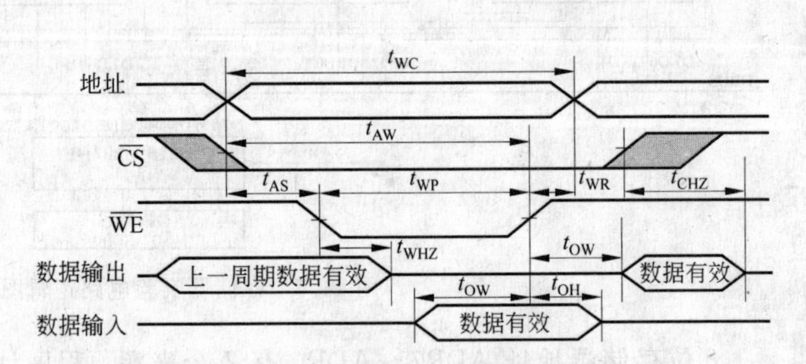

图 14.8 HM6116 写操作时序图

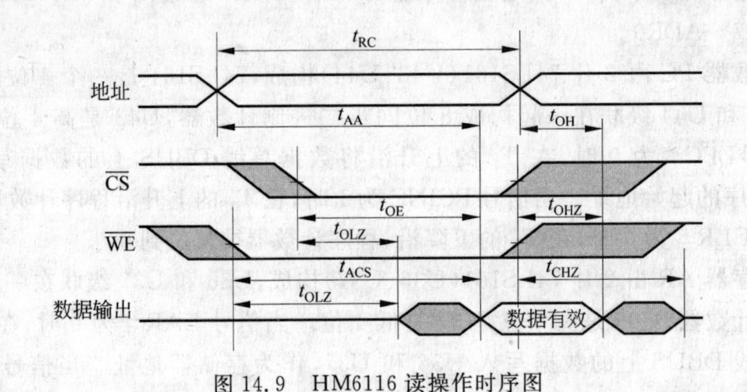

图 14.9 HM6116 读操作时序图

3. 实验设备

TEC-6 实验系统	一台
双踪示波器	一台
直流万用表或逻辑笔	一个

4. 实验任务

(1) 将下列10个数写入从地址23H开始的10个存储器单元:

10H,11H,12H,13H,14H,2AH,2BH,25H,0FH,08H

(2) 从地址23H开始的存储器单元连续读出10个数,并将读出的数和写入的数比较,看是否一致。

(3) 在存储器读、写的过程中,记录下有关信号的值,并且解释这些信号的作用。

5. 实验步骤

(1) 实验准备

① 将TEC-6实验台上的下列信号连接,以便控制信号能够对存储器实验电路进行控制。

信号SWBUS#-O和信号SWBUS#-I连接;

信号ALUBUS#-O和信号ALUBUS#-I连接;

信号RAMBUS#-O和信号RAMBUS#-I连接。

② 将控制器转换开关设置为微程序状态,使用微程序控制器产生的控制信号对存储器实验电路进行控制。

③ 打开电源。

下述实验中,信号指示灯亮代表对应信号为1,信号指示灯灭代表对应信号为0。实验时要对照图14.6查看每一步骤的相应信号的值。

(2) 向从地址23H开始的存储器单元写入10个数

① 设置写存储器模式。

按一次复位按钮CLR,微地址指示灯μA5~μA0显示00H。将操作模式开关设置为SWC=0、SWB=1、SWA=0,准备进入写存储器操作。按一次QD按钮,进入下一步。

② 设置存储器地址。

微程序地址指示灯μA5~μA0显示05H。在数据开关SD7~SD0上设置好存储器地址。信号SWBUS=1,表示数据开关SD7~SD0上的存储器地址送数据总线DBUS;信号LAR=1,表示数据总线DBUS上的存储器地址将在T_3的上升沿送入地址寄存器AR。按一次QD按钮,产生一组T_1、T_2、T_3节拍脉冲,在T_3的上升沿将存储器地址写入地址寄存器AR,进入下一步。

③ 向存储器中写入数据。

微程序地址指示灯μA5~μA0显示08H。地址寄存器指示灯AR7~AR0显示被写存储器单元地址。在数据开关SD7~SD0上设置第一个被写入的数据。信号SWBUS=1,表示将数据开关SD7~SD0上的数送数据总线DBUS;SELAR=1,表示选中地址寄存器AR作为存储器地址;信号LAW=1、RAMBUS=0表示在时序脉冲T_2为高电平期间将数据总线DBUS上的数据写入ADR7~ADR0指定的存储器单元;信号ARINC=1,表示在T_3的上升沿地址寄存器AR加1,为写下一个数做准备。按一次QD按钮,将数写入存储器,地址寄存器加1,进入下一步。

④ 连续向存储器写入10个数,结束存储器写操作。

写第2个数到第10个数时,微程序地址仍然是08H,按照步骤(3)写完第10个数后,地址寄存器指示灯AR7~AR0显示出第11个存储器地址。按复位按钮CLR,结束存储器写操作。这里要注意2个问题。第1个问题是当指示灯AR7~AR0显示出第10个存储器地址并在数据开关SD7~SD0上设置好第10个数后,必须按一次QD按钮,才能将第10个数写入存储器,如果不按一次QD按钮,第10个数无法写入存储器。第2个问题是当指示灯AR7~AR0显示出第11个地址时,不能再按启动按钮QD,否则将破坏第11个存储器单元的内容,必须按一次复位按钮CLR结束写操作。

(3) 从地址23H开始的存储器单元读出10个数

① 设置读存储器模式。

按一次复位按钮CLR,微地址指示灯μA5~μA0显示00H。将操作模式开关设置为SWC=0、SWB=1、SWA=1,准备进入读存储器操作。按一次QD按钮,进入下一步。

② 设置存储器地址。

微程序地址指示灯μA5~μA0显示07H。在数据开关SD7~SD0上设置好存储器地址。这时信号SWBUS=1,表示数据开关SD7~SD0上的存储器地址送数据总线DBUS;信号LAR=1,表示数据总线DBUS上的存储器地址将在T_3的上升沿送入地址寄存器AR。按一次QD按钮,产生一组T_1、T_2、T_3节拍脉冲,在T_3的上升沿将存储器地址写入地址寄存器AR,进入下一步。

③ 从存储器中读出数据。

微程序地址指示灯μA5~μA0显示0BH。地址寄存器指示灯AR7~AR0显示被读存储器单元地址,数据总线DBUS指示灯D7~D0显示存储器单元的内容。SELAR=1,表示选中地址寄存器AR作为存储器地址;信号LAW=0、RAMBUS=1表示读ADR7~ADR0指定的存储器单元,读出的数传送到数据总线DBUS上,指示灯D7~D0指示读出的数据;信号ARINC=1,表示在T_3的上升沿地址寄存器AR加1,为读下一个数做准备。按一次QD按钮,进入下一步。

④ 连续从存储器读10个数,结束存储器读操作。

读第2个数到第10个数时,微程序地址仍然是0BH,按照步骤(3)读完第10个数后,按复位按钮CLR,结束存储器读操作。

6. 实验要求

(1) 从地址23H开始向存储器中连续写入指定的10个数。

(2) 从地址23H开始,连续从存储器中读出10个数,并与写进存储器中的数进行比较,检查是否相同。

(3) 在写存储器和读存储器的操作中,记录下每一步中下述信号的值:SWBUS、RAMBUS、LAR、SELAR、LRW、PCINC,并解释这些信号在每一步中的作用。

(4) 结合图14.6的存储器实验电路图,说明在TEC-6模型计算机中是如何实现存储器的读写。

(5) 讨论题：在 TEC-6 模型计算机中，信号 SWBUS 和 RAMBUS 能否同时为 1？为什么？

14.4 数据通路实验

1. 实验目的

(1) 了解 TEC-6 模型计算机的数据通路。
(2) 了解各种数据在 TEC-6 模型计算机数据通路中的流动路径。

2. 实验原理

图 14.10 是 TEC-6 模型计算机数据通路图。

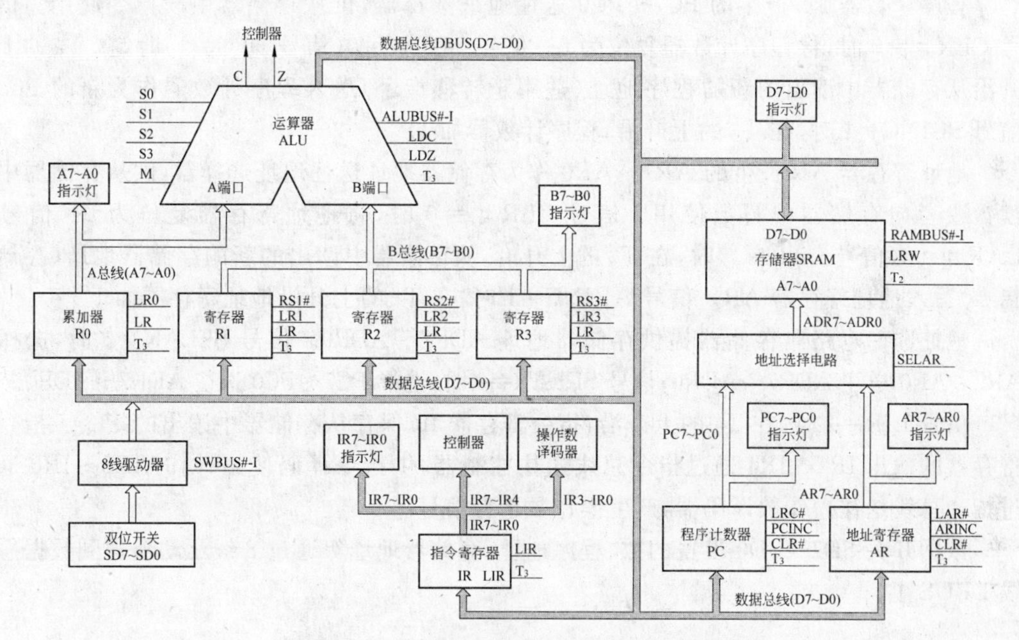

图 14.10 TEC-6 模型计算机数据通路图

TEC-6 模型计算机数据通路主要是将运算器部分和存储器部分联合在一起形成的。运算器 ALU 完成 A 总线和 B 总线上数据的算术逻辑运算或者单纯的数据传送工作。ALU 根据信号 S3、S2、S1、S0 和 M 完成指定的运算，在信号 ALUBUS＃-I＝0 时将运算的数据结果送往数据总线 DBUS，数据结果或者在 T_3 的上升沿写入累加器 R0（在个别情况下写入寄存器 R1、R2 和 R3），或者在 T_2 时写入存储器。在信号 LDC＝1 时，在 T_3 的上升沿保存运算产生的进位 C；在信号 LDZ＝1 时，在 T_3 的上升沿保存运算产生的结果为 0；Z 标志和 C 标志送控制器。

累加器 R0 通过 A 总线向运算器 ALU 提供一个目的操作数。信号 RS1＃＝0、RS2＃＝1、RS3＃＝1 时，寄存器 R1 通过 B 总线向运算器 ALU 提供源操作数；信号 RS1＃＝1、RS2＃＝0、RS3＃＝1 时，寄存器 R2 通过 B 总线向运算器 ALU 提供源操作数；信号

RS1＃＝1、RS2＃＝1、RS3＃＝0时，寄存器R3通过B总线向运算器ALU提供源操作数。信号LR＝1、LR0＝1时，在T_3的上升沿，从运算器ALU传送过来的数或者从存储器中读出的数保存到R0。信号LR＝1、LR1＝1时，在T_3的上升沿，从运算器ALU传送过来的数或者从存储器中读出的数保存到R1。信号LR＝1、LR2＝1时，在T_3的上升沿，从运算器ALU传送过来的数或者从存储器中读出的数保存到R2。信号LR＝1、LR3＝1时，在T_3的上升沿，从运算器ALU传送过来的数或者从存储器中读出的数保存到R3。

信号RAMBUS＃-I＝0、LRW＝0时，ADR7～ADR0指定的存储器单元中的数送到数据总线DBUS上；然后通过数据总线DBUS送往累加器R0、寄存器R1、R2、R3，或者作为指令送往指令寄存器，或者作为新的存储器地址送往地址寄存器AR。信号RAMBUS＃＝1(信号RAMBUS＝0)、LRW＝1时，在T_2为高电平期间将数据总线DBUS上的数写入ADR7～ADR0指定的存储器单元。

程序计数器PC产生的PC7～PC0送往地址选择器，供从存储器中读指令使用。信号CLR＃＝0时，将程序计数器复位为0。信号LPC＃＝0(信号LPC＝1)时，在T_3的上升沿从存储器中读出的新的程序地址(适用于转移指令)送入程序计数器作为新的PC。信号PCINC＝1时，在T_3的上升沿，程序计数器加1。

地址寄存器AR产生的AR7～AR0作为存储器地址送往地址选择器，供从存储器中读数或者向存储器中写数使用。信号CLR＃＝0时，将地址寄存器复位为0。信号LAR＃＝0(信号LAR＝1)时，在T_3的上升沿，从存储器中读出的新的存储器地址(存储指令)写入地址寄存器AR。信号ARINC＝1时，在T_3的上升沿地址寄存器加1。

地址选择电路向存储器提供存储器地址ADR7～ADR0。信号SELAR＝1时，选择AR7～AR0送往ADR7～ADR0；信号SELAR＝0时，选择PC7～PC0送往ADR7～ADR0。

信号LIR＝1时，在T_3的上升沿，指令寄存器IR保存从存储器中读出的指令。指令寄存器的输出IR7～IR4通过指令总线送往控制器，供指令译码使用；同时IR3～IR0通过指令总线送往操作数译码器，产生操作数选择信号。

数据开关SD7～SD0设置的数、程序地址、存储器地址等通过8线驱动器送到数据总线DBUS上。

3. 实验设备

TEC-6实验系统　　一台
双踪示波器　　一台
直流万用表或逻辑笔　　一个

4. 实验任务

(1) 向R0中写入35H，向R1中写入86H。
(2) 将R0中的数写入存储器20H单元，从存储器20H单元读数到R2。
(3) 将R1中的数写入存储器20H单元，从存储器20H单元读数到R3。
(4) 检查R2、R3的内容是否正确。
(5) 在上述任务中记录有关信号的值，并对信号的取值做出正确的解释。

5. 实验步骤

(1) 实验准备

① 将 TEC-6 实验台上的下列信号连接,以便控制信号能够对数据通路进行控制。

信号 SWBUS#-0 和信号 SWBUS#-I 连接;

信号 ALUBUS#-0 和信号 ALUBUS#-I 连接;

信号 RAMBUS#-0 和信号 RAMBUS#-I 连接。

② 将控制器转换开关设置为微程序状态,使用微程序控制器产生的控制信号对数据通路进行控制。

③ 打开电源。

下述实验中,信号指示灯亮代表对应信号为 1,信号指示灯灭代表对应信号为 0。实验时要对照图 14.5 查看每一步骤的相应信号的值。

(2) 向 R0 中写入 35H,向 R1 中写入 86H

① 设置数据通路实验模式

按一次复位按钮 CLR,微地址指示灯 μA5~μA0 显示 20H。将操作模式开关设置为 SWC=1、SWB=1、SWA=0,准备进入数据通路实验。按一次 QD 按钮,进入下一步。

② 将 35H 写入 R0

微地址指示灯 μA5~μA0 显示 22H。在数据开关 SD7~SD0 上置数 35H。记录数据总线 D7~D0 的值、A 总线 A7~A0 的值、B 总线 B7~B0 的值。记录信号 SWBUS、LR、SEL3、SEL2、SEL1、SEL0 的值。按一次 QD 按钮,将 35H 写入 R0,进入下一步。

③ 将 86H 写入 R1

微地址指示灯 μA5~μA0 显示 25H。在数据开关 SD7~SD0 上置数 86H。记录数据总线 D7~D0 的值、A 总线 A7~A0 的值、B 总线 B7~B0 的值。记录信号 SWBUS、LR、SEL3、SEL2、SEL1、SEL0 的值。按一次 QD 按钮,将 86H 写入 R1,进入下一步。

(3) 置地址寄存器的值为 20H

微地址指示灯显示 2AH。在数据开关 SD7~SD0 上置数 20H。记录信号 SWBUS、LAR、SEL1、SEL0 的值。按一次 QD 按钮,将 20H 写入地址寄存器 AR,进入下一步。

(4) 将 R0 中的数写入存储器 20H 单元,将存储器 20H 单元中的数读到 R2

① 微地址指示灯显示 2BH。记录数据总线 D7~D0 的值、A 总线 A7~A0 的值、B 总线 B7~B0 的值、地址总线 AR7~AR0 的值。记录信号 SELAR、LRW、M、S3、S2、S1、S0、SEL1、SEL0、ALUBUS 的值。按一次 QD 按钮,将 R0 中的数写入存储器 20H 单元,进入下一步。

② 微地址指示灯显示 2CH。记录数据总线 D7~D0 的值、A 总线 A7~A0 的值,B 总线 B7~B0 的值、地址总线 AR7~AR0 的值。记录信号 SELAR、RAMBUS、LR、SEL3、SEL2、SEL1、SEL0 的值。按一次 QD 按钮,将存储器 20H 单元中的数读到 R2,进入下一步。

(5) 将 R1 中的数写入存储器 20H 单元,将存储器 20H 单元中的数读到 R3

① 微地址指示灯显示 2DH。记录数据总线 D7~D0 的值、A 总线 A7~A0 的值,B 总线 B7~B0 的值、地址总线 AR7~AR0 的值。记录信号 SELAR、LRW、M、S3、S2、

S1、S0、SEL1、SEL0、ALUBUS的值。按一次QD按钮,将R1中的数写入存储器20H单元,进入下一步。

② 微地址指示灯显示2EH。记录数据总线D7~D0的值、A总线A7~A0的值、B总线B7~B0的值、地址总线AR7~AR0的值。记录信号SELAR、RAMBUS、LAW、LR、SEL3、SEL2、SEL1、SEL0的值。按一次QD按钮,将存储器20H单元中的数读到R3,进入下一步。

(6) **检查R2、R3的值**

① 微地址指示灯显示2FH。记录数据总线D7~D0的值、A总线A7~A0的值、B总线B7~B0的值。记录信号ALUBUS、M、S3、S2、S1、S0、LR、SEL3、SEL2、SEL1、SEL0的值。这时B总线B7~B0和数据总线D7~D0都显示R2的值。按一次QD按钮,进入下一步。

② 微地址指示灯显示30H。记录数据总线D7~D0的值、A总线A7~A0的值、B总线B7~B0的值。记录信号ALUBUS、M、S3、S2、S1、S0、LR、SEL3、SEL2、SEL1、SEL0的值。这时B总线B7~B0和数据总线D7~D0都显示R3的值。按一次QD按钮,进入下一步。

③ 按复位按钮CLR,结束操作。

6. 实验要求

(1) 按上面所示步骤完成实验。

(2) 将每一步骤记录下的信号的取值予以解释。

(3) 讨论题:

① 在实验步骤3~6中是否改变了R0和R1的值?为什么?

② 在实验步骤6中A总线A7~A0上显示的是哪个寄存器的值?为什么?

14.5 微程序控制器实验

1. 实验目的

(1) 掌握时序信号发生器的工作原理。

(2) 了解TEC-6模型计算机的微程序控制器的原理。

(3) 学会微程序控制器的一般设计方法。

(4) 读懂微程序流程图。

(5) 理解微程序流程图设计方法。

2. 实验原理

(1) 时序信号发生器

时序信号发生器由1片GAL16V8、2个RS触发器、1个双位开关和1个振荡频率为1MHz的石英晶体振荡器组成。图14.11是TEC-6模型计算机时序信号发生器电路图。

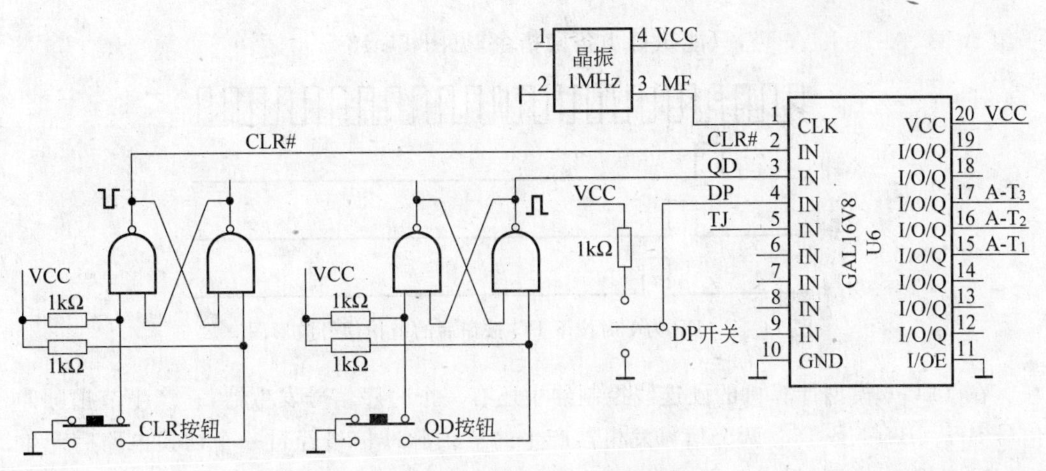

图 14.11　时序信号发生器电路图

4 个引脚的石英晶体振荡器产生 1MHz 的主时钟信号 MF，它送到 GAL16V8(U6)，用于产生节拍脉冲信号 A-T1、A-T2 和 A-T3。

GAL16V8(U6)根据主时钟信号 MF、复位信号 CLR＃、启动信号 QD 和停机信号 TJ 产生节拍脉冲信号 A-T_1、A-T_2 和 A-T_3。A-T_1、A-T_2 和 A-T_3 是在使用微程序控制器时的模型计算机节拍脉冲信号。由于 GAL16V8 是可编程逻辑器件，通过对它进行编程实现时序信号发生器功能。

与非门 U14C、U14D、2 个阻值为 1kΩ 的电阻器和一个 CLR(复位)按钮构成的 RS 触发器用于产生复位信号 CLR＃。在 CLR 按钮没有按下时，CLR＃信号为高电平；当按下 CLR 按钮后，CLR＃信号变为低电平；当 CLR 按钮弹起后，CLR＃恢复为高电平。CLR＃信号为低电平有效，脉宽取决于按下 CLR 按钮的时间。采用 RS 触发器方式产生复位信号 CLR＃是为了消除按下 CLR 按钮时产生的抖动。当 CLR＃信号为低电平时，TEC-6 模型计算机处于复位状态，停止运行，等待启动。

启动信号 QD 同样是由一个 RS 触发器产生的，当按一次 QD 按钮时，产生一个正的 QD 脉冲，送往 GAL16V8(U6)。当 QD 信号为高电平后，TEC-6 模型计算机启动，时序信号发生器开始输出节拍脉冲信号 A-T_1、A-T_2 和 A-T_3，见图 14.12。

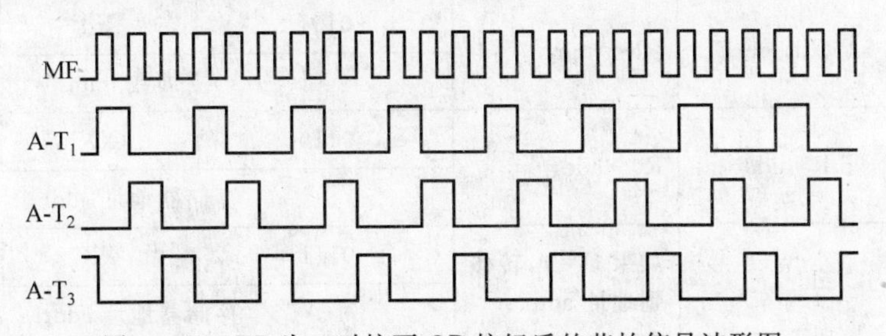

图 14.12　DP 为 0 时按下 QD 按钮后的节拍信号波形图

双位开关 DP 用于产生单微指令信号 DP。当 DP 为 0 时，按下启动按钮，时序信号发生器产生连续的 A-T_1、A-T_2 和 A-T_3，直到微程序控制器产生的 TJ 信号为 1 时，或者复位信号 CLR＃为 0 时为止。当 DP 为 1 时，按一次 QD 按钮后，时序信号发生器只能产生一组 A-T_1、A-T_2 和 A-T_3,只能执行1条微指令,见图14.13。

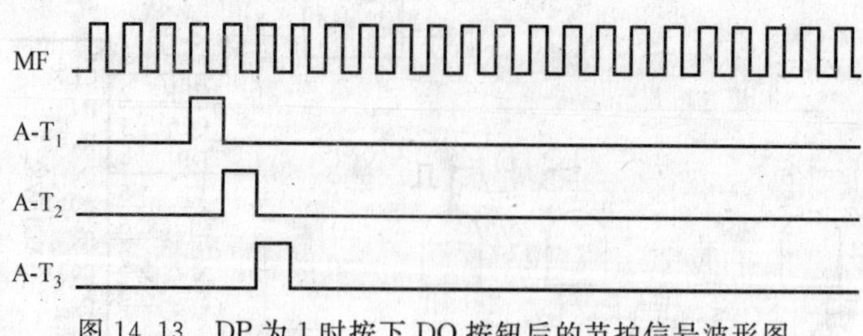

图14.13 DP为1时按下DQ按钮后的节拍信号波形图

在TEC-6模型计算机的硬连线控制器中还有一个时序信号发生器,它产生节拍脉冲信号B-T_1、B-T_2、B-T_3。两个信号发生器产生的节拍脉冲信号经过一个切换电路后产生数据通路使用的节拍脉冲信号 T_1、T_2、T_3。

(2) 指令系统及微程序流程图

TEC-6模型计算机是个8位机,字长是8位。多数指令是单字指令,少数指令是双字指令。指令使用4位操作码,最多容纳16条指令。

已实现加法、减法、逻辑与、逻辑或、传送1、传送2、存数、取数、Z条件转移、C条件转移、停机11条指令,其他6条指令备用。指令系统如表14.4所示。

表14.4 TEC-6模型计算机指令系统

名 称	汇编语言	功 能	指令格式		
			IR7 IR6 IR5 IR4	IR3 IR2	IR1 IR0
加法	ADD R0,Rs	R0←R0+Rs	0000	00	Rs
减法	SUB R0,Rs	R0←R0-Rs	0001	00	Rs
逻辑与	AND R0,Rs	R0←R0 and Rs	0010	00	Rs
逻辑或	OR R0,Rs	R0←R0 or Rs	0011	00	Rs
传送1	MOVA Rd,R0	Rd←R0	0100	Rd	00
传送2	MOVB R0,Rs	R0←Rs	1010	00	Rs
取数	LD Rd,imm	Rd←imm	0101	Rd	XX
			立即数 imm		
存数	ST R0,addr	R0→addr	0110	XX	XX
			存储器地址 addr		
C条件转移	JC addr	如果C=1,转移到地址 addr	0111	XX	XX
			存储器地址 addr		
Z条件转移	JZ addr	如果Z=1,转移到地址 addr	1000	XX	XX
			存储器地址 addr		
停机	HALT	暂停 T_1、T_2、T_3	1001	XX	XX

表 14.4 中,XX 代表随意值。Rs 代表源寄存器号,只能选择 R1、R2 和 R3,不能选择 R0。Rd 代表目的寄存器号。

根据指令系统和图 14.10 所示的数据通路,微程序流程图见图 14.14。

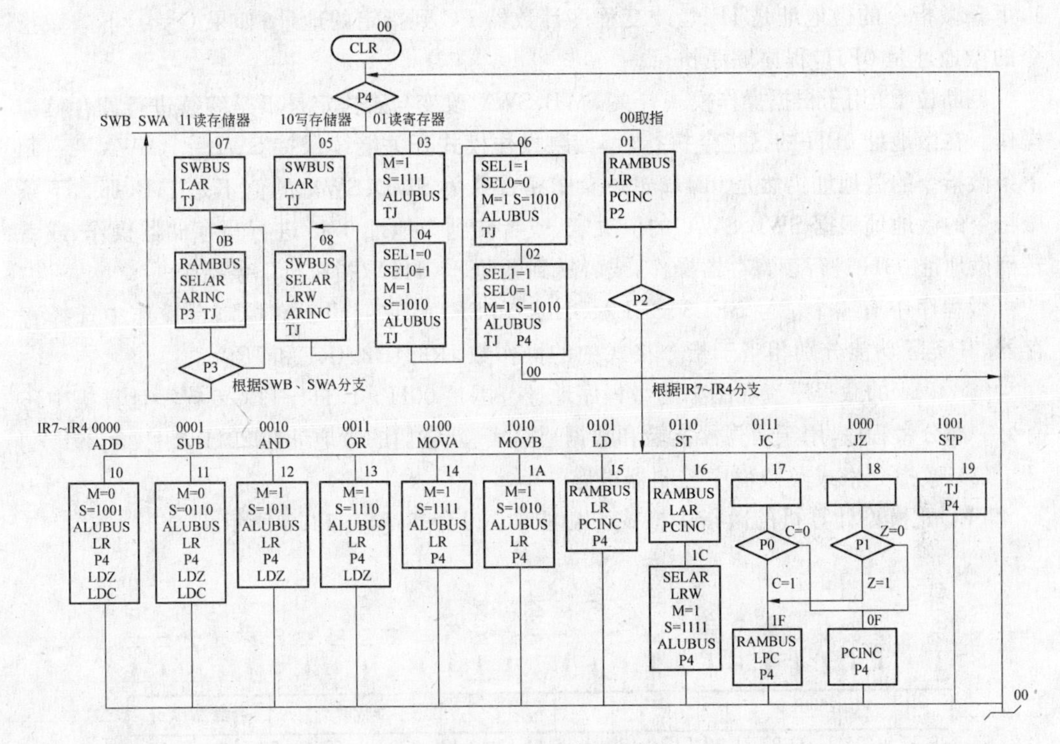

图 14.14 微程序流程图

图 14.14 所示的微程序流程图中,除了包含 11 条指令的微程序流程外,还包含了 3 个控制台操作的微程序流程,它们是读存储器操作、写存储器操作和读寄存器操作。其中读存储器操作和写存储器操作在存储器实验中已经使用过。读寄存器操作则是连续读出寄存器 R0、R1、R2、R3 的值,在数据总线指示灯 D7~D0 上显示出来。

按下复位按钮 CLR 后,微地址复位到 00H。在微程序流程图中使用 5 个判断位 P0、P1、P2、P3 和 P4 处理微程序的分支。

判断位 P4 和操作模式开关 SWB、SWA 联合形成操作模式的微程序分支。微地址是 00H 时,如果 SWB=0、SWA=0,则下条微指令的微地址为01H,进行取指操作;如果 SWB=0、SWA=1,则下条微指令的微地址为 03H,进入读寄存器操作;如果 SWB=1、SWA=0,则下条微指令的微地址是 05H,进入写存储器操作;如果 SWB=1、SWA=1,则下条微指令的微地址是 07H,进入读寄存器操作。在一条指令执行结束时的微指令中也有判断位 P4,用于根据操作模式开关进行微程序分支。

判断位 P2 和指令操作码 IR7~IR4 联合在一起对各种指令的微程序进行分支。例如加法指令的操作码 IR7~IR4 为 0000B,因此下一条微指令的微地址为 10H;逻辑或指令操作码为 0011B,因此下一条微指令的地址为 13H。

判断位 P0 用于根据进位 C 进行微程序分支,完成 C 条件转移指令。如果 C=1,下条微指令的微地址是1FH，改变程序计数器PC到指定的地址；如果C=0，下条微指令的微地址是0FH，程序顺序执行。

判断位P1用于根据Z(结果为0)进行微程序分支，完成Z条件转移指令。如果Z=1，下条微指令的微地址是1FH，改变程序计数器PC到指定的地址；如果C=0，下条微指令的微地址是0FH，程序顺序执行。

判断位P3用于根据操作模式开关SWB、SWA改变与否决定是不是继续进行读存储器操作。在微地址0BH的微指令执行后，如果操作模式开关继续保持SWB=1、SWA=1，则下条微指令的微地址仍然是0BH；如果操作模式开关SWD、SWA的值不是11B，那么下条微指令的微地址根据SWB、SWA的值决定，或者转到微地址07H进行写存储器操作，或者转到微地址03H进行读寄存器操作，或者转到微地址01H取指执行下条指令。

微程序中有4个信号SEL3、SEL2、SEL1和SEL0，它们用于在控制台操作中选择寄存器，其实际功能分别相当于指令格式中的操作数IR3、IR2、IR1和IR0。

图14.14的微程序流程图中的微程序地址范围是00H～1FH。TEC-6模型计算机中还有另一部分微程序，用于运算器实验和数据通路实验，它们的微地址在20H以上(含20H)。

(3) 微指令格式及微程序控制器电路

TEC-6模型计算机的微指令格式与功能如图14.15和表14.5所示。

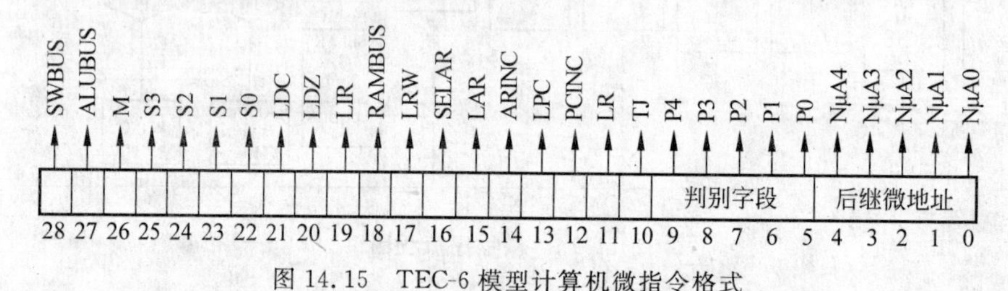

图14.15 TEC-6模型计算机微指令格式

表14.5 微指令信号及功能定义

信号名称	功能定义
NμA5～NμA0	后继微地址
P4～P0	判断位
TJ	在脉冲T_3的下降沿后停止发出节拍脉冲T_1、T_2、T_3
LR	为1时，进行写寄存器操作
PCINC	为1时，程序计数器PC加1
LPC	为1时，将数据总线DBUS上的存储器地址写入程序计数器PC，它经过反相后产生信号LPC#
ARINC	为1时，地址寄存器AR加1
LAR	为1时，将数据总线DBUS上的存储器地址写入地址寄存器AR，它经过反相后产生信号LAR#
SELAR	为1时，选择地址寄存器AR作为存储器地址ADR；为0时，选择程序计数器PC作为存储器地址ADR

续表

信号名称	功能定义
LRW	为 1 时，进行存储器写操作；为 0 时，进行存储器读操作
RAMBUS	为 1 时，将存储器的内容送数据总线 DBUS，它经过反相后产生 RAMBUS#-0
LIR	为 1 时，将数据总线 DBUS 上的指令送入指令寄存器 IR
LDZ	为 1 时，将运算后得到的结果为 0 标志保存
LDC	为 1 时，将运算后得到的进位标志保存
S3～S0	控制运算器的算术逻辑运算类型
M	为 1 时，运算器进行逻辑运算；为 0 时，运算器进行算术运算
ALUBUS	为 1 时，将运算器运算得到的数据结果送数据总线 DBUS，它经过反相后产生信号 ALUBUS#-0
SWBUS	为 1 时，将数据开关 SD7～SD0 上的数送数据总线 DBUS，它经过反相后产生信号 SWBUS#-0

根据图 14.14 中的微程序图和图 14.15 中的微指令格式，TEC-6 模型计算机的微程序控制器如图 14.16 所示。

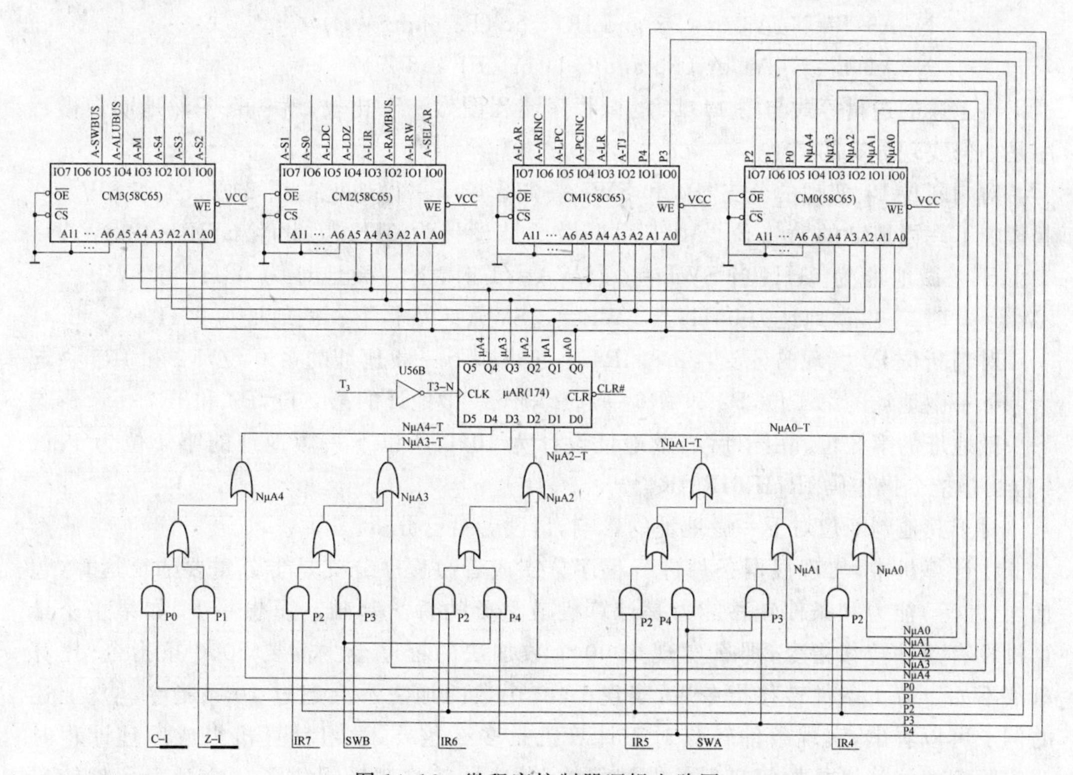

图 14.16 微程序控制器逻辑电路图

控制存储器由 5 片 HN58C65 组成（这里只画了主要的 4 片，另 1 片用于产生

SEL3～SEL0 等控制信号)，HN58C65 是 4096×8 位的 EEPROM 器件。由于实际使用的微地址只有 6 位，故各 HN58C65 的 A11～A6 引脚接地。模式开关 SWC 直接接各 HN58C65 的地址引脚 A5，作为微地址的最高位。当 SWC＝1(微地址 20H～3FH)时，进行运算器实验和数据通路实验；当 SWC＝0(微地址 00H～1FH)时，进行控制台操作和运行测试程序。各 58C65 的 $\overline{WE}$ 的引脚接＋5V，因此禁止对各 58C65 的写操作。

微地址寄存器 U22 是一片 74LS174，它提供低 5 位的微地址 μA4～μA0。为了保持一条微指令的完整性，微地址寄存器采用 T_3 的下降沿触发，这样直到 T_3 结束，各控制信号才会改变。

由于 TEC-6 模型计算机中既有微程序控制器，又有硬连线控制器，为了将这 2 个控制器产生的控制信号予以区分，微程序控制器产生的控制信号加前缀“A-”表示，硬连线控制器产生的控制信号加前缀“B-”表示，所以在图 14.16 中，控制信号都有前缀“A-”，如“A-LIR”、“A-RAMBUS”等。

微地址转移逻辑本质上是二级“与-或”关系，这样设计出来的微地址转移逻辑很规整。在图 14.16 中，微地址寄存器 D 端的表达式为

NμA0-T＝NμA0 of (P2 and IR4)

NμA1-T＝NμA1 of (P2 and IR5) or (P3 and SWA) or (P4 and SWA)

NμA2-T＝NμA2 or (P2 and IR6) or (P4 and SWB)

NμA3-T＝NμA3 or (P2 and IR7) or (P3 and SWB)

NμA4-T＝NμA4 or (P0 and C-I) or (P1 and Z-I)

将上述的逻辑等式与图 14.14 的微程序流程图做一下比较，就一目了然地明白微程序是如何实现分支的。

对判断位 P4 实现的分支，P4 和 SWB 一起影响下一微地址的第 2 位，P4 和 SWA 一起影响下一微地址的第 1 位。由于后继微地址设计为 01H，因此当 SWB＝0、SWA＝0 时，下一微地址为 01H；当 SWB＝0、SWA＝1 时，下一微地址为 03H；当 SWB＝1、SWA＝0 时，下一微地址为 05H；当 SWB＝1、SWA＝1 时，下一微地址为 07H。

对判断位 P2 实现的分支，P2 和 IR4 一起影响下一微地址的第 0 位，P2 和 IR5 一起影响下一微地址的第 1 位，P2 和 IR6 一起影响下一微地址的第 2 位，P2 和 IR7 一起影响下一微地址的第 3 位。由于后继微地址设计为 10H，所以下一微地址的第 4 位为 1，低 4 位就是指令操作码 IR7IR6IR5IR4。

对于其他判断位对下一微地址的影响，请读者自己分析。

在计算机中，实现根据条件进行程序分支或者微程序分支是十分重要的。运算(包括加、减等)能力和条件转移能力是计算机最重要的哲学基础。设想一下，如果一个计算机没有条件转移指令，那么实现 1000 个数加法的程序至少需要 2000 条指令，比算盘都不如。有了条件转移指令后，实现 1000 个数的加法不会超过 10 条指令。从上述的例子可以看出，实现条件转移对于计算机是多么重要，学习计算机组成原理课程时一定要理解计算机是如何实现条件转移的，微地址转移逻辑提供了一个学习条件转移很好的例子。

3. 实验设备

TEC-6 实验系统　　　　一台
双踪示波器　　　　　　一台
直流万用表或逻辑笔　　一个

4. 实验任务

(1) 采用单周期方式追踪每种指令的执行过程。

(2) 记录下每种指令执行中每一条微指令中控制信号的值,并做出正确解释。

(3) 说明指令 JC ADDR 和 J2 ADDR 的实现方法。

5. 实验步骤

(1) 实验准备

① 在 TEC-6 实验台上,将信号 ALUBUS#-I、RAMBUS#-I 和电平开关 S5 连接,将开关 S5 拨到朝上位置,即设置 RAMBUS#-I=1、ALUBUS#-I=1,禁止存储器和运算器中的数放到数据总线 DBUS 上,将信号 SWBUS#-I 和电子开关 S0 连接,开关 S0 拨到向下位置,即设置 SWBUS#-I=0。这样执行取指微指令时,在数据开关 SD7~SD0 上的数据就代替从存储器中读出的指令存入指令寄存器 IR。

② 将信号 C-I 和电平开关 S1 连接,这样通过拨动开关 S1 可以改变 C-I 的值。

③ 将信号 Z-I 和电平开关 S2 连接,这样通过拨动开关 S2 可以改变 Z-I 的值。

④ 将单微指令开关 DP 拨到朝上位置,使 TEC-6 模型计算机处于单微指令运行状态。

⑤ 将控制器转换开关设置为微程序状态,使用微程序控制器产生的控制信号对 TEC-6 模型计算机进行控制。

⑥ 打开电源。

下述步骤中,信号指示灯亮代表对应信号为 1,信号指示灯灭代表对应信号为 0。实验时要对着图 14.14 的微程序流程图查看每一步骤相应信号的值。

(2) 追踪 ADD 指令的执行

① 设置启动程序运行模式。

按一次复位按钮 CLR,微地址指示灯 μA5~μA0 显示 00H。程序计数器 PC 复位到 00H,指示灯 PC7~PC0 显示 00H,表示将从地址 00H 的存储器单元取出程序的第一条指令。判断位 P4=1,表示下面的微程序根据操作模式开关进行分支。将操作模式开关设置为 SWC=0、SWB=0、SWA=0,准备进入启动程序运行模式。按一次 QD 按钮,进入下一步。

② 在数据开关 SD7~SD0 上设置 ADD 指令,完成取指令。

微地址指示灯 μA5~μA0 显示 01H。控制信号 SELAR=0,表示选择 PC7~PC0 作为存储器地址 ADR7~ADR0。信号 RAMBUS=1、LRW=0、LIR=1,表示从存储器中读指令到指令寄存器 IR。信号 PCINC=1,表示本条微指令执行结束后指令计数器

PC 加 1，为取下一条指令做准备。

在数据开关 SD7～SD0 上设置 01H，这是一条“ADD R0，R1”指令，按一次 QD 按钮，进入下一步。

需要指出的是，在本实验中，追踪的是各种指令的执行过程中控制信号状态，不涉及指令操作数，因此在数据开关 SD7～SD0 上只要正确设置 SD7～SD4 为 0000B 就行，SD3～SD0 可以随便设置。

判断位 P2=1 表示将根据指令操作码 IR7～IR4 进行微程序分支。

③ 执行 ADD 指令。

微地址指示灯显示 10H。程序计数器 PC7～PC0 指示灯显示 01H，表示下一条指令从地址为 01H 的存储器单元中取出。

信号 M=0、S3=1、S2=0、S1=0、S0=1 表示进行加法运算。ALUBUS=1 表示将运算后的“和”传送到数据总线 DBUS 上，LR=1 表示将“和”从数据总线 DBUS 上写入目的寄存器 R0。信号 LDC=1 表示将加法得到的进位 C 保存。信号 LDZ=1 表示将加运算后的结果为 0 标志保存。判断位 P4=1 表示下一条微指令将根据操作模式开关 SWB、SWA 分支。

（3）追踪其他指令的执行

① 仿照步骤 2 对其他指令的执行进行追踪，记下有关的控制信号。

② 注意 ST 指令、JC 指令、JZ 指令中需要的步骤是 4 步不是 3 步。

③ 对于 JC 指令，C=1 的执行情况追踪 1 次，C=0 的执行情况追踪 1 次。

④ 对于 JZ 指令，Z=1 的执行情况追踪 1 次，Z=0 的执行情况追踪 1 次。

6. 实验要求

（1）按上面所示步骤完成实验。

（2）将每一步骤记录下的信号的取值予以解释。

（3）讨论题：LD 指令执行的过程中，微地址为 15H 时，为什么信号 PCINC=1？

14.6 TEC-6 模型计算机的测试实验

1. 实验目的

（1）通过测试程序的运行，进一步掌握机器指令与微指令的关系。

（2）掌握从取出第一条指令开始，TEC-6 模型计算机（微程序控制器）怎样一步步运行测试程序，从而掌握使用微程序控制器的简单计算机的基本工作原理。

（3）通过运行测试程序，验证 TEC-6 模型计算机（微程序控制器）的正确性。结合以前的实验，初步掌握简单计算机（微程序控制器）的设计思路和设计方法。

2. 实验原理

这是一个综合实验。将 TEC-6 模型计算机各个部件组装在一起构成一台能运行测试程序的微程序控制器模型计算机。首先使用实验台的写存储器操作将测试程序写入到存储器中。然后使用读存储器操作将测试程序一一读出，检查写入到存储器中的测试程序是否正确。如果发现错误，则需使用写存储器操作改正错误，这时只需改掉错误的部分，不需要从地址00H重新写入测试程序。最后运行测试程序。控制台操作功能如下。

(1) **写存储器**

此模式用于向存储器中写入测试程序。首先按复位按钮CLR，并置SWC=0、SWB=1、SWA=0。按QD按钮一次，控制台指示灯亮，进入写存储器操作。在数据开关SD7～SD0上设置存储器地址(通过数据总线指示灯D7～D0可以检查地址是否正确)。按QD按钮一次，将存储器地址写入地址寄存器，地址寄存器指示灯AR7～AR0显示当前存储器地址。在数据开关上设置被写的指令(通过数据总线指示灯D7～D0可以检查指令是否正确)。按QD按钮一次，将指令写入存储器。写入指令后，从存储器地址指示灯AR7～AR0上可以看到地址寄存器自动加1。在数据开关上设置下一条指令，按QD按钮一次，将第2条指令写入存储器。这样一直继续下去，直到将测试程序全部写入存储器。

(2) **读存储器**

此模式的一个作用是检查写入到存储器中的程序是否正确，另一个作用是在程序执行的过程中检查程序执行的结果是否正确。

对于检查写入到存储器中的程序是否正确，首先按复位按钮CLR，使TEC-6模型计算机处于初始状态，并置SWC=0、SWB=1、SWA=1。按QD按钮一次，控制台指示灯亮，进入读存储器操作，在数据开关SD7～SD0上设置存储器地址(通过数据总线指示灯D7～D0可以检查地址是否正确)。按QD按钮一次，地址寄存器指示灯AR7～AR0上显示出当前存储器地址，在数据总线指示灯上显示出指令。再按一次QD按钮，则在指示灯AR7～AR0上显示出下一个存储器地址，在指示灯D7～D0上显示出下一条指令。一直操作下去，直到程序全部检查完毕。

(3) **启动程序运行**

当测试程序已经写入存储器后，按复位按钮CLR，使TEC-6模型计算机复位，设置SWC=0、SWB=0、SWA=0，按一次启动按钮QD，则启动测试程序从地址00H运行。如果单微指令开关DP=1，那么每按一次QD按钮，执行一条微指令；连续按QD按钮，直到测试程序结束。如果单微指令开关DP=0，那么测试程序一直运行到停机指令HALT为止；如果测试程序不以停机指令HALT结束，测试程序将无限运行下去，结果不可预知。

(4) **读寄存器**

该模式和单微指令(DP=1)方式结合使用，能够在每条指令执行结束后查看寄存器的值。运行在单微指令方式时，在一条指令执行结束前，将操作模式开关设置为SWC=0、SWB=0、SWA=1，则该指令执行结束后控制台指示灯亮，转入读寄存器模式。通过按QD按钮，则指示灯D7～D0依次显示出寄存器R0、R1、R2和R3的值，其中微地址指示灯μA5～μA0显示03H时，显示R0；μA5～μA0显示04H时，显示R1；μA5～μA0显示06H时，显示R2；μA5～μA0显示02H时，显示R3。寄存器的值显示结束前(如μA5～

μA0 显示 02H 时），如果将模式开关设置为 SWC＝0、SWB＝0、SWA＝0，则读寄存器结束后，控制台指示灯灭，执行下一条指令。如果程序执行时采用连续运行（DP＝0），则在程序执行结束后，按一次复位按钮 CLR，然后设置 SWC＝0、SWB＝0、SWA＝1，然后按 QD 按钮，也可以进入读寄存器模式。

程序执行过程中检查执行的结果，必须以单周期方式（DP＝1）运行时才有效。在一条指令执行结束前（可对照图 14.14 的微程序流程图来确定），将模式开关由 SWC＝0、SWB＝0、SWA＝0（启动程序运行模式），改为 SWC＝0、SWB＝1、SWA＝1（读存储器模式），并在数据开关 SD7～SD0 上设置存储器地址，则在本条指令执行结束后进入读存储器模式，在检查最后一个存储器中的结果之前将模式开关设置为 SWC＝0、SWB＝0、SWA＝0（启动程序运行模式），则检查最后一个存储器结果后转入启动程序运行模式执行下一条指令。

如果在程序执行过程中需要同时检查存储器内容和寄存器的值，那么只要在前一个模式结束前设置好下一个模式就行。读存储器模式和读寄存器模式没有先后次序的要求。

3. 实验设备

TEC-6 实验系统　　　　一台
双踪示波器　　　　　　一台
直流万用表或逻辑笔　　一个

4. 实验任务

(1) 运行程序 1 测试运算指令

将程序 1 翻译成二进制格式，写入存储器，检查正确后，使用单微指令方式和连续方式各运行一次。在单微指令方式运行时，每条指令执行后检查执行结果。在连续方式运行时，程序 1 运行结束后检查运行结果。程序 1 如下：

```
start (00H):  LD    R0,#95H
              LD    R1,#34H
              ADD   R0,R1
              SUB   R0,R1
              MOVA  R3,R0
              LD    R0,#0AAH
              LD    R2,#55H
              OR    R0,R2
              AND   R0,R2
              HALT
```

(2) 运行程序 2 测试存储器读写指令

将程序 2 翻译成二进制格式，写入存储器，检查正确后，使用单微指令方式和连续方式各运行一次。在单微指令方式运行时，每条指令执行后检查执行结果。在连续方式运行时，程序 2 运行结束后检查结果。程序 2 如下：

```
start(00H):  LD    R0,#95H
             LD    R1,#34H
             LD    R2,#22H
             LD    R3,#23H
             ST    R0,14H
             MOVB  R0,R1
             ST    R0,15H
             MOVB  R0,R2
             ST    R0,16H
             MOVB  R0,R3
             ST    R0,17H
             HALT
```

(3) **运行程序3测试条件转移指令**

将程序3翻译成二进制格式,写入存储器,检查正确后,使用单微指令方式和连续方式各运行一次。在单微指令方式运行时,每条指令执行后检查执行结果。在连续方式运行时,程序3运行结束后检查运行结果。程序3如下:

```
start(00H):  LD    R0,#95H
             LD    R1,#0A4H
             ADD   R0,R1
             JC    S2
       S1:   LD    R0,#0AAH
             LD    R2,#55H
             AND   R0,R2
             JZ    S3
       S2:   JC    S1
             MOVA  R3,R0
             MOVA  R1,R0
       S3:   HALT
```

5. 实验步骤

(1) **实验准备**

① 将TEC-6实验台上的下列信号连接,构成完整的TEC-6模型计算机。

信号SWBUS#-0和信号SWBUS#-I连接;

信号ALUBUS#-0和信号ALUBUS#-I连接;

信号RAMBUS#-0和信号RAMBUS#-I连接;

信号C-0和信号C-I连接;

信号Z-0和信号Z-I连接。

将控制器转换开关设置为微程序状态,使用微程序控制器。

② 打开电源

下述实验中,信号指示灯亮代表对应信号为1,信号指示灯灭代表对应信号为0。实验时要对着图14.14微程序流程图进行。

（2）**追踪程序1测试运算指令**

① 将程序1编译成二进制形式如下：

地址	二进制编码	指令	
00H	01010000	LD	R0,#95H
01H	10010101		
02H	01010100	LD	R1,#34H
03H	00110100		
04H	00000001	ADD	R0,R1
05H	00010001	SUB	R0,R1
06H	01001100	MOVA	R3,R0
07H	01010000	LD	R0,#0AAH
08H	10101010		
09H	01011000	LD	R2,#55H
0AH	01010101		
0BH	00110010	OR	R0,R2
0CH	00100010	AND	R0,R2
0DH	10010000	HALT	

② 将程序1写入存储器

按复位按钮CLR，使TEC-6模型计算机复位。设置操作开关SWC＝0、SWB＝1、SWA＝0，准备进入写存储器模式。按一次QD按钮，控制台指示灯亮，进入写存储器模式。微地址指示灯μA5～μA0显示05H，将数据开关上SD7～SD0设置为00H作为程序1的起始地址，按一次QD按钮。微地址指示灯μA5～μA0显示08H，地址寄存器指示灯AR7～AR0显示00H，这是程序1的起始地址，将数据开关SD7～SD0设置为01010000B(50H)，这是第1条指令的第1个字，按一次QD按钮，将50H写入地址为00H的存储器单元。微地址指示灯μA5～μA0仍显示08H，地址寄存器指示灯AR7～AR0显示01H，将数据开关SD7～SD0设置为10010101(95H)，这是第1条指令的第2个字，按一次QD按钮，将95H写入地址为01H的存储器单元。一直继续下去，直到指示灯AR7～AR0显示0EH为止。按复位按钮CLR，结束写入程序1操作。

③ 检查存储器中的程序1是否写得正确

按复位按钮CLR，使TEC-6模型计算机复位。使操作开关SWC＝0、SWB＝1、SWA＝1，准备进入读存储器模式。按一次QD按钮，控制台指示灯亮，进入读存储器模式。微地址指示灯μA5～μA0显示07H，将数据开关上SD7～SD0设置为00H作为程序1的起始地址，按一次QD按钮。微地址指示灯μA5～μA0显示0BH，地址寄存器指示灯AR7～AR0显示00H，数据总线指示灯D7～D0应为50H，如果指示灯D7～D0不是50H，则表明写存储器时写得不正确，将来需要改正。按一次QD按钮，微地址指示灯μA5～μA0仍显示0BH，地址寄存器指示灯AR7～AR0显示01H，数据总线指示灯D7～D0应显示95H。按一次QD按钮，检查地址为02H的存储器单元内容。一直继续下去，直到地址寄存器指示灯AR7～AR0显示出0DH为止。按复位按钮CLR，结束检查操作。如果在检查中没有发现错误，进入下一步。如果检查出错误，则需要使用写存储器操作改正错误的地方后进入下一步。

④ 用单拍微指令方式下执行测试程序 1

按复位按钮 CLR，使 TEC-6 模型计算机处于初始状态。程序计数器 PC 被复位到 00H，指示灯 PC7～PC0 显示 00H，微地址寄存器被复位到 00H，指示灯 μA5～μA0 显示 00H，判断位 P4＝1，表示根据操作模式开关 SWB、SWC 进行微程序分支。置操作模式开关 SWC＝0、SWB＝0、SWA＝0，准备进入启动程序运行模式。置单微指令开关 DP＝1，处于单微指令运行状态。按一次 QD，执行本条微指令。

微地址指示灯 μA5～μA0 显示 01H，此条微指令为取指微指令。此时 PC7～PC0＝00H，因此从存储器 00H 单元读取程序的第 1 条指令到 IR。读指令后 PC 加 1，为从存储器中读下一条指令做准备。判断位 P2＝1，指示下面的微程序根据 IR7～IR4 进行分支。按一次 QD 按钮，执行本条微指令。

这时第一条指令的第一个字已经读到 IR 中，指示灯 IR7～IR0 显示 50H，程序计数器 PC 已完成加 1 操作，指示灯 PC7～PC0 显示 01H。微地址指示灯 μA5～μA0 显示 15H，此条微指令以 PC 为存储器地址，从存储器中读一个数到一个寄存器中，具体寄存器由 IR3、IR2 确定，在本指令中是 R0。执行完本条微指令后 PC＋1。判断位 P4＝1，指示下面的微程序将根据操作模式开关 SWB、SWC 进行分支。置操作模式开关 SWC＝0、SWB＝0、SWA＝1，处于读寄存器模式。按一次 QD 按钮，执行本条微指令。

控制台指示灯亮，进入读寄存器模式。这时第 1 条指令的第 2 个字已经读到 R0 中，程序计数器已经完成了加 1 功能，PC7～PC0 指示灯显示 02H。微地址指示灯 μA5～μA0 显示 03H，本条微指令将 R0 的值在数据总线指示灯 D7～D0 上显示出来。这时可以看到 A 总线指示灯和数据总线指示灯都显示 95H。按一次 QD 按钮。

微地址指示灯 μA5～μA0 显示 04H，本条微指令将 R1 的值在数据总线指示灯 D7～D0 上显示出来。由于程序 1 还没有给 R1 写入一个值，所以 D7～D0 显示的值是未定的。按一次 QD 按钮，进入下一步。

微地址指示灯 μA5～μA0 显示 06H，本条微指令将 R2 的值在数据总线指示灯 D7～D0 上显示出来。由于程序 1 还没有给 R2 写入一个值，所以 D7～D0 显示的值是未定的。按一次 QD 按钮。

微地址指示灯 μA5～μA0 显示 02H，本条微指令将 R3 的值在数据总线指示灯 D7～D0 上显示出来。由于程序 1 还没有给 R3 写入一个值，所以 D7～D0 显示的值是未定的。判断位 P4＝1，指示下面的微程序将根据操作模式开关 SWB、SWA 进行分支。置操作模式开关 SWC＝0、SWB＝0、SWA＝0，准备进入启动程序运行模式。按一次 QD 按钮。

控制台指示灯灭，进入启动程序运行模式。微地址指示灯 μA5～μA0 显示 01H，此条微指令为取指微指令。程序计数器指示灯 PC7～PC0 显示 02H。故从存储器 02H 单元读取第 2 条指令到 IR。读指令后 PC 加 1，为从存储器中读下一条指令做准备。判断位 P2＝1，指示下面的微程序根据 IR7～IR4 进行分支。按一次 QD 按钮，执行本条微指令。

按照上述的方法继续进行下去,直到程序1执行结束。在程序1执行过程中,对运算指令需要记录进位C和结果为0标志的值。如果不需要每条指令执行后都检查执行结果,则不一定在每条指令执行结束前改变操作模式开关,这样就可以在一条指令执行结束后直接执行下一条指令。程序1执行结束后按CLR按钮,结束单微指令运行测试程序1操作。

⑤ 用连续方式下执行测序1

由于程序1仍在存储器中,因此不需要重新写程序1到存储器中。按CLR按钮,使TEC-6模型计算机处于初始状态。程序计数器PC被复位到00H,指示灯PC7～PC0显示00H;微地址寄存器被复位到00H,指示灯μA5～μA0显示00H。置操作模式开关SWC=0、SWB=0、SWA=0,准备进入启动程序运行模式。置单微指令开关DP=0,处于连续运行状态。按一次QD按钮,程序1将自动执行到程序结束,程序计数器指示灯PC7～PC0将显示0EH。记录下进位C和结果为0标志的值。

使用读寄存器方式检查寄存器R0、R1、R2和R3的值。

(3) **追踪程序2测试存储器读写指令**

仿照步骤2追踪程序2的执行。注意:如果一条指令改变了存储器的内容,则需要使用读存储器操作予以追踪。

(4) **追踪程序3测试条件转移指令**

依照步骤2追踪程序3的执行。需要记录PC的变化,观察在程序3执行结束时,有无指令没有被执行。

6. 实验要求

(1) 追踪3个测试程序,写出详细的报告。

(2) 从整体上叙述TEC-6模型计算机的工作原理。

(3) 讨论题:

① 如果一条指令执行后需要查看执行结果,在取指微指令(微地址为01H)改变操作模式开关行不行?为什么?

② 在单微指令方式执行测试程序的过程中,拨动数据开关SD7～SD0会不会对程序的执行结果产生影响,请说明理由。

第 15 章　TEC-SOC 片上系统单片机基本实验设计

本章是为高职高专、非计算机专业学生开设的片上系统单片机课程教学实验，其内容偏重于编程与接口设计。教学目的保证学生的知识结构既有基础性又有时代性，有效实现能力培养。本章实验内容也适用于计算机专业接口技术课程。

15.1　SOC 单片机 C8051F020 实验平台

15.1.1　TEC-SOC 片上系统单片机实验装置总框图

SOC(System on chip)是片上系统的英文缩写。所谓片上系统，就是芯片上除了 CPU，还增加了它的并行口、串行口、计数器、定时器、A/D 转换、D/A 转换等外围设备的接口电路。“片上系统单片机”简称 SOC 单片机。

清华大学科教仪器研制的 TEC-SOC 是实用新型专利产品，其主体是 SOC 单片机 C8051F020，后者是传统 8051 单片机的换代产品。

图 15.1 示出了 TEC-SOC 片上系统实验装置总框图。其中除核心芯片 C8051F020 外，增加了如下设计：

(1) C8051F020 的对外接口。

(2) USB 接口到 JTAG 的转换。

(3) 外围扩展实验电路。

(4) 电源及电源保护电路。

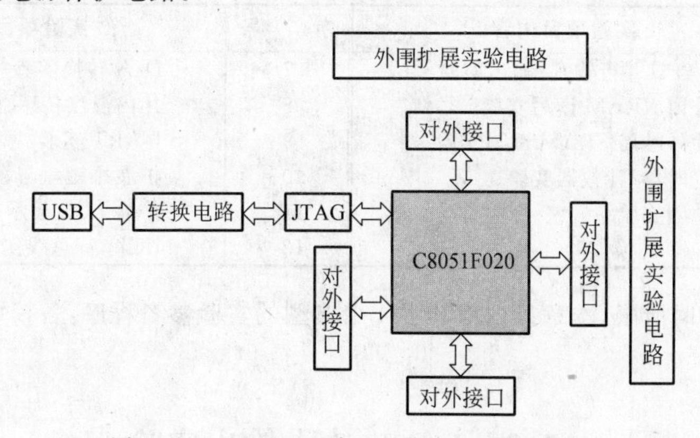

图 15.1　TEC-SOC 片上系统实验装置总框图

1. C0851F020 及对外接口

这部分电路包括 P0 P1 P2 P3 P4 P5 数据线 D0～D7(P7)，高位地址 A8～A15(P6)，

所有这些线都加了上拉电阻,另外还有AIN0.0～AIN0.7和其他模拟电路的对外接口。所有这些接口线可以通过8芯单排插针与外围实验电路连接,也可以通过接线插孔用自锁紧导线与外围实验电路连接。这样可以增加实验电路的灵活性,便于扩展实验项目。

2. USB接口到JTAG的转换

这部分包括USB接口插座、USB到JTAG接口的专用转换电路以及JTAG插座。实验装置可以直接连接在计算机的USB接口上,就可以通过JTAG端口用边界扫描方式对单片机芯片进行在系统编程调试。

3. 外围扩展实验电路

包括:32K的SRAM;16×2 LCD显示电路;6位7段数码管显示电路;4×4键盘电路;8位逻辑电平开关电路;8位发光二极管显示电路;时钟发生器电路;逻辑笔电路;单脉冲电路;直流电机步进电机电路;扬声器电路等。各电路采用模块化设计,可单独使用,也可以相互组合。

4. 电源及保护电路

提供+5V、±12V电源,并提供对+5V电源的自动保护。实验过程中一旦+5V电源与地发生短路会立即切断电源并报警,以保障实验电路的安全。

15.1.2 SOC单片机实验装置能够完成的基本实验

经实验验证,SOC单片机C8051F02可以完成表15.1所列的12个基本实验(使用汇编语言),1个大型综合性实验(使用C语言)。

表15.1 SOC单片机C8051F02完成的基本实验

序号	实验项目内容	序号	实验项目内容
1	I/O口并行输入/输出实验	7	D/A转换实验
2	片内XRAM读写实验	8	片内温度传感器实验
3	片外扩展SRAM读写实验	9	UART实验
4	定时器/计数器实验	10	扩展小键盘与数码显示实验
5	中断实验	11	扩展LCD显示实验
6	A/D转换实验	12	IIC串行总线实验

鉴于课程学时所限,本章只列出其中4个典型的实验参考程序,各校可根据自己情况进行实验设计。

15.2 I/O口输入输出实验

1. 实验目的

(1) 以P1口为例,学习C8051F020单片机I/O口的基本输出功能。

(2) 学习延时子程序的编程和应用。
(3) 设计 I/O 交叉开关译码器。

2. 实验电路原理图及其说明

(1) 端口 I/O 交叉开关译码配置：

XBR2：端口 I/O 交叉开关寄存器 2

WEAKPUD	XBRE						CNVSTE
位 7	位 6	位 5	位 4	位 3	位 2	位 1	位 0

位 7：WEAKPUD 端口 I/O 弱上拉禁止位
　　0：弱上拉允许(除了 I/O 被配置为推挽方式)
　　1：弱上拉禁止
位 6：XBRE 交叉开关允许位
　　0：交叉开关禁止
　　1：交叉开关允许
位 5 至位 1 未用，读：00000B，写：忽略
位 0：CNVSTE ADC 转换启动输入允许位
　　0：CNVSTE 不连到端口引脚
　　1：CNVSTE 连到端口引脚

(2) 从 C8051F020 单片机 P0、P1、P2、P3 中任选 2 个端口，一个端口接逻辑电平开关(输入设备)，另一个端口接 LED 显示电路(输出设备)。无条件将逻辑电平开关输入的数据传送给 LED 显示电路。例如，使用 P0 口输入、P1 口输出，实验电路如图 15.2 所示。

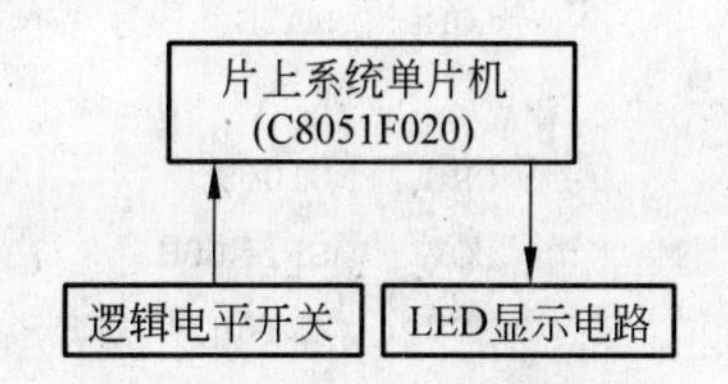

图 15.2　逻辑电平开关、LED 显示电路与 SOC 单片机连接

(3) 任选一个端口接 LED 显示电路，编程使 8 个 LED 从左至右逐个发光(流水灯)。

3. 实验内容

(1) 一个端口接逻辑电平开关，一个端口接 LED 发光二极管。
(2) 8 个发光二极管循环闪亮，间隔时间为 2s。

4. 实验参考程序

两个实验程序仅供参考，学生可以自行设计并进行调试。

实验 1

```
$INCLUDE(C8051F020.INC)
ORG     0000H                   ;程序开始
```

```
        LJMP   MAIN              ;跳转到主程序

        ORG    1000H             ;程序从 1000H 开始
MAIN:   MOV    SP,#5AH           ;初始化堆栈
        MOV    WDTCH,#0DEH;      ;禁用看门狗
        MOV    WDTCH,#0ADH
        MOV    XBR2,#040H        ;设置交叉开关功能
        MOV    P1,#0FFH          ;P1 口初始化
        MOV    P2,#0FFH          ;P2 口初始化
LOOP:   MOV    A,P2              ;读 P2 口置的数
        MOV    P1,A              ;送 P1 口显示
        MOV    20H,A             ;保存 P2 口数据
SCAN:   MOV    A,P2              ;再次扫描 P2 口
        CJNE   A,20H,LOOP        ;有新数据则送 P1 口显示
        SJMP   SCAN              ;没有新数则继续扫描

        END
```

实验 2

```
        $INCLUDE(C8051F020.INC)
        ORG    0000H
        LJMP   MAIN

        ORG    0100H
MAIN:   MOV    SP,#60H
        MOV    WDTCH,#0DEH       ;禁用看门狗
        MOV    WDTCH,#0ADH
        MOV    XBR2,#040H        ;设置交叉开关功能
        MOV    A,#01H            ;先让第一个发光二极管亮
LOOP:   MOV    P1,A              ;从 P1 口输出到发光二极管
        LCALL  DELAY             ;延时 2s
        RL     A                 ;左移一位,下一个发光二极管亮
        SJMP   LOOP
DELAY:  MOV    R0,#20            ;延时 2s 子程序,使用 R0、R6、R7
DELAY0: MOV    R7,#100           ;延时 0.1s
DELAY1: MOV    R6,#250           ;延时 1ms
        DJNZ   R6,$
        DJNZ   R7,DELAY1
        DJNZ   R0,DELAY0
        RET

        END
```

15.3 定时器实验

1. 实验目的

掌握 C8051F020 单片机内部定时器的使用方法，学习电子音响—扬声器的应用电路及编程。

2. 实验内容及实验原理

(1) 音阶由不同频率的方波产生，音阶与频率的关系如表 15.2 所示。

表 15.2 音阶表

低音阶	1	2	3	4	5	6	7	i
频率/Hz	262	294	330	349	392	440	494	523
十进制值	64 582	64 686	64 779	64 820	64 899	64 968	65 030	65 058
十六进制值	FC46	FCAE	FD0B	FD34	FD83	FDC8	FE06	FE22
高音阶	524	588	660	698	784	880	988	1048

(2) 方波的频率由定时器控制产生，定时器计数溢出后产生中断，将 P1.2 取反即可。每个音阶对应的定时器初值，可按下法计算。

晶振为 6MHz 时，由于音阶 1 的频率是 262Hz，设定时器的初值为 X，则

$$1/(262*2)=((65\,536-X)\times 12)/(6\times 10_6)$$

可得

$$X=64\,582\text{D}=0\text{FC46H}$$

(3) 实验内容：连续发出 1、2、3、4、5、6、7、i、i、7、6、5、4、3、2、1 的音乐。

3. 实验电路原理图

本实验的电路原理如图 15.3 所示。

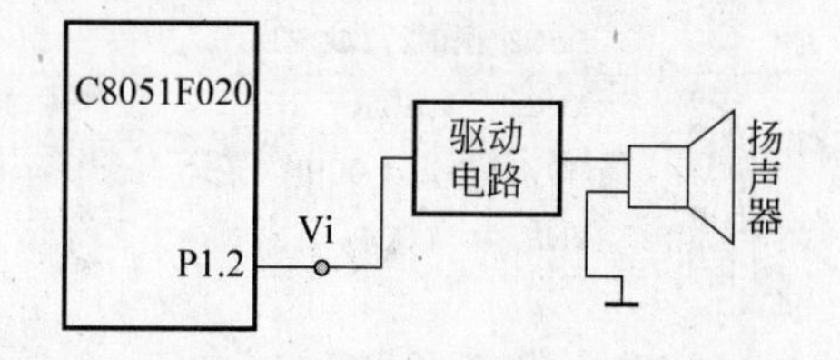

图 15.3 定时器实验电路

4. 实验参考程序

实验程序仅供参考，学生可以自行设计，并进行调试。

电子音响循环播放 1234567i—i7654321 音调。

```
$INCLUDE(C8051F020.INC)
ORG     0000H
LJMP    MAIN
ORG     1BH
JMP     T1INT              ;定时器 1 中断入口地址

ORG     0100H
```

```
MAIN:  MOV   SP,#60H
       MOV   WDTCH,#0DEH       ;禁用看门狗
       MOV   WDTCH,#0DAH
       MOV   XBR2,#040H        ;配置交叉开关功能
       MOV   P1.2,#02H         ;驱动
       MOV   TMOD,#10H         ;定时器1置为方式1
       ORL   IE,#88H           ;允许定时器1中断
MAIN1: MOV   DPTR,#TONE        ;置TONE表首地址
       MOV   A,#00H            ;TONE表偏移量
LOOP:  MOVC  A,@A+DPTR         ;读TONE表中的TH1值
       JZ    MAIN1             ;为0则转MAIN1,进入下一周期
       MOV   TH1,A             ;TONE表中的高字节送TH1和R5
       MOV   R5,A
       INC   DPTR              ;从TONE表中读出TL1的值
       MOV   A,#00H
       MOVC  A,@A+DPTR
       MOV   TL1,A             ;TONE表中的低字节值送TL1和R6
       MOV   R6,A
       SETB  TR1               ;启动定时器1
       INC   DPTR
       MOV   A,#00H
       MOVC  A,@A+DPTR         ;从TONE表中取出音调的时间
       MOV   R2,A
LOOP1: MOV   R3,#80H           ;延时
LOOP2: MOV   R4,#0FFH
       DJNZ  R4,$
       DJNZ  R3,LOOP2
       DJNZ  R2,LOOP1
       INC   DPTR              ;TONE表地址加1,指向下一个音调
       MOV   A,#00H
       JMP   LOOP

//定时器1中断子程序//
T1INT: CPL   P1.2              ;取反得到一定频率的方波,使扬声器发出一定音高的音调
       CLR   TR1               ;停止定时器1计数
       MOV   TH1,R5            ;重置定时器1时间常数
       MOV   TL1,R6
       SETB  TR1               ;恢复定时器1计数
       RETI

TONE:  DB    0FCH,46H,04H,0FCH,0AEH,04H      ;音调表
       DB    0FDH,0BH,04H,0FDH,34H,04H
       DB    0FDH,83H,04H,0FDH,0C8H,04H
       DB    0FEH,06H,04H,0FEH,22H,04H
```

```
        DB      0FEH,22H,04H,0FEH,06H,04H
        DB      0FDH,0C8H,04H,0FDH,83H,04H
        DB      0FDH,34H,04H,0FDH,0BH,04H
        DB      0FCH,0AEH,04H,0FCH,46H,0CH
        DB      00H,00H,00H

        END
```

15.4 键盘数码管实验

1. 实验目的

掌握片上系统单片机矩阵式键盘的接口方法。

2. 实验原理

单片机的键盘通常是若干个按键组成的开关矩阵。识别闭合键依靠软件实现。实验仪上设有一个4×4的键盘,共有4条行线、4条列线,在每一条行线与列线的交叉点接有一个按键,16个按键的编号为K0~K15,结构如图15.4所示。当某一个按键闭合时,与该键相连的行线与列线接通。其操作步骤如下。

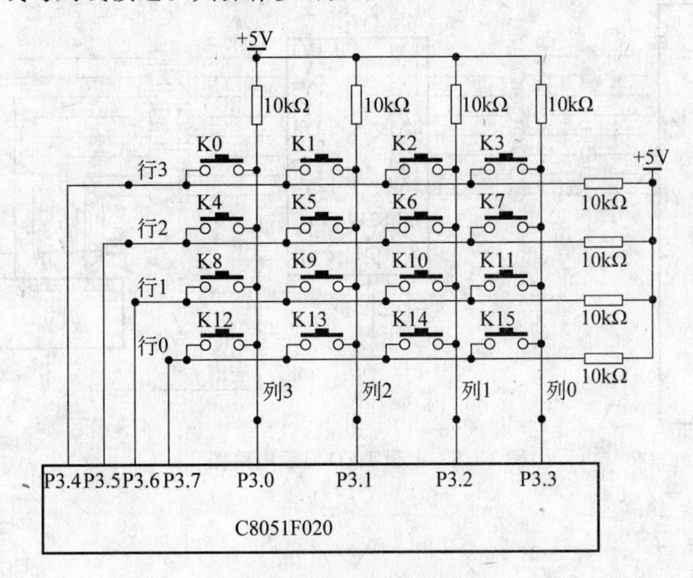

图15.4 键盘结构原理图

逐行扫描法:

① 将行线接微机的输出口,列线接微机的输入口(P3口高4位输出,低4位用于输入)。

② 通过输出口输出数据,逐一使1条行线为低电平(其余3行为高电平),然后通过输入口读4根列线的状态,若全为高电平,则此行无按键按下,若不全为高电平,说明这一

行有键按下,且按键位于此行与电压为低电平的列线交叉点。例如,P3口高4位输出0111B(第3行为低电平)时,若读得列线的数据为0111B,说明按键K0被按下;若读得列线的数据为1011BH,说明按键K1被按下,若读得列线的数据为1101BH,说明按键K2被按下。当一行没有键按下时再用同样的办法接着扫描检查下一行。

③ 当某一行有键按下时,通过此时行线输出及列线输入数据组合成1个8位二进制数,这个数称为键值,由键值可唯一地确定按键号码。

K0按下时,必在行线输出0111B,列线读得0111B时,其键值为01110111B=77H;

K1按下时,必在行线输出0111B,列线读得1011B时,其键值为01111011B=7BH;

K2按下时,必在行线输出0111B,列线读得1101B时,其键值为01111101B=7DH;

K15按下时,必在行线输出1110B,列线读得1110B时,其键值为11101110B=EEH。

键盘查询程序设计时,可将这16个按键对应的键值按照键号0～15连续存放(77H,7BH,7DH,7EH,B7H,BBH,BDH,BEH,D7H,DBH,DDH,DEH,E7H,EBH,EDH,EEH),构成一个数据表,通过查表即可确定键号。

3. 实验内容

逐行扫描法的接线方法:键盘的4条行线、4条列线与单片机的P3口相连,七段LED显示器与C8051F020单片机连接的P0.0～P0.7接数码管的段码a～dp,如图15.5所示。

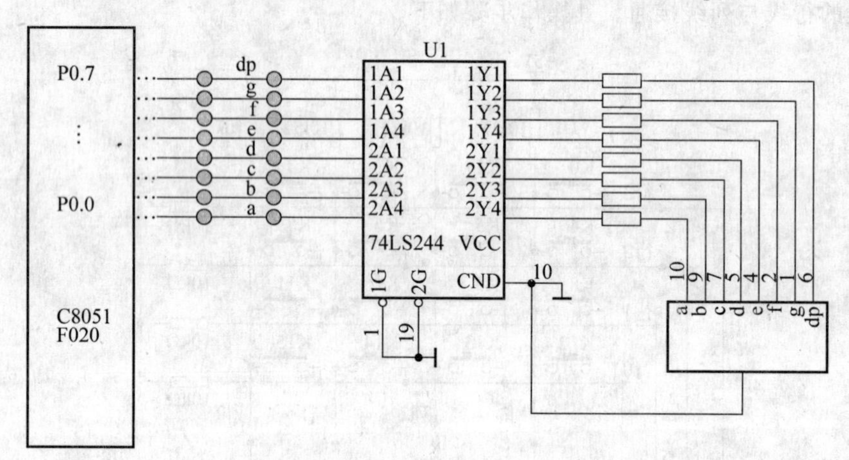

图15.5　七段LED显示电路图

4. 参考程序

```
        $INCLUDE(C8051F020.INC)
        KEYBUF   EQU 30H              ;键号存放单元
        ORG   0000H                   ;程序开始
START:  MOV   KEYBUF,#2
        MOV       WDTCH,#0DEH         ;禁用看门狗
        MOV       WDTCH,#0ADH
        MOV       XBR2,#040H          ;设置交叉开关功能推挽模式
```

```
WAIT:
        MOV   P3,#0FFH            ;P3 口送高电平
        CLR   P3.4                ;第一行清零
        MOV   A,P3                ;读 P3 口
        ANL   A,#0FH              ;高位屏蔽
        XRL   A,#0FH              ;判断高位是否有低电平,即判断是否有按键按下
        JZ    NOKEY1              ;高位有低电平继续扫描,否者跳到第 2 行去扫描
        LCALL DELY10MS            ;延时 10ms 去抖再进行判断是否有按键按下
        MOV   A,P3                ;继续读 P3 口
        ANL   A,#0FH              ;判断高位是否有低电平
        CJNE  A,#0EH,KEY1         ;如果扫描数据不为 0EH 就转到 KEY1
        MOV   KEYBUF,#0           ;否者判断为 0 号键
        LJMP  DK1                 ;转 DK1 查表程序
KEY1:   CJNE  A,#0DH,KEY2         ;如果扫描数据不为 0DH 就转到 KEY2
        MOV   KEYBUF,#1           ;否者判断为 1 号键
        LJMP  DK1                 ;转 DK1 查表程序
KEY2:   CJNE  A,#0BH,KEY3         ;如果扫描数据不为 0BH 就转到 KEY3
        MOV   KEYBUF,#2           ;否者判断为 2 号键
        LJMP  DK1                 ;转 DK1 查表程序
KEY3:   CJNE  A,#07H,KEY4         ;如果扫描数据不为 07H 就转到 KEY4
        MOV   KEYBUF,#3           ;否者判断为 3 号键
        LJMP  DK1                 ;转 DK1 查表程序
KEY4:   NOP

DK1:
        MOV   A,KEYBUF
        MOV   DPTR,#TABLE
        MOVC  A,@A+DPTR
        MOV   P0,A

DK1A:   MOV   A,P3
        ANL   A,#0FH
        XRL   A,#0FH
        JNZ   DK1A
NOKEY1:
        MOV   P3,#0FFH
        CLR   P3.5
        MOV   A,P3
        ANL   A,#0FH
        XRL   A,#0FH
        JZ    NOKEY2
        LCALL DELY10MS
        MOV   A,P3
        ANL   A,#0FH
        XRL   A,#0FH
        JZ    NOKEY2
        MOV   A,P3
        ANL   A,#0FH
        CJNE  A,#0EH,KEY5
        MOV   KEYBUF,#4
        LJMP  DK2
KEY5:   CJNE  A,#0DH,KEY6
        MOV   KEYBUF,#5
        LJMP  DK2
KEY6:   CJNE  A,#0BH,KEY7
        MOV   KEYBUF,#6
        LJMP  DK2
KEY7:   CJNE  A,#07H,KEY8
        MOV   KEYBUF,#7
        LJMP  DK2
KEY8:   NOP
DK2:
        MOV   A,KEYBUF
        MOV   DPTR,#TABLE
        MOVC  A,@A+DPTR
        MOV   P0,A

DK2A:   MOV   A,P3
        ANL   A,#0FH
        XRL   A,#0FH
```

```
        JNZ   DK2A
NOKEY2:
        MOV   P3,#0FFH
        CLR   P3.6
        MOV   A,P3
        ANL   A,#0FH
        XRL   A,#0FH
        JZ    NOKEY3
        LCALL DELY10MS
        MOV   A,P3
        ANL   A,#0FH
        XRL   A,#0FH
        JZ    NOKEY3
        MOV   A,P3
        ANL   A,#0FH
        CJNE  A,#0EH,KEY9
        MOV   KEYBUF,#8
        LJMP  DK3
KEY9:   CJNE  A,#0DH,KEY10
        MOV   KEYBUF,#9
        LJMP  DK3
KEY10:  CJNE  A,#0BH,KEY11
        MOV   KEYBUF,#10
        LJMP  DK3
KEY11:  CJNE  A,#07H,KEY12
        MOV   KEYBUF,#11
        LJMP  DK3
KEY12:  NOP
DK3:
        MOV   A,KEYBUF
        MOV   DPTR,#TABLE
        MOVC  A,@A+DPTR
        MOV   P0,A

DK3A:   MOV   A,P3
        ANL   A,#0FH
        XRL   A,#0FH
        JNZ   DK3A
NOKEY3:
        MOV   P3,#0FFH
        CLR   P3.7
        MOV   A,P3
        ANL   A,#0FH
        XRL   A,#0FH
        JZ    NOKEY4
        LCALL DELY10MS
        MOV   A,P3
        ANL   A,#0FH
        XRL   A,#0FH
        JZ    NOKEY4
        MOV   A,P3
        ANL   A,#0FH
        CJNE  A,#0EH,KEY13
        MOV   KEYBUF,#12
        LJMP  DK4
KEY13:  CJNE  A,#0DH,KEY14
        MOV   KEYBUF,#13
        LJMP  DK4
KEY14:  CJNE  A,#0BH,KEY15
        MOV   KEYBUF,#14
        LJMP  DK4
KEY15:  CJNE  A,#07H,KEY16
        MOV   KEYBUF,#15
        LJMP  DK4
KEY16:  NOP
DK4:    MOV   A,KEYBUF
        MOV   DPTR,#TABLE
        MOVC  A,@A+DPTR
        MOV   P0,A
DK4A:   MOV   A,P3
        ANL   A,#0FH
        XRL   A,#0FH
        JNZ   DK4A
NOKEY4:
        LJMP  WAIT
DELY10MS:
        MOV   R6,#10
D1:     MOV   R7,#248
        DJNZ  R7,$
        DJNZ  R6,D1
        RET
TABLE:  DB  3FH,06H,5BH,4FH,
            66H,6DH,7DH,07H
        DB  7FH,6FH,77H,7CH,39H,
            5EH,79H,71H
        END
```

15.5 D/A转换实验

1. 实验目的

学习设计 C8051F020 单片机的片内数/模转换器(DAC)的原理,通过软件编程产生两种波形(方波、锯齿波)。

2. 实验原理图

实验原理图如图 15.6 所示。

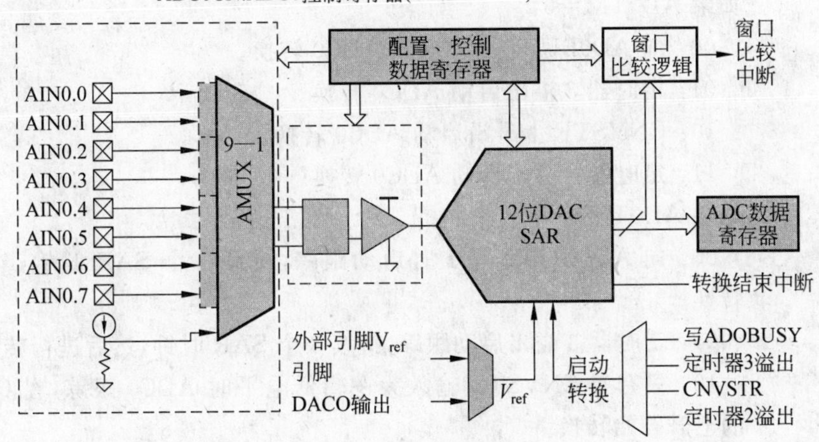

图 15.6　数模转换图

AD0EN	AD0TM	AD0INT	AD0BUSY	AD0CM1	AD0CM0	AD0WINT	AD0LJST
D7	D6	D5	D4	D3	D2	D1	D0

位 7：AD0EN：ADC0 使能位

0：ADC0 禁止。ADC0 处于低耗停机状态。

1：ADC0 使能。ADC0 处于活动状态,并准备转换数据。

位 6：AD0TM：ADC 跟踪方式位

0：当 ADC 被使能时,除了转换期间之外一直处于跟踪方式。

1：由 ADSTM1-0 定义跟踪方式。

位 5：AD0INT：ADC0 转换结束中断标志

该标志必须用软件清零。

0：从最后一次将该位清零后,ADC0 还没有完成一次数据转换。

1：ADC 完成了一次数据转换。

位4：AD0BUSY：ADC0忙标志位

读：

0：ADC0转换结束或当前没有正在进行的数据转换，AD0INT在AD0BUSY的下降沿被置'1'。

1：ADC0正在进行转换。

写：

0：无作用。

1：若ADSTM1-0=00B则启动ADC0转换。

位3、位2：AD0CM1-0：ADC0转换启动方式选择位。

如果AD0TM=0：

00：向AD0BUSY写1启动ADC0转换。

01：定时器3溢出启动ADC0转换。

10：CNVSTR上升沿启动ADC0转换。

11：定时器2溢出启动ADC0转换。

如果AD0TM=1：

00：向AD0BUSY写1时启动跟踪，持续3个SAR时钟，然后进行转换。

01：定时器3溢出启动跟踪，持续3个SAR时钟，然后进行转换。

10：只有当CNVSTR输入为逻辑低电平时ADC0跟踪，在CNVSTR的上升开始转换。

11：定时器2溢出启动跟踪，持续3个SAR时钟，然后进行转换。

位1：AD0WINT：ADC0窗口比较中断标志。

该位必须用软件清零。

0：自该标志被清除后未发生过ADC0窗口比较匹配。

1：发生了ADC0窗口比较匹配。

位0：AD0LJST：ADC0数据左对齐选择位。

0：ADC0H：ADC0L寄存器数据右对齐。

1：ADC0H：ADC0L寄存器数据左对齐。

3. 参考程序

(1) 方波发生器程序

```
        $INCLUDE(C8051F020.INC)
        ORG 0000H                               ;程序开始
MAIN:       MOV     WDTCN,#0deH                 ;关看门狗定时器
            MOV     WDTCN,#0adH
```

```
          LCALL DAC_init              ;初始化 D/A
LOOP:     MOV   DAC0L,#0f0H           ;设置待转换的值并启动 D/A 转换
          MOV   DAC0H,#0fH
          LCALL Delay
          MOV   DAC0L,#00H            ;设置待转换的值并启动 D/A 转换
          MOV   DAC0H,#0H
          LCALL Delay
          LJMP  LOOP
          RET
DAC_init: MOV   REF0CN,#03H           ;内部偏压发生器和电压基准缓冲器工作
          ORL   DAC0CN,#80H           ;DAC 使能
          RET
Delay:    MOV   R7,#08H               ;延时子程序
Delay1:   MOV   R6,#80H
Delay0:   MOV   R5,00H
          DJNZ  R5,$
          DJNZ  R6,Delay0
          DJNZ  R7,Delay1
          RET
          END
```

(2) **锯齿波发生器程序**

```
          $INCLUDE(C8051F020.INC)
          Sfr16 DAC0=0xd2
          ORG 0000H                   ;程序开始
MAIN:     MOV   WDTCN,#0deH           ;关看门狗定时器
          MOV   WDTCN,#0adH
          LCALL DAC_init              ;初始化 D/A
          SETB  EA
LOOP:     MOV   A,DAC0L               ;设置待转换的值
          ADD   A,#1
          MOV   DAC0L,A
          JNC   PT
          MOV   A,DAC0H
          INC   A
          MOV   DAC0H,A
PT:       MOV   DAC0H,DAC0H
          LCALL Delay
          LJMP  LOOP
          RET
DAC_init: MOV   REF0CN,#03H           ;内部偏压发生器和电压基准缓冲器工作
ORL       DAC0CN,#80H                 ;DAC 使能
          RET
Delay:    MOV   R7,#01H               ;延时子程序
```

```
Delay1:    MOV   R6,#2H
Delay0:    MOV   R5,00H
           DJNZ  R5,$
           DJNZ  R6,Delay0
           DJNZ  R7,Delay1
           RET
           END
```

15.6 片上系统大型综合实验

1. 实验内容

利用C8051F020内部定时器和实验台上的键盘、LCD显示器、扬声器等资源,设计一个多功能实时时钟系统,要求:LCD上可以显示年、月、日、时、分、秒,可以对年、月、日、时、分预置初值,可以预置闹铃,到时可以通过音响提示时间到。

实验分硬件研制和软件研制两个部分,用C语言完成从实验方案的设计到实验程序的编写,最后调试完成。

2. 实验步骤

(1) 实验方案的确定

本阶段的任务便是根据实验要求和实验台资源情况,确定实验方案。然后将整个硬件系统划分为若干功能单元电路,绘出整个实验的逻辑电路图,注明各单元电路间接口信号,并画出一些重要控制信号的时序图。

(2) 实验程序的编写

① 采用模块化程序结构设计软件,首先将整个软件分成若干功能模块;

② 对各模块设计写一个详细的程序流程图;

③ 根据流程图,编写源程序;

④ 上机调试各模块程序;

⑤ 各程序模块联调;

⑥ 与硬件一起联调,最后完成全部调试工作。

3. 部分程序模块的参考流程图

(1) 键盘扫描模块参考流程图

键盘扫描模块参考流程图见图15.7所示。

(2) 定时器中断处理模块参考流程图

定时器中断处理模块参考流程图见图15.8所示。

(3) 预置时、分、秒高位参考流程图

预置时、分、秒高位参考流程图见图15.9所示。

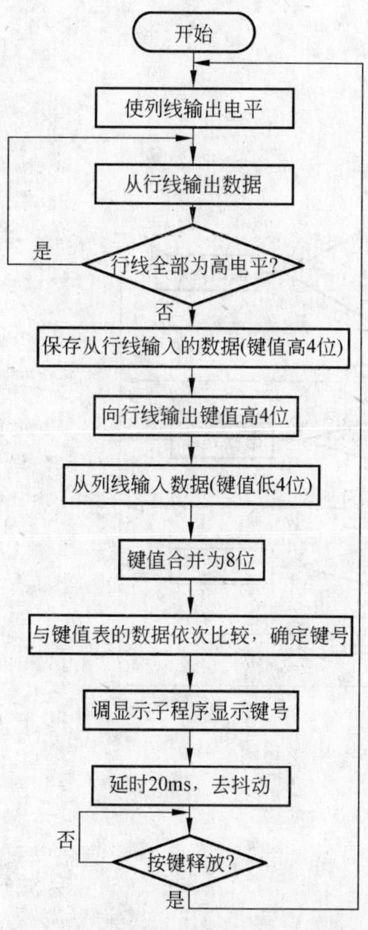

图 15.7　键盘扫描模块参考流程图

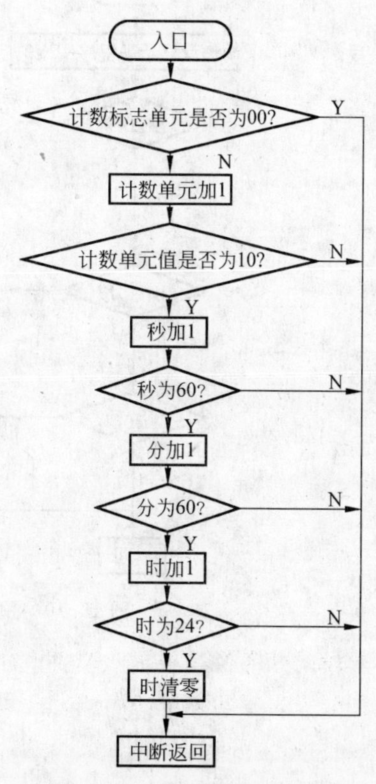

图 15.8　定时器中断模块参考流程图

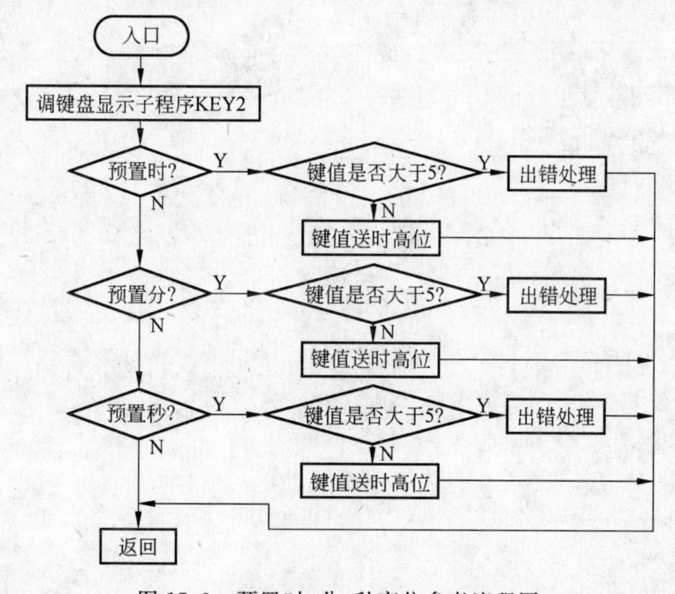

图 15.9　预置时、分、秒高位参考流程图

（4）预置时、分、秒低位参考流程图

预置时、分、秒低位参考流程图见图 15.10 所示。

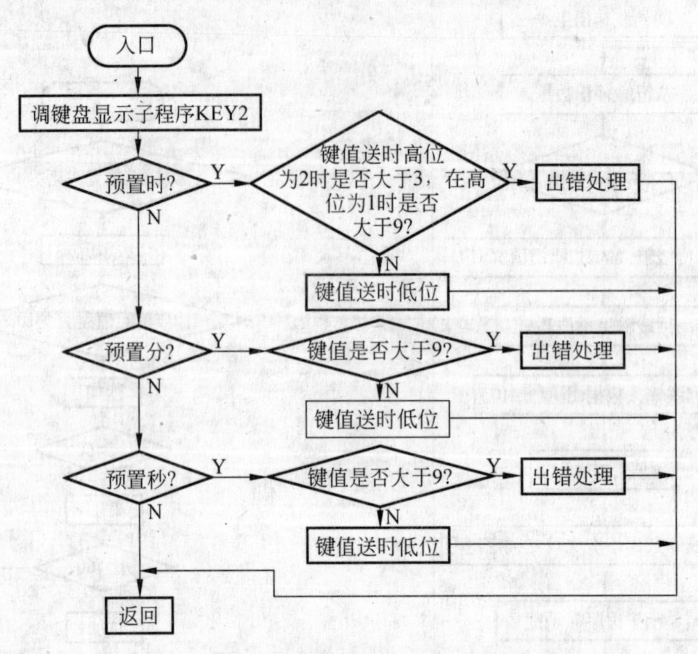

图 15.10 预置时、分、秒低位参考流程图

附录A　C8051F指令系统

指令类型	十六进制代码	助记符	功　能	对标志影响				字节数	周期数
				P	OV	AC	CY		
算术运算指令	28～2F	ADD A,Rn	A+Rn→A	√	√	√	√	1	1
	25	ADD A,direct	A+(direct)→A	√	√	√	√	2	2
	26,27	ADD A,@Ri	A+(Ri)→A	√	√	√	√	1	2
	24	ADD A,#data	A+#data→A	√	√	√	√	2	2
	38～3F	ADDC A,Rn	A+Rn+CY→A	√	√	√	√	1	1
	35	ADDC A,direct	A+(direct)+CY→A	√	√	√	√	2	2
	36,37	ADDC A,@Ri	A+(Ri)+CY→A	√	√	√	√	1	2
	34	ADDC A,#data	A+#data+CY→A	√	√	√	√	2	2
	98～9F	SUBB A,Rn	A−Rn−CY→A	√	√	√	√	1	1
	95	SUBB A,direct	A−(direct)−CY→A	√	√	√	√	2	2
	96,97	SUBB A,@Ri	A−(Ri)−CY→A	√	√	√	√	1	2
	94	SUBB A,#data	A−#data−CY→A	√	√	√	√	2	2
	04	INC A	A+1→A	√	×	×	×	1	1
	08～0F	INC Rn	Rn+1→Rn	×	×	×	×	1	1
	05	INC direct	(direct)+1→(direct)	×	×	×	×	2	2
	06,07	INC @Ri	(Ri)+1→(Ri)	×	×	×	×	1	2
	A3	INC DPTR	DPTR+1→DPTR					1	1
	14	DEC A	A−1→A	√	×	×	×	1	1
	18～1F	DEC Rn	Rn−1→Rn	×	×	×	×	1	1
	15	DEC direct	(direct)−1→(direct)	×	×	×	×	2	2
	16,17	DEC @Ri	(Ri)−1→(Ri)	×	×	×	×	1	1
	A4	MUL AB	A·B→BA	√	√	×	0	1	4
	84	DIV AB	A/B高位→A,余数→B	√	√	×	0	1	8
	D4	DA A	对A进行十进制调整	√	×	√	√	1	1

续表

指令类型	十六进制代码	助记符	功能	对标志影响				字节数	周期数
				P	OV	AC	CY		
逻辑运算指令	58～5F	ANL A,Rn	A∧Rn→A	√	×	×	×	1	1
	55	ANL A,direct	A∧(direct)→ A	√	×	×	×	2	2
	56,57	ANL A@Ri	A∧(Ri)→ A	√	×	×	×	1	2
	54	ANL A,＃data	A∧data→ A	√	×	×	×	2	2
	52	ANL direct,A	(direct)∧A→(direct)	×	×	×	×	2	2
	53	ANL direct,＃data	(direct)∧＃data→(direct)	×	×	×	×	3	3
	48～4F	ORL A,Rn	A∨Rn→A	√	×	×	×	1	1
	45	ORL A,direct	A∨(direct)→A	√	×	×	×	2	2
	46,47	ORL A,@Ri	A∨(Ri)→A	√	×	×	×	1	2
	44	ORL A,＃data	A∨＃data→A	√	×	×	×	2	2
	42	ORL direct,A	(direct)∨A→(direct)	×	×	×	×	2	2
	43	ORL direct,＃data	(direct)∨＃data→(direct)	×	×	×	×	3	3
	68～6F	XRL A,Rn	A⊕Rn→A	√	×	×	×	1	1
	65	XRL A,direct	A⊕(direct)→A	√	×	×	×	2	2
	66,67	XRL A,@Ri	A⊕(Ri)→A	√	×	×	×	1	2
	64	XRL A,＃data	A⊕＃data→A	√	×	×	×	2	2
	62	XRL direct,A	(direct)A⊕→(direct)	×	×	×	×	2	2
	63	XRL direct,＃data	(direct)⊕＃data→(direct)	×	×	×	×	3	3
	E4	CPL A	0→A	√	×	×	×	1	1
	F4	CLR A	$\overline{A}$→A	×	×	×	×	1	1
	23	RL A	A循环左移一位	×	×	×	×	1	1
	33	RLC A	A带进位循环左移一位	√	×	×	√	1	1
	03	RR A	A循环右移一位	×	×	×	×	1	1
	13	RRC A	A带进位循环右移一位	√	×	×	√	1	1
	C4	SWAP A	A半字节交换	×	×	×	×	1	1

续表

指令类型	十六进制代码	助记符	功能	对标志影响				字节数	周期数
				P	OV	AC	CY		
数据传送指令	E8～EF	MOV A,Rn	Rn→A	√	×	×	×	1	1
	E5	MOV A,direct	(direct)→A	√	×	×	×	2	2
	E6,E7	MOV A,@Ri	(Ri)→A	√	×	×	×	1	1
	74	MOV A,#data	data→A	√	×	×	×	2	2
	F8～FF	MOV Rn,A	A→Rn	×	×	×	×	1	1
	A8～AF	MOV Rn,direct	(direct)→Rn	×	×	×	×	2	2
	78～7F	MOV Rn,#data	#data→Rn	×	×	×	×	2	2
	F5	MOV direct,A	A→(direct)	×	×	×	×	2	2
	88～8F	MOV direct,Rn	Rn→(direct)	×	×	×	×	2	2
	85	MOV direct1,direct2	(direct2)→(direct1)	×	×	×	×	3	3
	86,87	MOV direct,@Ri	(Ri)→(direct)	×	×	×	×	2	2
	75	MOV direct,#data	#data→(direct)	×	×	×	×	3	3
	F6,F7	MOV @Ri,A	A→(Ri)	×	×	×	×	1	1
	A6,A7	MOV @Ri,direct	(direct)→(Ri)	×	×	×	×	2	2
	76,77	MOV @Ri,#data	#data→(Ri)	×	×	×	×	2	2
	90	MOV DPTR,#data16	#data16→DPTR	×	×	×	×	3	3
	93	MOVC A,@A+DPTR	(A+DPTR)→A	√	×	×	×	1	3
	83	MOVC A,@A+PC	PC+1→PC,(A+PC)→A	√	×	×	×	1	3
	E2,E3	MOVX A,@Ri	(Ri)→A	√	×	×	×	1	3
	E0	MOVX A,@A+DPTR	(DPTR)→A	√	×	×	×	1	3
	F2,F3	MOVX @Ri,A	A→(Ri)	×	×	×	×	1	3
	F0	MOVX @DPTR,A	A→(DPTR)	×	×	×	×	1	3
	C0	PUSH direct	SP+1→SP,(direct)→(SP)	×	×	×	×	2	2
	D0	POP direct	(SP)→(direct),SP-1→SP	×	×	×	×	2	2
	C8～CF	XCH A,Rn	A↔Rn	√	×	×	×	1	1
	C5	XCH A,direct	A↔(direct)	√	×	×	×	2	2
	C6,C7	XCH A,@Ri	A↔(Ri)	√	×	×	×	1	2
	D6,D7	XCHD A,@Ri	A0～3↔(Ri)0～3	√	×	×	×	1	2

续表

指令类型	十六进制代码	助记符	功能	对标志影响				字节数	周期数
				P	OV	AC	CY		
位操作指令	C3	CLR C	0→cy	×	×	×	√	1	1
	C2	CLR bit	0→bit	×	×	×		2	2
	D3	SETB C	1→cy	×	×	×	√	1	1
	D2	SETB bit	1→bit	×	×	×		2	2
	B3	CPL C	$\overline{\text{cy}}$→cy	×	×	×	√	1	1
	B2	CPL bit	$\overline{\text{bit}}$→bit	×	×	×		2	2
	82	ANL C,bit	cy∧bit→cy	×	×	×	√	2	2
	B0	ANL C,/bit	cy∧$\overline{\text{bit}}$→cy	×	×	×	√	2	2
	72	ORL C,bit	cy∨bit→cy	×	×	×	√	2	2
	A0	ORL C,/bit	cy∨$\overline{\text{bit}}$→cy	×	×	×	√	2	2
	A2	MOV C,bit	bit→cy	×	×	×	√	2	2
	92	MOV bit,C	cy→bit	×	×	×	×	2	2
控制转移指令	1	ACALL addr11	PC+2→PC,SP+1→SP, PCL→(SP),SP+1→SP, PCH→(SP),addr11→PC10～0	×	×	×	×	2	3
	12	LCALL addr16	PC+3→PC,SP+1→SP, PCL→(SP),SP+1→SP, PCH→(SP),addr16→PC	×	×	×	×	3	4
	22	RET	(SP)→PCH,SP−1→SP, (SP)→PCL,SP−1→SP	×	×	×	×	1	5
	32	RETI	(SP)→PCH,SP−1→SP, (SP)→PLC,SP−1→SP, 从中断返回	×	×	×	×	1	5
	1	AJMP addr11	PC+2→PC, addr11→PC10～0	×	×	×	×	2	3
	02	LJMP addr16	addr16→PC	×	×	×	×	3	4
	80	SJMP rel	PC+2→PC,PC+rel→PC	×	×	×	×	2	3
	73	JMP @A+DPTR	(A+DPTR)→RC	×	×	×	×	1	3
	60	JZ rel	A=0:PC+2+rel=PC A≠0:PC+2=PC	×	×	×	×	2	2
	70	JNZ rel	A≠0:PC+2+rel=PC A=0:PC+2=PC	×	×	×	×	2	2

续表

指令类型	十六进制代码	助记符	功　能	对标志影响				字节数	周期数
				P	OV	AC	CY		
控制转移指令	40	JC rel	C=1:PC+2+rel=PC C=0:PC+2=PC	×	×	×	×	2	2/3
	50	JNC rel	C=0:PC+2+rel=PC C=1:PC+2=PC	×	×	×	×	2	2/3
	20	JB bit,rel	bit=1:PC+3+rel=PC bit=0:PC+3=PC	×	×	×	×	3	3/4
	30	JNB bit,rel	bit=0:PC+3+rel=PC bit=1:PC+3=PC	×	×	×	×	3	3/4
	10	JBC bit,rel	bit=1:PC+3+rel=PC bit=0:PC+3=PC					3	3/4
	B5	CJNE A,direct,rel	PC+3→PC, 若 A≠(direct), 则 PC+rel→PC, 若 A<(direct),则 1→cy	×	×	×	√	3	3/4
	B4	CJNE A,#data,rel	PC+3→PC, 若 A≠data,则 PC+rel→PC 若 A<#data,则 1→cy	×	×	×	√	3	3/4
	B8～BF	CJNE Rn,#data,rel	PC+3→PC, 若 Rn≠#data, 则 PC+rel→PC 若 Rn<#data,则 1→cy	×	×	×	√	3	3/4
	B6～B7	CJNE @Ri,#data,rel	PC+3→PC, 若 Ri≠data,则 PC+rel→PC 若 Ri<#data,则 1→cy	×	×	×	√	3	4/5
	D8～DF	DJNZ En,rel	Rn-1→Rn,PC+2→PC, 若 Rn≠0,则 PC+rel→PC	×	×	×	×	2	2/3
	D5	DJNZ direct,rel	PC+2→PC, (direct)-1→(direct) 若(direct)≠0, 则 PC+rel→PC	×	×	×	×	3	3/4
	00	NOP	空操作	×	×	×	×	1	1

参 考 文 献

[1] 白中英,韩兆轩.计算机组成原理教程. 科学出版社,1988

[2] 杨士强.计算机实验教学示范中心建设与实验改革
计算机学科教指委《计算机硬件基础实践教学交流会》,清华大学,2011 年 7 月

[3] 曹庆华.实验教学中有关问题探讨
计算机学科教指委《计算机硬件基础实践教学交流会》,清华大学,2011 年 7 月

[4] 汤志忠,杨春武. 开放式实验 CPU 设计. 清华大学出版社,2007

[5] 曾繁泰,陈美金.VHDL 程序设计.清华大学出版社,2000

[6] 白中英,方维等.数字逻辑(第五版·立体化教材).科学出版社,2011

[7] 白中英,戴志涛等.计算机组成原理(第四版·立体化教材).科学出版社,2008

[8] 白中英,戴志涛等.计算机组成与系统结构(第五版·立体化教材).科学出版社,2011

[9] 白中英,杨旭东等.计算机系统结构(第三版·网络版).科学出版社,2010

[10] 白中英,杨春武,冯一兵.计算机硬件基础实验教程.清华大学出版社,2005

[11] 白中英,周锋等.计算机硬件技术基础(立体化教材).高等教育出版社,2009

[12] 白中英,覃健诚等.计算机硬件技术基础解题与实验指南.高等教育出版社,2009

[13] 张迎新,雷文,姚静波.C8C51 系列 SOC 单片机原理与应用.国防工业出版社,2005

[14] Thomas L Floyd. Digital Fundamentals. 9th Edition. Pearson Prentice Hall,2006

[15] William Stallings. Computer Organization and Architecture: Designing or Performance. 8th Edition. Pearson Prentice Hall 2010

[16] David A Patterson,John Hennessy. Computer Organization and Design: The Hardware/Software Interface. Fourth Edition 2010

[17] Lattice 公司网址: http://www.latticesemi.com.cn

[18] Xilinx 公司网址: http://www.xillix.com/ise